智能建造应用系列丛书

智能建造方法与应用

刘占省 著

U0285586

中国建筑工业出版社

图书在版编目（CIP）数据

智能建造方法与应用 / 刘占省著. — 北京：中国
建筑工业出版社，2022.2
（智能建造应用系列丛书）
ISBN 978-7-112-27047-7

Ⅰ. ①智… Ⅱ. ①刘… Ⅲ. ①智能技术－应用－建筑施工
Ⅳ. ①TU74-39

中国版本图书馆 CIP 数据核字（2021）第 269873 号

责任编辑：毕凤鸣
责任校对：李辰馨

智能建造应用系列丛书
智能建造方法与应用
刘占省　著

*

中国建筑工业出版社出版、发行(北京海淀三里河路 9 号)
各地新华书店、建筑书店经销
北京红光制版公司制版
北京圣夫亚美印刷有限公司印刷

*

开本：787 毫米×1092 毫米　1/16　印张：17¼　字数：420 千字
2023 年 3 月第一版　　2023 年 3 月第一次印刷
定价：**49.00** 元
ISBN 978-7-112-27047-7
（38838）

目　　录

1 智能建造概述

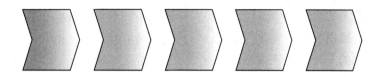

1.1 智能建造的研究背景

我国是一个建造大国，建筑市场规模与需求量处于世界领先之列，传统建造方式和管理方式也存在生产效率较低、资源浪费较大、智能化程度不高等诸多问题，相比制造业，建造行业转型升级的需求极为迫切[1]。如图 1.1-1 所示，我国工业、物流、交通等行业已经逐步走向智能化的发展道路，各种智能化的应用逐渐普及。而作为传统行业的建筑业，信息化和智能化程度应用与上述行业还有明显差距。近些年我国劳动生产率虽有提高，但仍然反映出我国建筑业产业化、信息化和科学技术水平低的问题。为了缩小与发达国家建筑业间的差距，响应我国建筑业数字化、信息化的发展要求，建筑业向智能化转型迫在眉睫[2]。

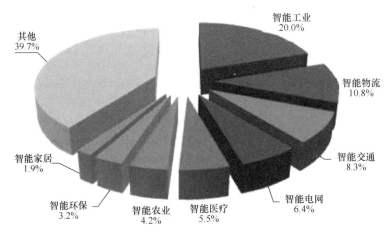

图 1.1-1　我国不同行业智能化应用比例

网络物理系统的出现标志着第四次工业革命的到来和信息时代步入智能化时代，BIM 技术、物联网、人工智能、机器人、大数据、区块链等技术的繁荣发展推动了各行各业转型升级的进程。我国信息化建造的进程逐渐由手工化、机械化向智能化、智慧化的阶段发展，如图 1.1-2 所示。由于我国建造业起步较晚，建造智能化在近年来有了一定的提升，但在总体推进的过程中，无论是在基础理论、软硬件还是人才储备等方面，仍有很大的发展空间，尤其在智能控制和软件开发上与国外还存在差距，如表 1.1 所示。

国内外建造智能化形势对比　　　　　　　　　　　　　　　　　　　　　　表 1.1

	国内	发达国家
基础理论和技术体系	缺乏基础研究能力和对引进技术的消化吸收力，技术体系不完整	拥有扎实的理论基础和完整的技术体系
中长期发展战略	对我国建筑智能化、信息化的发展提出了明确要求并发布了相关政策，但管控力度尚待加强	众多工业化发达国家将包括智能建造在内的先进建造业发展上升为国家战略
智能建造装备	智能建造装备一半以上依赖进口	拥有精密测量技术、智能控制技术等先进技术

续表

	国内	发达国家
软硬件	重硬件轻软件现象突出，智能化建造软件多依赖进口	软件和硬件双向发展
人才储备	缺乏创新型智能建造工程科技人才，正在进行"新工科"建设，加强人才储备	全球顶尖学府的高级复古型研究人才

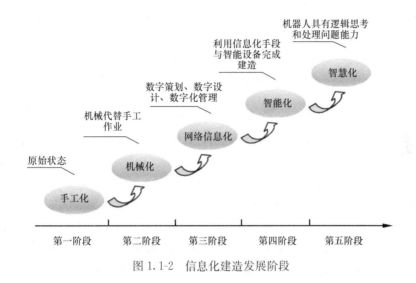

图 1.1-2 信息化建造发展阶段

为了缩短与国外的差距，推动我国建造智能化的发展，国家已相继出台了相关政策。2016 年住房和城乡建设部发布的《2016—2020 年建筑业信息化发展纲要》明确提出构建基于 BIM、大数据、智能化等技术的工程安全监管模式与机制，加强新兴信息技术在工程质量安全管理中的应用[3]。2017 年国务院印发的《新一代人工智能发展规划》中指出，不久的将来人工智能将驱动我国产业和经济的快速发展[5]，为我国的智慧与安全施工提供了新的政策动力。2019 年北京市发布的《建筑施工安全生产和绿色施工管理工作要点》提出"要利用智能化技术等手段提升施工领域安全生产管理标准化和信息化水平"。何华武院士在 2019 年 4 月《中国建造 2035 战略研究》项目启动会上指出，要树立我国工程建造向智能化转型的目标，并建立建造系统理论框架[6]。2020 年 7 月 3日，住房和城乡建设部等 13 部委联合发布《关于推动智能建造与建筑工业化协同发展的指导意见》，指出：目前建筑业生产方式较粗放，存在资源浪费、环境污染、质量通病、安全隐患、效率低下等问题，与较高质量发展要求有很大差距。我国将逐年建立健全智能建造与建筑工业化协同发展的政策体系和产业体系，提升建筑工业化、数字化、智能化水平，全面提升产业基础、技术装备、科技创新能力及建筑安全质量水平，实现建筑业的转型升级。

在当前社会智能技术创新发展格局中，工程施工行业已经开始从过去的劳动力与能源依赖生产方式，向以数据和信息集成为核心驱动力的现代化工程建造造物方式转变。习近平总书记在 2019 年新年贺词中指出"中国制造、中国创造、中国建造共同发力，继续改变着中国的面貌"[7]。以智能化为导向的工程施工与管理理念已经开始出现，运用于各种先进信息化技术通过交叉融合来解决可持续建造中的各类问题。

1.2 智能建造的研究意义

建筑业是我国国民经济的支柱产业，在国家建设中发挥了重要作用[8]。近年来，建筑业持续快速发展，为我国的基础设施建设做出了重大贡献。随着土木工程建设项目的增加，我国的基础设施得到了进一步的完善，城市和农村的面貌得到了极大的改善，城镇化快速推进，人们的居住和出行质量得到了提高。同时，一批重大工程项目如港珠澳大桥、京张高速铁路、北京大兴机场等相继建成。这些建设条件复杂、设计施工难度大的工程项目的建造，促进了我国土木工程技术的突破，使我国的工程建造水平大幅提升，在部分方面已达到国际先进水平[9]。

然而建筑业在高速发展的同时也存在着一些问题。长期以来，土木工程行业主要依靠资源要素投入、大规模投资来拉动发展[10]。建筑业信息化、工业化水平较低，生产方式较为粗放，劳动生产率不高，资源消耗大等问题较为突出[10]。工程建设组织方式较为落后，建造过程中机械化程度不高，精细化、标准化、信息化、专业化程度较低，建筑工人年龄偏高[9]。建筑行业与先进制造技术、信息技术等先进技术的结合程度较低。

随着全球经济形势和我国经济环境的巨大变化，新常态下的中国人口红利逐渐消失，劳动成本不断升高，经济结构矛盾不断显露[11]。我国正在进行产业的新旧动能转换[11]。根据党的十九大报告，我国经济已进入高质量发展阶段。"十四五"时期，建筑业原有的粗放的发展模式将受到巨大的挑战。新的经济形势下，土木建筑行业实现高质量发展的必然要求是建筑工业化、数字化和智能化[10]。智能建造技术的应用有利于建筑业实现转型升级，有利于实现建筑业的高质量发展。

1.3 智能建造的定义

建造业作为最古老的产业之一，建造方式的发展经历了 3 个阶段（如图 1.3-1 所示）：（1）传统建造方式技术方法和管理理念过于传统，忽视对资源环境的保护，浪费人力物力，在施工及管理上存在很大缺陷；（2）智能建造方式基于互联网信息化工作平台的管控，按照数字化设计的要求，在既定时空范围内，通过功能互补的机器人完成各种工艺操作；（3）智慧建造方式是智能建造发展的更高级阶段，在智能建造的基础上，赋予机器人随机应变、逻辑思考、处理施工现场各类问题的能力[12]。

由于智能建造近几年才在我国被提出，且各学者对智能建造一词的内涵都有不同的理解，因此迄今为止，对智能建造还没有形成一个统一的定义。下面总结了不同学者或政府机构对智能建造的不同定义，如表 1.3 所示。

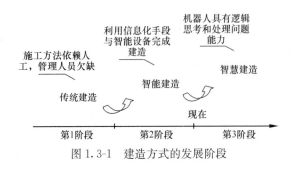

图 1.3-1 建造方式的发展阶段

部分智能建造的定义 表1.3

作者	定义
丁烈云[13]	智能建造利用以数字化、网络化、智能化（三化）和算据、算法、算力（三算）为特征的新一代信息技术，以建设要素数字化为基础，以规范化建模、网络化交互、可视化认知、高性能计算、智能化决策为支撑，实现基于数字链的工程决策、设计、施工、运维各阶段的集成和协同，以实现工程建设价值链的拓展、产业形态和产业结构的改造、交付以人为本和环保可持续的智能化的土木工程产品和服务为目的，是土木工程建造与新一代信息技术相结合的工程建设新模式
肖绪文[14]	智能建造是面向工程产品全生命期，实现泛在感知条件下建造生产水平提升和现场作业赋能的高级阶段；是工程立项策划、设计和施工技术与管理的信息感知、传输、积累和系统化过程，是构建基于互联网的工程项目信息化管控平台，在既定的时空范围内通过功能互补的机器人完成各种工艺操作，实现人工智能与建造要求深度融合的一种建造方式
钱七虎[15]	智能建造首先是全面透彻的感知系统，通过传感器等信息化设备对建设工程进行全面感知；其次是物联网、互联网等通信系统，进行感知信息的高速和实时传输；第三是智慧平台的建设，技术人员通过智慧平台对数据进行分析、处理、模拟等，从而辅助决策
毛志兵[16]	智慧建造是在设计和施工建造过程中，采用现代先进技术手段，通过人机交互、感知、决策、执行和反馈提高品质和效率的工程活动
李久林[17]	智慧建造以 BIM、GIS、物联网、云计算等信息技术为基础形成工程信息化建造平台，融合了信息技术和传统建造技术，其应用包括工程设计、工程仿真、工厂加工、精密测控、安装的自动化、动态监测、管理的信息化等方面
王要武[18]	智能建造是一种新的管理理念和模式，其手段为 BIM、物联网等先进技术，其目的在于满足工程项目的功能性需求和使用者的个性化需求，通过构建智能化的项目建造和运行环境，以技术和管理的创新对工程项目全生命周期的所有过程进行有效改进和管理
马智亮[19]	智能建造是将智能、智慧应用于工程项目中，将智能及相关技术充分利用于建造过程中，通过智能化系统的建立和应用提高建造过程的智能化水平，减少对人的依赖，提高建造过程的安全性和建筑的质量和性价比，以实现少人、经济、安全、优质的建造过程为目的，以智能及相关技术为手段，以智能化系统为表现形式。智能建造以智能及相关技术的应用为前提，涉及感知、传输、分析、记忆等相关技术
樊启祥[20]	智能建造集成了传感技术、通信技术、数据技术、建造技术、项目管理知识等，对建造物及建造活动进行感知、分析、控制、优化，从而使建造过程安全、优质、绿色、高效
郭红领[21]	狭义上的智能建造是以 BIM、物联网、人工智能、云计算、大数据等技术为基础，可以实时自适应于变化需求的高度集成与协同的建造系统
刘占省[22]	智能建造结合了全生命周期和精益建造理念，以信息技术和建造技术为基础，对建造全过程进行技术和管理创新，实现建设过程数字化、自动化向集成化、智慧化的变革，进而实现优质、高效、低碳、安全的工程建造模式和管理模式

对以上智能建造定义进行总结，本书对智能建造定义如下：智能建造技术覆盖建筑工程的勘察、规划设计、施工、运维和消纳等建筑物全生命周期的各阶段，以土木工程建造技术为基础，以现代信息技术和智能技术为支撑，以项目管理理论为指导，以智能化管理信息系统为表现形式，通过构建现实世界与虚拟世界的孪生模型和双向映射，对建造过程和建筑物进行感知、分析、预测和控制，实现建造过程的精细化、高品质、高效率的一种土木工程建设模式。智能建造涉及规划设计、施工、运维等阶段，实现建筑物全生命期的智能化。

　　智能建造融合了 BIM、GIS、IoT、互联网、云计算、大数据、人工智能等信息技术，它们互相独立又互相联系，共同构成了智能建造的技术体系，是智能建造的技术基础[23]，如图 1.3-2 所示。智能建造涉及工程建造理论、项目管理理论等，将工程建造相关理论与新一代信息技术相结合，指导新一代信息技术为土木工程建设服务。智能建造通常表现为智能化管理系统，通过智能化管理系统实现与工程技术人员的交互，将感知、分析得到的工程相关信息展示给工程技术人员，辅助技术人员进行工程相关的决策和对工程项目的控制。智能建造利用先进的信息技术，发展新的建造和管理技术，使建造过程从数字化向智能化发展，提高建造的效率，实现项目信息的集成化、智能化、系统化管理，达到精细、优质、高效建造的目标。

图 1.3-2　智能建造技术体系

1.4　智能建造的发展沿革

　　智能建造是信息化、智能化与工程建造过程高度融合的创新建造方式，智能建造技术包括 BIM 技术、物联网技术、3D 打印技术、人工智能技术等。智能建造的本质是基于物理信息技术实现智能工地，并结合设计和管理实现动态配置的生产方式，从而对施工方式进行加固和升级。智能建造技术的产生使各相关技术之间急速融合发展，应用在建筑行业中使设计、生产、施工、管理等环节更加信息化、智能化，智能建造正引领新一轮的建造业革命。智能建造的发展主要体现在设计过程的建模与仿真智能化、施工过程中利用基于人工智能技术的机器人代替传统施工方式、管理过程中通过物联网技术日趋智能化、运维过程中结合云计算和大数据技术的服务模式日渐形成。

　　目前，全球的建造业发展均呈现智能化、数字化、工业化态势，建筑行业应用智能建造技术势在必行，将会促进国家建筑行业的升级转型。智能建造技术将在建设工程全寿命周期起到至关重要的作用。

　　国家十分重视土木工程行业的发展，国家和地方都发布了建筑业信息化相关政策，旨在推动和促进土木工程行业的信息化、智能化发展。早在 2003 年，我国发布了第一个建筑业信息化发展纲要，提出了在 2003—2008 年的发展规划。之后在 2011 年和 2016 年分布发布了两个建筑业信息化发展纲要，相应地提出了 2011—2015 年和 2016—2020 年的信息化发展纲要[24]。三个建筑业信息化发展纲要的主要内容如图 1.4 所示。

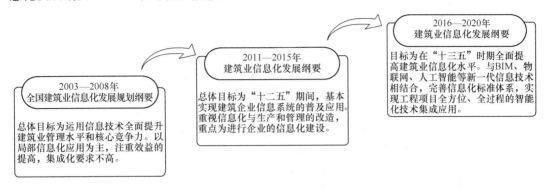

图 1.4　建筑业信息化发展纲要

　　2003 年和 2011 年提出的两个建筑业信息化发展纲要都将信息化作为更新技术手段的工具。在 2011 年提出的信息化发展纲要中将信息化与管理相结合，同时重点提出了企业的信息化建设任务。由于信息技术发展的限制，两个信息化发展纲要中均集中于专项信息技术的应用。2016 年提出的信息化发展纲要则重视建筑工程中全过程、全方位的信息化应用，同时集成多种信息技术进行综合应用[25]，相比前两个《建筑业信息化发展纲要》，更加强调信息化与建筑企业管理的结合，强调信息技术的集成应用。

　　近年来，随着计算机技术的快速进步，新一代信息技术给各行各业带来了深刻的影响，极大地提高了信息化水平。这些技术改变了土木工程项目设计、施工、运维各阶段的运行模式。国家十分重视新一代信息技术在建筑业的应用，发布了大量关于推动新一代信息技术在建筑业进行应用的政策，如表 1.4-1 所示。

　　2020 年 7 月，《关于推动智能建造与建筑工业化协同发展的指导意见》提出了推动智能建造与建筑工业化协同发展的原则、目标、重点任务和保障措施，并从 7 个方面提出了具体的工作任务。同时提出了到 2025 年和 2035 年的发展的目标[26]。这一政策发布后，国家在半年内密集发布了多项与智能建造技术应用相关的政策。同时，国家还发布了一系列配套政策，涉及新时代建筑产业工人队伍的培育、智能建造技术典型应用案例的征集、智能建造试点工作的开展等，以配套政策进一步推动智能建造技术的发展。

智能建造部分国家政策　　　　　　　　　　　　　　　　　　　　表 1.4-1

时间	政策	部门	内容
2016 年 8 月	《"十三五"国家科技创新规划》	国务院	发展高性能计算、云计算、人工智能、宽带通信和新型网络、物联网、虚拟现实和增强现实、智慧城市等新一代信息技术
2017 年 2 月	《国务院办公厅关于促进建筑业持续健康发展的意见》	国务院办公厅	研发制造和推广智能建造设备；BIM 技术全过程集成应用；项目全生命周期的数据共享和信息化管理
2017 年 6 月	贯彻落实《国务院办公厅关于促进建筑业持续健康发展的意见》重点任务分工方案	住房和城乡建设部等 19 部委	将促进建筑业持续健康发展的任务落到各部门

续表

时间	政策	部门	内容
2019 年 9 月	《关于完善质量保障体系 提升建筑工程品质的指导意见》	住房和城乡 建设部	大力研发智能设备，推进 BIM 等技术在设计、施工、运维全过程的集成应用
2020 年 7 月	《关于推动智能建造与建筑 工业化协同发展的指导意见》	住房和城乡建设 部等 13 部委	从 7 个方面提出了工作任务。提出到 2025 年和 2035 年的发展的目标
2020 年 8 月	《住房和城乡建设部等 部门关于加快新型建筑工业 化发展的若干意见》	住房和城乡 建设部等 9 部委	其中第十六、十七、十八、十九条分别与 BIM、大数据、物联网、智能建造技术相关
2020 年 12 月	《建设项目工程总承包 合同（示范文本）》	住房和城乡建 设部、市场监 督管理总局	关于 BIM 的内容以专门条款的形式写入合同文本中
2020 年 12 月	《住房和城乡建设部等部门关于 加快培育新时代建筑产业 工人队伍的指导意见》	住房和城乡建设 部、国家发展 改革委等 12 部委	探索开展智能建造相关培训，加大对装配式建筑 BIM 等新兴职业（工种）建筑工人培养。加快推动信息化管理
2020 年 12 月	全国住房和城乡 建设工作会议	住房和城乡 建设部	加快推动智能建造与新型建筑工业化协同发展，建设建筑产业互联网平台
2020 年 12 月	《住房和城乡建设部办公厅 关于开展绿色建造试点工作的函》	住房和城乡 建设部 办公厅	推动信息技术集成应用和 BIM 技术在试点项目各阶段的集成应用；推动智慧工地建设和智能设备应用；引导土木建筑工程产业互联网的建立
2021 年 2 月	《住房和城乡建设部办公厅关于 征集智能建造新技术新产品创 新服务案例（第一批）的通知》	住房和城乡建 设部办公厅	征集类别包括建筑产业互联网平台、建筑机器人等智能工程设备、自主可控数字化设计软件、部品部件智能生产线、智慧施工管理系统等
2021 年 2 月	《关于同意开展智能 建造试点的函》	住房和城乡建 设部办公厅	同意四地 7 个项目列为住房和城乡建设部智能建造试点项目
2021 年 3 月	《住房和城乡建设部办公厅 关于印发绿色建造技术导则 （试行）的通知》	住房和城乡建 设部办公厅	推行精益化的生产和施工，有效采用 BIM 等相关技术，整体提升建造手段信息化水平

　　2020 年 7 月住房和城乡建设部《关于推动智能建造与建筑工业化协同发展的指导意见》发布后，各地区很快进行了跟进，发布了一系列关于促进智能建造发展的政策。一些地区以"实施方案""实施意见"的形式对推动智能建造和建筑工业化协同发展的目标和行动方案进行了细化。各地区对照住房和城乡建设部在制定全国性目标提出了更加细化的本地区的发展目标和相应的时间节点，多以 2025 年和 2035 年为节点，也有部分地区以 2023 年和 2030 年为节点。各地方政府制定的发展目标较国家制定的目标更加具体，部分地区还制定了定量指标。地方通常以推进 BIM、物联网、人工智能等新一代信息技术在建筑工程中的应用作为推动智能建造技术发展的手段，一些地区将"智慧工地"建设作为推进智能建造应用的手段之一。同时，一些地区还提出了相关的激励政策，如提前预售、优先推荐评优、将智能建造应用情况纳入考核体系等，以优惠政策和评奖评优来激励和引导企业采用智能建造技术。部分地区采用了带有一定强制性的做法，如在一定规模或指定类型的建筑工程项目中必须使用 BIM 技术等条文。此外，多地区采取多部门联合发布相

关政策的方式，可见在国家大力推行智能建造技术的影响下，各地区也加强了推动智能建造发展的力度。部分省级政策如表 1.4-2 所示。

智能建造部分地方政策　　　　　　　　　　　　　　表 1.4-2

时间	政策	地区和部门	内容
2020 年 12 月	《关于推进智能建造的实施意见》	重庆市住房和城乡建设委	到 2021 年底，智能建造技术创新应用取得重大突破，建成智能建造管理平台和建筑业数据中心，培育建筑业互联网平台 2 个以上，发展智能建造专业软件 10 个以上，试点数字化建造项目 100 个以上，实施建筑工业化和信息化融合项目 1500 万平方米以上，初步建立智能建造模式和与之相适应的制度体系、标准体系、管理体系，初步形成智能建造产业生态，形成较为完善的现代建筑产业链条。 到 2022 年底，全市 30％以上工程项目采用数字化建造模式，30％以上的建筑业企业实现数字化转型，数字化和工业化成为建筑业主要特征。 到 2025 年，全市工程项目全面采用数字化建造模式，建筑业企业全面实现数字化转型，培育一批智能建造龙头企业
2021 年 1 月	《北京市住房和城乡建设委员会关于激励本市房屋建筑和市政基础设施工程科技创新和创建智慧工地的通知》	北京市住房和城乡建设委	要求北京市内的房屋建筑和市政基础设施工程应用智慧工地。开展智慧工地创建评优，将智慧工地应用情况纳入企业信用评价指标体系
2020 年 12 月	《关于完善质量保障体系提升建筑工程品质的实施意见》	北京市住房和城乡建设委等 12 部门	探索一体化智能施工设备应用；加快推进"智慧工地"建设，加强 BIM、物联网等技术应用；推进精细化的施工现场管控和智能化建设技术的应用；推行适应智能建造技术的管理模式
2021 年 1 月	《甘肃省住房和城乡建设厅等关于推动智能建造与建筑工业化协同发展的实施意见》	甘肃省住房和城乡建设厅等 12 部门	提出到 2023 年和 2025 年的目标。在建造全过程加大 BIM 等新技术创新和集成应用；加强智能设备等的应用
2020 年 11 月	《关于促进建筑业高质量发展的若干措施（公开征求意见稿）》	广东省住房和城乡建设厅	推进战略性新兴产业和建筑业的结合发展。推行智能建造，加大 BIM 等新一代信息技术在建造全过程的集成与创新应用
2019 年 10 月	《关于加快建筑业转型升级高质量发展的若干意见》	贵州省住房和城乡建设厅	开展"智慧工地"创建，以推广 BIM 技术为主要着力点，推进 BIM、物联网、大数据等信息技术在设计、施工、运维全过程集成应用
2020 年 9 月	《关于印发〈河北省绿色建筑创建行动实施方案〉的通知》	河北省住房和城乡建设厅等 8 部门	在建造全过程加大 BIM、互联网、物联网等信息技术的集成与创新应用。探索数字化设计体系建设
2020 年 11 月	《关于促进建筑业转型升级高质量发展的意见》	江西省政府办公厅	提出到 2025 年的发展目标。加快智能建设科研成果的落地应用；推动物联网、人工智能技术应用，推动建筑业与工业化信息化深度融合

时间	政策	地区和部门	内容
2021年2月	《关于推动智能建造与建筑工业化协同和加快新型建筑工业化发展的实施意见》	江西省住房和城乡建设厅等16部门	提出到2025年和2035年发展目标。在建造全过程加大BIM等信息技术的创新和集成应用。推进智能化建造和制造设备的研发和应用
2021年1月	《内蒙古自治区推动智能建造与新型建筑工业化协同发展实施方案》	内蒙古住房和城乡建设厅等13部门	提出到2025年、2030年、2035年的发展目标。加大BIM等新技术的集成与创新应用等
2020年6月	《山西省住房和城乡建设厅关于进一步推进建筑信息模型（BIM）技术应用的通知》	山西省住房和城乡建设厅	一定规模以上规定类型的工程作为试点项目开展BIM技术应用
2021年2月	《陕西省住房和城乡建设厅等部门关于推动智能建造与新型建筑工业化协同发展的实施意见》	陕西省住房和城乡建设厅等17部门	提出到2035年的发展目标。搭建建筑产业互联网平台，推动工业互联网在建筑领域的融合应用，促进大数据在工程项目中的应用；加快增材制造、物联网、BIM等新技术在建造全过程集成应用
2021年1月	《关于完善质量保障体系提升建筑工程品质的实施意见》	浙江省人民政府办公厅	建设浙江工程云。加大关键共性技术、重大装备和数字化、智能化工程建设装备研发力度，加快推进建筑机器人与建造技术的结合应用。推进BIM等信息技术在工程质量安全监管以及建筑工程全过程的集成应用

对于智能建造技术相关的各种新一代信息技术，国家和一些地方城市出台了相关的专项政策。作者梳理了近年来关于BIM、物联网、3D打印、人工智能、大数据、云计算等技术的重要的国家级政策，表明国家对相关技术的发展十分重视，对智能建造和新一代信息技术的扶持力度不断加大[23]。

智能建造具有全面感知、真实分析、实时控制、持续优化的特点[20]。全面感知，即对建造过程、建造物的状态等进行全面的感知，通过各种传感器、智能设备、智能终端等收集有关建造物和建造过程的各种信息和数据，通过物联网、互联网等将信息和数据进行传输，并对建造数据进行存储。

智能建造技术将建造物、建造活动、建造过程需要的设备、工程管理人员、相关服务等进行在线连接，使工程管理人员和工程管理系统可以实时获取建造物和建造过程的相关数据。真实分析，即利用人工智能、大数据分析等信息技术对采集到的建造过程和建造物相关的数据进行分析和处理，利用有限元计算、虚拟仿真技术等对工程的状态进行仿真分析等，给出自动控制所需的结果或可以辅助管理人员进行决策的信息。实时控制，即通过智能设备、智能软件、智能终端等，依据分析得到的结果和相关规则如标准规范等，对建造过程、建造工艺、建造流程等进行控制，确保实现设计所预定的目标，包括通过自动控制技术对施工设备、建筑机械进行智能化控制，通过相关人员对施工工艺、施工方法等进行控制以及对人员的控制，最终达到对整个施工过程的全面控制。持续优化，即通过前三个方面的工作，在建造过程中不断积累经验，对智能建造系统本身进行不断的优化，使系统的效率不断提高。

2　基于数字孪生的智能建造理论方法

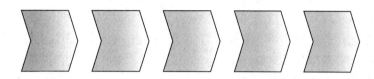

2.1　数字孪生概述

2.1.1　数字孪生的定义

数字孪生可为建筑业智能化的发展提供新的思路，创造新的工具，将对工程建造和管理的智能化有着巨大的推动作用。本书将数字孪生理念引入建筑业，研究探讨通过数字孪生技术实现智能建造的方法与途径，旨在形成一套通用于建筑全生命周期的基于数字孪生的智能建造框架体系，为今后智能建造的进一步研究和发展提供理论基础。

数字孪生技术（Digital Twin）是以高保真度的动态虚拟模型来仿真刻画物理实体的状态和行为的技术[27]。数字孪生技术自提出以来，在航空业和机械制造业取得了长足的发展，在整个设计、制造、服务阶段发挥了巨大作用，并逐渐成为企业新的业务形式，如PTC、达索、西门子等将数字孪生理念应用到产品设计、生产制造、故障预测、产品服务中，实现了制造全周期数字化。目前，数字孪生技术的研究和应用正在全球如火如荼地展开[28]。2016—2018年，全球权威IT公司连续三年将数字孪生列为十大战略科技趋势之一，美国将数字孪生视为工业互联网系统的关键之一，德国将数字孪生作为实现工业4.0的重要技术，如图2.1.1-1、图2.1.1-2所示。目前，数字孪生技术已有多领域的研究和应用，涉及智能制造、智能工厂、智慧城市等，为智能化的发展注入了新的动力源泉，如图2.1.1-3所示。

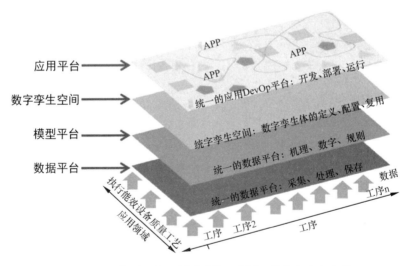

图2.1.1-1　美国工业互联网系统（来源：数字孪生白皮书）

首次提出"孪生体（twin）"概念的是美国国家航空航天局（NASA）[29]。1961—1972年，NASA在阿波罗项目中为实际飞行器制造了一个"孪生"飞行器，地面上的孪生飞行器用于执行任务前的训练准备以及执行任务期间的精确仿真试验与预测飞行状态。此时，孪生体概念是与实体对象具有相同几何信息和非几何信息（如材料、功用等）的物理实体，用于反映、预测实体对象的真实状态。2003年，美国密歇根大学的Michael Grieves教授提出了"与物理产品等价的虚拟数字化表达（Conceptual Ideal for PLM）"

图 2.1.1-2 德国工业 4.0 参考架构（来源：数字孪生白皮书）

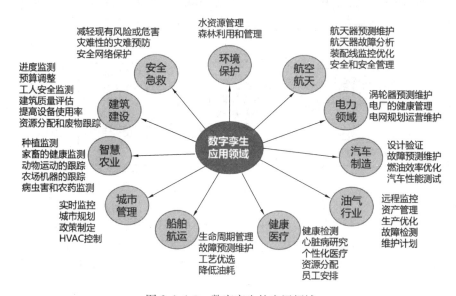

图 2.1.1-3 数字孪生的应用领域

概念[30]，指出与物理产品对应的数字模型能够通过模拟与测试产品行为从而抽象表达物理产品的状态。此概念虽然未被称为数字孪生体，但是第一次反映出了数字孪生包含的全部要素，即物理实体、数字模型以及他们之间的数据信息交互。在 2003—2010 年，Michael Grieves 教授将此概念进一步称作"镜像空间模型"和"信息镜像模型"[31][32]。2011 年，Michael Grieves 教授正式提出了描述该概念的名词——数字孪生[33]，随后一直沿用至今。图 2.1.1-4 是数字孪生的概念模型，包括真实空间（即物理实体）、虚拟空间（即数字孪生模型）、它们之间的数据与信息交互。至此，数字孪生概念模型引入了虚拟空间进行数字化表达，并建立真实空间与虚拟空间的联系，使二者能够实时交互。2011 年，美国 NASA 在其技术发展路线图的模型、仿真、信息技术与处理领域中提出了数字孪生体的概念，并在 2012 年正式给出了数字孪生的明确定义[34]。

数字孪生的理念最初用于进行航天飞行器状态维护和寿命预测[35]，它通过集成数字模型（如结构模型、机体材料状态演化模型）与仿真分析，用于模拟与预测飞行器是否需

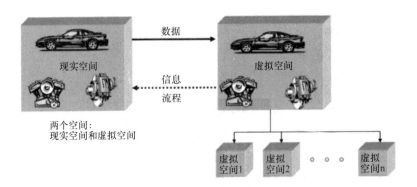

图 2.1.1-4　数字孪生的概念模型（来源：Conceptual Ideal for PLM）

要维护与状态是否满足要求。美国国防部、美国空军研究实验室、美国 NASA 均应用数字孪生的理念来模拟机体全生命周期过程，极大地减少了国家经济支出。2012 年，"机体数字孪生体"概念被美国空军研究实验室提出，如图 2.1.1-5 所示。

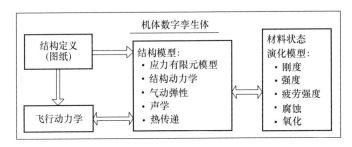

图 2.1.1-5　机体数字孪生体

近年来，数字孪生进一步发展和推广，并不断体现其应用价值，它逐渐由复杂的飞行器领域向一般工业领域进行拓展应用。诸多国内外企业和学者从数字孪生的理论、数字孪生在产品全生命期应用、数字孪生在车间应用等方面进行了一系列研究，并取得了初步成果。

Greyce N. Schroeder[36] 提出了一种自动创建数字孪生模型的方法，并探索实现了物理设备与模型之间的数据交换方法。Rois[37] 在数字孪生在制造业的研究报告中提出了通用产品的数字孪生体定义，为数字孪生在制造业的应用发展奠定了基础，从此也将数字孪生由复杂的飞行器领域向一般工业领域进行拓展和推广。

庄存波等[38] 对产品数字孪生体从内涵、体系结构及发展趋势方面进行了系统研究，并提出了制造全过程数字孪生体实施框架与途径。美国国家标准与技术研究院提出要创建贯穿产品全生命周期的企业数字模型（MBD）和产品数字模型（MBE），将数字孪生的内涵拓展到整个产品的制造过程[39]。于勇等[40] 提出了面向数字孪生的三维工艺设计系统框架，对数字孪生技术在计算机辅助工艺设计方面的应用进行了探讨和展望。

著名的企业与机构将数字孪生理念应用到产品设计、生产、制造、故障预测、服务中，形成了面向产品全生命周期的数字孪生软件工具，极大地推动了数字孪生的应用与发展。例如达索为满足用户交互需求，建立了基于数字孪生的三维体验平台，实现了用户对产品模型的信息反馈与优化[41]。西门子建立了制造流程的生产系统模型，实现物理制造过程的全过程数字化[42]。陶飞等[43][44]提出了数字孪生车间的概念和运行机制以及基于车间孪生数据的信息物理融合理论，明确了今后数字孪生车间发展所需的关键技术，将数字孪生由产品拓展到车间，丰富了应用范围。

数字孪生的理念在建筑行业也正蓬勃兴起。陶飞等[27]阐述了物理城市、虚拟城市、城市大数据、虚实交互、智能服务之间的关系，搭建了数字孪生城市的运行框架。我国政府将数字孪生城市作为实现智慧城市的必要途径和有效手段，雄安新区的规划纲要明确指出要同步规划建设与现实世界交互的数字城市，致力于将雄安新区打造为全球领先的数字城市[45]。中国信通院成功举办3次数字孪生城市研讨会，得出了一系列理论研究成果[46]。随着新型信息技术的进一步发展与融合，以及各行业领域信息化转型的需求增强，数字孪生技术将会融入更多领域，发挥巨大的作用。

2.1.2 数字孪生的演化与发展

数字孪生自提出以来，受到了工业领域企业、学者、媒体的广泛关注，成为争相报道的焦点，实际上，数字孪生经历了数十年的演化与发展，如图 2.1.2 所示，数字孪生经历了萌芽期、起步期、成长期三个发展阶段，在 21 世纪之前，CAX 系列软件的出现与应用为数字孪生的出现奠定了技术基础；2004—2011 年是萌芽期，数字孪生作为一种抽象的概念被 Michael Grieves 教授提出，但并未正式定义，同时美国军方开始提出与数字孪生具有相同内涵的概念；2011—2015 年是起步期，这个抽象的概念被定义为"数字孪生体"，之后的一段时间内，数字孪生体用于实现航天飞行器状态维护和寿命预测；2015 年至今是成长期，随着数字孪生技术从飞行器领域被引入到其他领域，数字孪生扩大了其应用范围，相关的学术研究也迅速增长，发表的文献数量直线上升。同时，工业软件巨头纷纷布局数字孪生业务，中国政府也开始了数字孪生城市建设进程。在未来，随着新兴信息技术的发展和进一步融合，数字孪生技术和产业生态都有望迎来爆发期，数字孪生将与新型应用场景更紧密结合。表 2.1.2-1 列出了数字孪生演化过程中的几个重要节点。

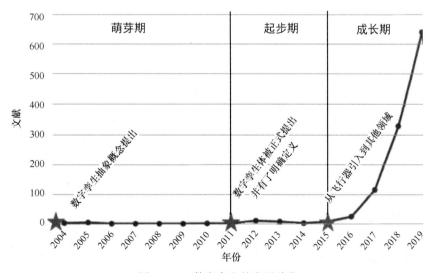

图 2.1.2 数字孪生的发展阶段

数字孪生演化过程重要节点 表 2.1.2-1

年份	机构/人	作用
2003	密歇根大学 Michael Grieves 教授	提出"物理产品的数字表达"的概念，是数字孪生体的雏形
2010	美国军方	提出数字线程
2011	洛克希德·马丁	提出数字织锦
2011	美国空军研究实验室	提出数字孪生体概念，用于实现航天飞行器状态维护和寿命预测
2012	美国空军研究实验室	提出"机体数字孪生体"概念，提出未来飞行器的数字孪生体范例
2012	NASA	发布包含数字孪生的两份技术路线图
2015	美国通用电气公司	计划基于数字孪生体实现对发动机的实时监控和预测性维护
2017	北京航空航天大学陶飞教授	提出数字孪生体间实现模式，将数字孪生由产品拓展到车间，丰富了应用范围
2017	西门子	正式发布了数字孪生体应用模型
2017	PTC	推出基于数字孪生技术的物联网解决方案
2017	达索、GE、ESI	开始宣传和使用数字孪生技术
2018	中国政府	致力于将雄安新区打造为全球领先的数字孪生城市

　　数字孪生技术率先在航空飞行器领域应用，近几年，随着新一代信息技术的发展，数字孪生技术出现与其他新兴技术互相融合、共同发展的趋势，数字孪生技术的应用场景也得到了进一步扩充，多个著名企业或机构积极寻求数字孪生技术应用突破口，实现智能化、产业化协同发展，如表 2.1.2-2 所示。

数字孪生的应用场景 表 2.1.2-2

应用场景	企业 & 机构	核心价值
故障预测和健康管理	NASA	利用数字孪生进行复杂系统故障预测与消除方法
	美国空军研究实验室	开展基于数字孪生的飞机寿命预测
数字化设计	达索、PTC、波音	建立基于数字孪生的 3D 体验平台，实现人机交互与制造全过程数字化设计
智慧城市	雄安新区	建立数字孪生城市，在"城市画像"中仿真模拟真实城市的天气变化、设施交通等运行
车联网	百度、谷歌、腾讯	实现车与人、路、设施的全面连接，极大地推动了自动驾驶智能化水平
智慧医疗	达索、海信	运用数字孪生技术实现人体运行机理和医疗设备的动态监测，特高医疗诊断效率

　　数字孪生技术实质上是以数字化的方式建立物理实体的多维、多时空尺度、多学科、多物理量的动态虚拟模型，来仿真和刻画物理实体在真实环境中的属性、行为、规则等。数字孪生技术为建造业智能化的发展提供了新的思路，创造了新的工具，通过在虚拟空间中建立数字孪生模型，并仿真模拟物理对象的状态和行为，进行物理空间与虚拟空间的实

时交互，来实现对建造过程的实时管控。同时融合 BIM 技术实现信息融合特性与三维可视化、物联网技术实现无线互联、人工智能技术实现预测决策等特点，消除信息延滞性、管理时效性差的问题，推动智能建造的发展。但如何实时获取物理空间准确的信息并与虚拟空间建立联系，如何建立多维多尺度的数字孪生模型，以及如何在智能建造中实现物理空间与虚拟空间的交互融合，将是推进建造业向智能化发展的一项重大任务，本书将针对该问题展开研究和论述。

2.2 数字孪生应用于智能建造的关键问题

智能建造在一定程度上提高了建筑工程的数字化与信息化水平，采用数字孪生技术，则引入了"数字化镜像"，使得在虚拟世界中再现智能建造过程成为可能。虚实融合与交互反馈的过程，实质上是数据与信息在虚实世界中传递与发挥作用的过程，如图 2.2 所示，在智能建造中应用数字孪生技术，需要解决以下几个关键问题。

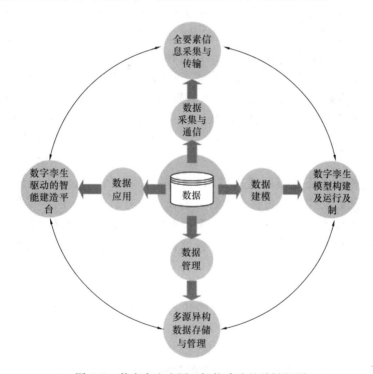

图 2.2 数字孪生应用于智能建造的关键问题

1. 数据采集与通信

数据是连接物理世界与虚拟世界的桥梁，而如何采集与获取数据则是应用数字孪生技术要解决的首要问题。与生产车间不同，建造活动中存在的不确定因素多，周围的环境变化与人员的参与都可能影响建造结果。因此，要尽可能全面地采集智能建造过程中的人、机、料、法、环多源异构数据，保证数据的全面性与准确性，才能最大限度地在虚拟空间中还原物理空间。在数据采集方法上，对于具有唯一标识的建造设备或结构构件等，通过 RFID 读取器发射的无线电波读取标签信息，既可以实时获取对象的工作状态、出厂信息、寿命等，也可以将实体对象进行虚拟空间的数字表达；通过在智能建造活动中部署多类型传感器实现对环境（温度、湿度等）和建筑物物理属性（应力、应变、荷载、位移等）模拟信号的采集，再利用信号采集仪将模拟信号转变为数字信号传输给上层系统。

为了实现物理空间、虚拟空间、大数据存储管理平台与智能建造系统各自间的数据传输与交换，保证信息的实时互联互通，打破"信息孤岛"，需要建立完整的数据通信。数据通信是利用通信技术与计算机技术，通过有线数据通信或无线数据通信的方式连接数据终端与计算机的一种方式[47]。随着工业物联网（IIOT）的发展和逐渐普及，可实现智能建造过程中的机械设备建筑物之间的互联，对它们进行监控和跟踪以共享数据，提高建造过程的效率。未来，随着5G技术的普及和传感器向小巧廉价发展，工业物联网在智能建造中的应用将更为广泛。

2. 数据建模

利用数据进行建模是一种模型表达方法，目的是通过建立的数字孪生模型完全真实反映物理空间，从而在数字孪生模型中仿真模拟实际建造过程，为物理世界的正常运行提供保障。目前大多产品数字化建模与建筑物三维建模往往只考虑对象几何信息[48]，而忽略了影响建造过程的对象物理属性和运行规律，因此并不能真实刻画对象实际状态。因此，在信息层次上，需要建立几何、物理、行为、规则模型等；在种类层次上，需要建立BIM模型、有限元模型、三维扫描点云模型等；在时间层次上，需要建立理论设计模型、实际监测模型、修正模型等，从而进一步提高数字孪生模型仿真的真实性和准确性。

3. 数据管理

如今先进的数据采集与信息感知技术使得人们从设备端获取了海量的多源异构数据，并且随着时间的推移数据量将呈指数型增长。面对如此庞大的数据规模，提高数据的存储与管理水平成为重中之重。首先，数据存储与管理的业务范围需要横跨建造过程的实时数据与历史数据；其次，面对有持续增长趋势的海量数据，需要引入分布式数据管理系统以满足可靠性与可扩展性的需求；再者，为保证建筑工程运维阶段需求，应在成本可控的情况下对系统持续维护。在此基础上形成的大数据存储管理平台可筛选关键数据，并为物理空间、虚拟空间以及智能建造系统的数据应用和分析提供驱动力和支撑。

4. 数据应用

对数据进行应用的核心是基于数字孪生的智能建造系统，该系统需要明确智能建造管控的现实需求，并针对面向的对象（上级领导、管理人员或施工人员）进行开发。系统应搭载人工智能算法，以实现对数据的分析挖掘和功能性调控。系统的功能应该至少包括对建造过程的监测与管理、对建造过程的预测与调控、对建造过程的指导三个层面。系统还需要利用B/S或C/S架构开发人机交互界面，便于有效信息的输入输出。

以上4个关键问题对应全要素信息采集与传输、数字孪生模型构建及运行机制、多源异构数据存储与管理、基于数字孪生的智能建造平台四个部分。下面将从这四部分入手，分析数字孪生技术在智能建造中的实施方法。

2.3 基于数字孪生的智能建造实现方法

2.3.1 全要素信息采集与传输

1. 建造现场数据分析

1) 数据来源

建造现场数据来源主要为人、机、料、法、环五大要素数据。"人"指参与建造活动的施工人员、管理人员等人员活动数据;"机"指施工建造现场以及参与运输的机械设备数据,包括机械设备位置、运行状态、寿命信息等;"料"指建造过程使用的物料,如水泥、构件等;"法"指施工工艺工法,通过数据采集能够追踪结构的成形过程,直观地反映建造活动的工艺特征;"环"指建造环境,周围的温度、湿度、干扰等都会对建造过程产生影响。

2) 数据特点

(1) 由于建造环境复杂,数据来源广泛,涉及要素比较多,因此采集到的数据类型多样且复杂。

(2) 由于整个建筑工程生命周期长,从设计、建造阶段到运维、拆除阶段,因此采集的数据量巨大。

(3) 建造过程中的数据包括历史数据与实时数据两类,历史数据是指从设备采集到目前超过 30 天的数据,为后续大数据分析及运维诊断提供数据基础;实时数据是指能够实时反映当下建造状态的数据,可实现数字孪生技术下对物理空间的实时镜像。

3) 数据采集方式

数据采集是指利用某种设备从待测对象向计算机中自动采集数据的方式。用于建造过程的数据采集方式主要包括:(1) 为待测对象生成包含对象信息的条形码或二维码,利用配套的扫描设备获取对象信息。(2) 在待测对象上安装传感器,数据采集仪将传感器传来的模拟信号转化为数字信号传至计算机。

2. 全要素信息采集与传输技术路线

物理空间是一个复杂、动态的建造环境,由影响工程质量的五大要素、感知模块以及网络模块组成。五大要素(即"人机料法环")指施工人员、机械设备、物料、工法、环境,它们是最原始的数据源,在建造活动中产生多源异构数据被传送至虚拟空间,同时接收虚拟空间的指令并做出相应反应。感知模块与网络模块分别负责数据的感知采集与数据向虚拟空间的传输,感知模块通过安装在施工人员或机械设备上的不同类型传感器来进行状态感知、质量感知和位置感知,同时采集多源异构数据;在此基础上,通过在网络模块中建立一套标准的数据接口与通信协议,实现对不同来源数据的统一转换与传输,将建造活动的实时数据上传至虚拟空间,如图 2.3.1 所示。

2.3.2 多维多尺度数字孪生模型的构建及运行机制

1. 数字孪生模型的建立

1) 数字孪生模型的多维多尺度特征

数字孪生模型的多维度特征体现在：数字孪生模型可以按照时间维度、种类维度、信息维度来划分。在时间维度上，数字孪生模型包含在设计阶段建立的理论设计模型，在施工阶段建立的实际监测模型，以及在反馈修正阶段建立的修正模型，反映着数字孪生模型的时间跨度；在种类维度上，数字孪生模型包括但不限于BIM模型、有限元模型、三维激光扫描点云模型等；在信息维度上，数字孪生模型包括几何模型、物理模型、行为模型、规则模型，反映着数字孪生模型包含的不同信息。如图2.3.2-1所示。

数字孪生模型的多尺度特征体现在：围绕整个建造活动，数字孪生模型可分为单元级、系统级、企业级等多个尺度层级，各层级之间为逐层包含关系，如图2.3.2-2所示。其中单元级数字孪生模型对应单个结构构件、传感元件或机械设备等，是组成数字孪生模型的基础；系统

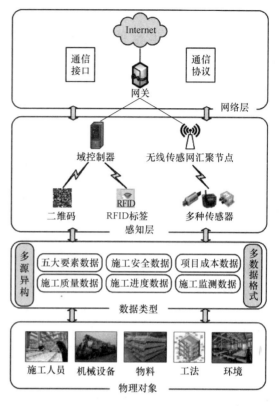

图2.3.1 全要素信息采集与传输

级数字孪生模型对应结构系统、传感系统或设备系统等，是由多个单元级数字孪生模型建

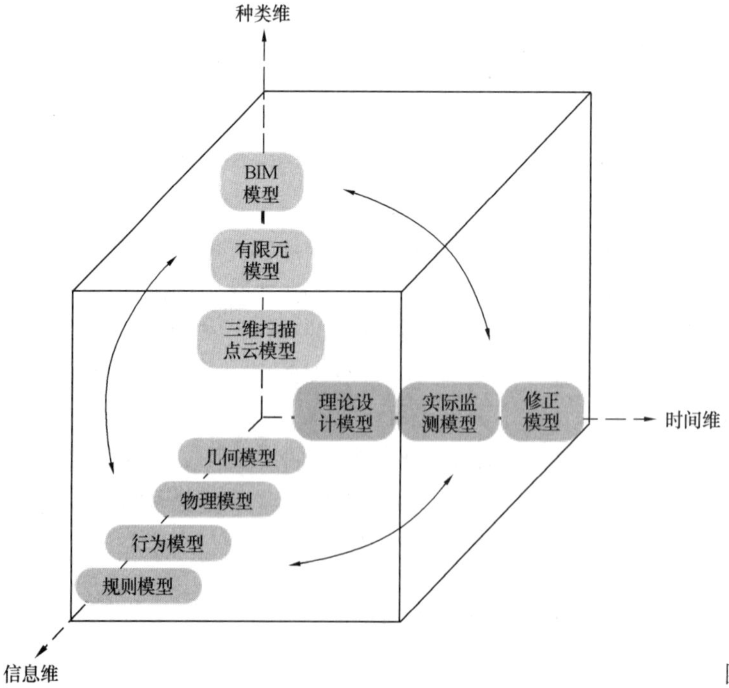

图2.3.2-1 数字孪生模型多维度特征

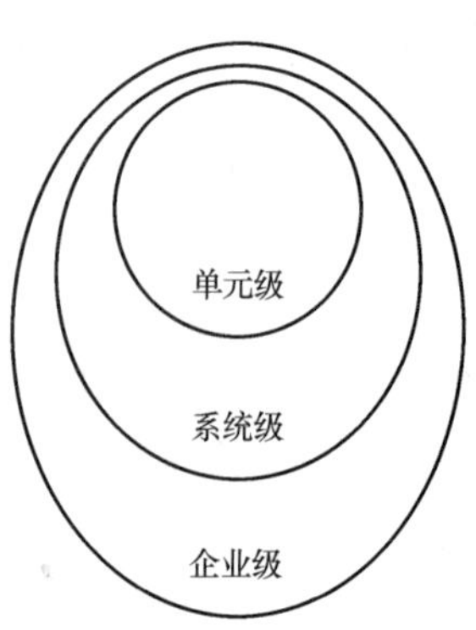

图2.3.2-2 多尺度数字孪生模型层级关系

立业务协作关系所构成；企业级数字孪生模型包含建造活动的全要素信息，全面反映建造过程，是由多个系统级数字孪生模型建立业务关联所构成。

2）多维多尺度数字孪生模型建立方法

时间维数字孪生模型的建立，包括按照时间跨度划分的三个阶段：设计阶段、施工阶段、反馈修正阶段。在设计阶段，在 Revit 软件按照设计方案中建立（1）理论 BIM 模型，在有限元软件中建立（2）理论有限元分析模型，二者共同构成理论设计模型，可提前进行施工模拟、施工方案比选等，为建筑施工提供指导；在施工阶段，物理空间利用传感器采集包含对象物理信息的实时数据，并利用三维激光扫描仪对对象进行扫描、去噪、点云拼接后建立包含对象几何信息的点云模型，二者经数据融合后共同构成（3）实际监测模型，可作为施工阶段物理对象的实时映射，准确地反映真实施工情况；在反馈修正阶段，将点云数据导出成 rcp 格式文件并链接到理论 BIM 模型中，通过数据转换得到（4）修正后的 BIM 模型，再在修正 BIM 模型中提取新的关键节点坐标，更新原理论分析有限元模型，得到（5）修正有限元模型，二者共同作为修正模型，消除了实际施工误差，使得数字孪生模型更接近真实物理对象。整体时间维数字孪生模型的建立方法，按照（1）→（2）→（3）→（4）→（5）的顺序完成，如图 2.3.2-3 所示。

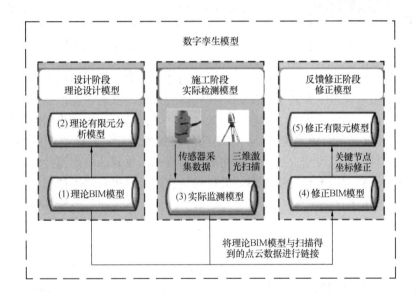

图 2.3.2-3　时间维数字孪生模型的建立

种类维数字孪生模型包括但不限于 BIM 模型、有限元模型、三维激光扫描点云模型等。BIM 模型的建立方法包括绘制标高和轴网→CAD 底图处理→导入 CAD 文档→主体结构绘制（墙、梁、板、柱等）→彩现；有限元模型的建立方法包括分析问题→建立几何模型→赋予材料属性→选择合适单元→划分网格→模型检查和处理→定义边界条件；三维激光扫描技术可以通过高速激光扫描测量的方法，快速地获取被测对象表面空间点位信息。点云模型的建立方法，是利用三维激光扫描仪（如图 2.3.2-4 所示），对实际对象进行现场实测扫描获取点云数据，经过 RealWorks 专业点云处理软件进行去噪、点云拼接等操作后，通过与软件接口将其导入 Revit 软件中，得到点云模型。这三类模型中，BIM 模型为虚拟空间提供可视化功能，将建造活动真实地进行模拟与展示，并提供了人机料法环全要素信息；有限元模型进行建造过程实时力学仿真分析，模拟结构的力学性能；三维扫描点云模型提供建造过程的实时位形数据，确保几何模型与物理对象的高度一致。三者相互融合，共同作用，形成物理世界的镜像——数字孪生模型，如图 2.3.2-5 所示。

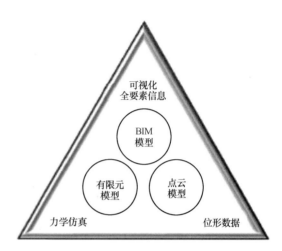

图 2.3.2-4 三维激光扫描仪 　　　图 2.3.2-5 数字孪生模型建立

信息维数字孪生模型的建立，是包含几何、物理、行为、规则模型在内的多种模型深度融合，作为"数字镜像"来真实地反映物理实体的过程。首先在虚拟空间中进行几何建模，反映物理实体的尺寸、大小、形状、位置关系等几何信息，形成我们通常定义的"三维模型"。然后通过安装在物理实体上的多类型传感器采集反映实体物理属性的信息，进行物理建模，包括应力、应变、疲劳、损伤等。接着将采集到的物理属性信息与三维模型进行融合，并赋予模型行为与反应能力，进行行为建模，可以对建造过程中的人工操作或者系统指令作出相应的响应。最后，对建造物理实体的运行规律进行规则建模，包括评价规则、决策规则、预测规则等，并与行为模型进行关联，最终建立起信息维度的数字孪生模型，如图 2.3.2-6 所示。

2. 数字孪生模型的运行机制

虚拟空间作为物理空间的真实映射，包含了物理空间五大要素所对应的全部虚拟模型，从模型类型上分为 BIM 模型、有限元模型、扫描点云模型等。各类模型相互关联、协作，不仅可以实现对物理空间中进行的建造活动（如装配式构件吊装、预应力索网提升张拉等）的可视化，还对其进行仿真分析。同时，虚拟空间具有交互、计算和控制属性，在建筑设计阶段，虚拟空间基于高保真度的虚拟模型，对结构设计方案进行施工模拟、迭代计算与仿真分析；在建造阶段，虚拟空间通过不断更新的实时建造数据与积累的历史数据，对建造全过程给予实时的反馈与调控；在运维阶段，虚拟空间可实时预测将发生的冲突或故障，并将信息反馈给物理空间。数字孪生模型的运行机制如图 2.3.2-7 所示。

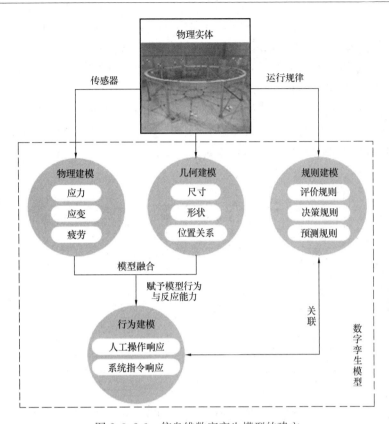

图 2.3.2-6 信息维数字孪生模型的建立

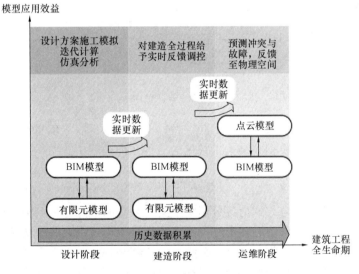

图 2.3.2-7 数字孪生模型运行机制

2.3.3 多源异构数据的存储与管理

大数据存储与管理平台是沟通物理空间与虚拟空间的桥梁，主要包括数据采集、数据预处理、数据挖掘、数据融合四个步骤。首先，来自物理空间与虚拟空间的海量多源异构原始数据被实时采集，这些数据包括物理空间的五大要素数据、施工质量数据、施工安全数据、施工进度数据、项目成本数据、施工监测数据，以及虚拟空间的模型数据、仿真数据、管理数据、评估数据等。然后对这些原始数据进行数据预处理，包括数据清洗、数据集成、数据转换、数据规约等，提高数据的准确性、完整性和一致性。接下来利用人工智能算法进行数据分析挖掘，达到分类、预测、聚类的效果。最后，在数据采集、预处理、分析挖掘的基础上，从数据库和知识库中提取相应参数进行特征级和决策级的数据融合，从而作为调控建设活动的决策性依据。数据处理步骤如图 2.3.3-1 所示。

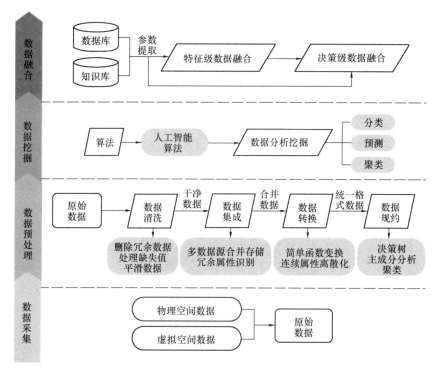

图 2.3.3-1 数据处理步骤

多源信息融合技术为了实现处理不同类型、不同渠道获取的信息，该研究方向的许多专家学者各自提出了多种模型和结构，常见的三种结构是集中式结构、分布式结构和混合式结构。

1. 集中式结构

集中式结构的信息融合方式为各数据源直接将采集的信息传递到数据处理中心进行分析和处理决策，然后由融合中心输出结论。在此种结构形式中，各个传感仪器充当环境特征信息采集的角色，其结构如图 2.3.3-2 所示。这种结构的优势是底层数据的损失较小，但对系统宽带要求较高，数据融合中心必须有足够强的计算能力，如果信息融合中心因计算负荷过大出现问题，则整个系统将无法正常运行，这种结构的系统缺点就是生存能力较差，一般用于信息源较少的小规模系统。

2. 分布式结构

在分布式结构中，各个数据源自身带有数据处理器，可利用该源信息进行初步判断，然后将判断结果递送到下一级的信息融合中心，中心根据各信息源局部处理结果完成全局

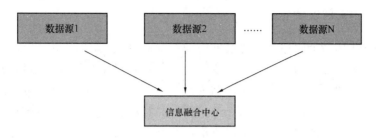

图 2.3.3-2　集中式结构

评估和判断，其结构如图 2.3.3-3 所示。这种结构具有计算负荷分散、可靠性高、造价低等优点。但是也有较为明显的缺点，因为在进行最终融合前，对各信息源已经经过初始处理，会造成部分初始信息被抛弃，这对最终的评估和判断结果具有一定的影响。

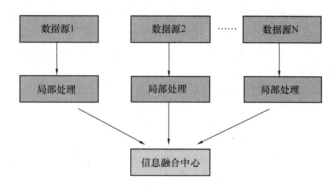

图 2.3.3-3　分布式结构

3. 混合式结构

混合式信息融合结构如图 2.3.3-4 所示。这种结构具有上述两种结构的优点，既有集中处理，又有分开处理，这种方式更加充分合理地利用了初始数据，这种处理方式在较大规模的系统中是比较有优势的，但是这种结构较为复杂，成本较高。

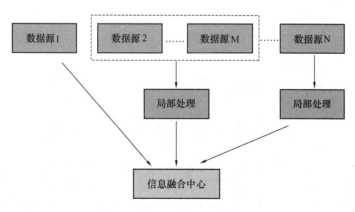

图 2.3.3-4　混合式结构

2.3.4 基于数字孪生的智能建造平台

基于数字孪生的智能建造平台通过分析物理空间的实际需求，依靠虚拟空间算法库、模型库、知识库的支撑和信息层强大的数据处理能力，对建造过程中遇到的问题与设备、构件运行状态进行决策，进而实现功能性调控。具体功能包括施工进度监控、安全风险预警、自动化监测、施工工艺模拟、构件吊装指导、物料管理、智能张拉控制、人机定位、塔机防撞、噪声扬尘监控等，对整个建造过程进行实时优化控制。

1. 基于数字孪生的 CBM 决策

决策能力是基于数字孪生的智能建造平台的核心，在航空航天、机械工业等领域，研究人员为提前发现设备故障、降低故障成本，提出了基于状态的维护（CBM）手段以进行决策性维护，由被动响应模型转变为主动响应模式[49]。CBM 的核心在于通过对设备的监测来实现对设备状态的实时评估和预测，从而降低维修费用。传统的 CBM 过程是通过在监测对象上部署传感器获取数据后，依次进行数据处理、特征提取、状态监测、评价和预测、人机交互等一系列操作，状态监测包括在线监测与离线周期性监测两种方式，操作过程始终面向物理对象，但是在线监测方式使得监控模块长时间运转造成成本提高，离线周期性监控容易错过重要信息，如图 2.3.4-1 所示。

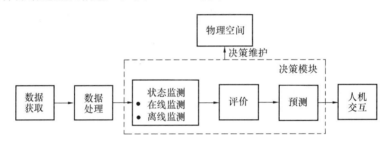

图 2.3.4-1　传统 CBM 决策方式

基于 CBM 存在的上述问题，将数字孪生技术与 CBM 结合，用于基于数字孪生的智能建造平台的决策。如图 2.3.4-2 所示，在虚拟空间中建立数字孪生模型，将物理空间部署的传感器获取的数据上传至数字孪生模型中，使得在数字孪生模型中模拟物理世界建造过程进行运转，解决了监控模块长时间运转或者遗漏状态信息的问题。基于数字孪生模型的真实模拟，运用算法进行评价与预测，并利用知识库提出故障的解决方案，在数字孪生模型中验证后反馈至物理空间。

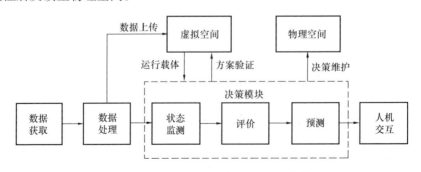

图 2.3.4-2　基于数字孪生的 CBM 决策

2. 基于平台的决策预警功能实现

平台的决策预警功能是基于平台内置的 AI 算法或逻辑算法实现的，本章以较简单的逻辑算法为例，阐述平台决策预警功能的实现机制。将基于数字孪生的智能建造分为两个阶段：方案设计阶段与实时修正阶段。方案设计阶段的工作过程是：首先依据设计图纸建立对象 BIM 模型，然后从 BIM 模型中提取关键节点坐标建立对象有限元模型，可以在 BIM 三维模型中模拟施工对象的复杂施工工艺，在有限元模型中对结构进行施工仿真分析，以给出合理的施工方案。理论设计模型是指在方案设计过程中，利用 BIM 技术、有限元技术等建立的包含人机料法环信息的模型集合。可将理论设计模型表示为：空间做出相应的指令，智能工装接收指令并对现场施工过程进行调整。

2.4 基于数字孪生的智能建造框架搭建

随着建造技术及新兴信息技术的快速发展及其在建筑业的广泛应用，在建造过程中开展对"人机料法环"的管理成为可能。其中物联网技术的发展使得信息采集的准确性和效率得到提高；建筑信息模型提供了信息化与可视化的管理方式；各种信息管理子系统与控制系统的出现提高了对建造过程管控的实时性。这虽然在一定程度上提高了建筑工程的数字化与信息化水平，但是虚拟空间与物理空间相互独立，缺乏实时反馈调节机制。

与此同时，数字孪生作为实现智能建造的关键前提，能够实现虚拟空间与物理空间的信息融合与交互，并向物理空间实时传递虚拟空间反馈的信息，从而实现建筑工程的全物理空间映射、全生命周期动态建模、全过程实时信息交互、全阶段反馈控制。

基于数字孪生的智能建造框架包括物理空间、虚拟空间、信息处理层、系统层四部分，他们之间的关系如下：物理空间提供包含"人机料法环"在内的建造过程多源异构数据并实时传送至虚拟空间；虚拟空间通过建立起物理空间所对应的全部虚拟模型，完成从物理空间到虚拟空间的真实映射，虚拟空间的交互、计算、控制属性可以实现对物理空间建造全过程的实时反馈控制；大数据存储管理平台接收物理空间与虚拟空间的数据并进行一系列的数据处理操作，提高数据的准确性、完整性和一致性，作为调控建造活动的决策性依据；基于数字孪生的智能建造系统平台，通过分析物理空间的实际需求，依靠虚拟空间算法库、模型库和知识库的支撑和信息层强大的数据处理能力，进行建筑工程数字孪生的决策与功能性调控。基于数字孪生的智能建造应用框架如图 2.4 所示。

本章明确了数据的不断流转与传递是数字孪生技术应用到智能建造的关键所在，分析了数字孪生技术应用于智能建造过程中要解决的四个关键问题，即数据采集与通信、数据建模、数据管理、数据应用。针对这四个问题，提出了基于数字孪生的智能建造方法，即实现全要素信息采集与传输、构建多维多尺度数字孪生模型并运行、实现多源异构数据的存储与管理、开发基于数字孪生的智能建造平台的方法。最后以该方法为指导，搭建了建造业通用的基于数字孪生的智能建造框架，可为今后的相关研究和应用提供理论依据。

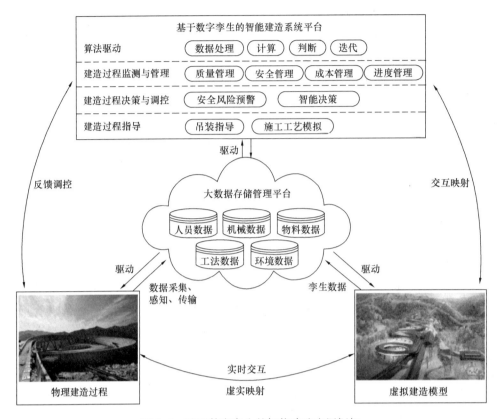

图 2.4 基于数字孪生的智能建造应用框架

3 物联网技术在装配式建筑智能施工中的应用

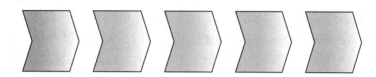

3.1 研究概述

3.1.1 研究背景

装配式建筑发源于西欧[50]，是指在工厂中制作建筑预制构件，并将完整或半完整的构件运送到建筑工地再进行装配的建造方式[51]。二战后由于住房紧张问题愈演愈烈，装配式建筑应运而生，从而引发了住宅工业化的浪潮[52]。到 20 世纪 60 年代，装配式建筑因其方便快捷的建造方式而快速传播到美国、加拿大以及日本等发达国家[53]。由于预制构件的非现场生产和现场装配的施工方式极大地提高了建筑工程的效率和质量，装配式建筑在经济上和学术上受到了世界各国的关注[54]，从图 3.1.1-1 可以看出 2010—2017 年近 8 年的全球装配式建筑市场规模在逐年稳步增长。

目前欧洲国家装配式建筑技术较为成熟，装配率较高，法国是世界上最早推行装配式建筑的国家之一，混凝土装配式框架结构体系装配率已达到 80%[55]。

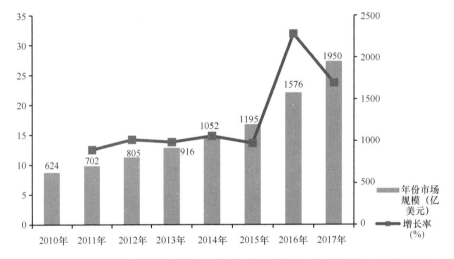

图 3.1.1-1　2010—2017 年全球装配式建筑市场规模（资料来源：前瞻产业研究院整理）

我国近年来装配式建筑的发展也很迅速，如图 3.1.1-2 所示，中国的装配式建筑在起

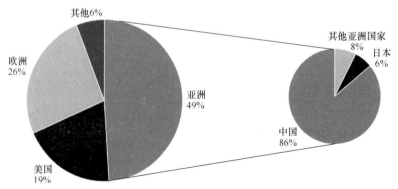

图 3.1.1-2　2017 年全球装配式建筑市场区域结构（资料来源：前瞻产业研究院整理）

步较晚的情况下，经过十几年的发展历程，在 2017 年的装配式建筑市场规模占全球的 35.1%，给中国的建筑业带来了革命性的改变[56]。

装配式建造的好处有很多，例如提高施工效率、提高建筑质量、减少材料浪费等[57]，其工业化的构件生产方式、方便快捷的现场安装模式以及绿色环保的作业环境等优势，都成为国家大力推广装配式建筑的主要因素。但随着装配式建筑体量的增加，传统的管理模式显得有些乏力，企业在施工过程中对智慧化的信息管理、预制构件的位置及状态监测的需求也愈发强烈。在我国，伴随着《中国制造 2025》政策的出台，装配式建筑迎来了新的发展机遇和政策支持，在信息化智慧管理方面更是提出了明确的要求，住房和城乡建设部发布的《2016—2020 年建筑业信息化发展纲要》[25]中提出要开展 BIM（建筑信息模型）与物联网、云计算等技术在施工过程中的集成应用研究，加强信息技术在装配式建筑施工管理过程中的应用，增强物联网等信息技术集成应用能力，建立施工现场管理信息系统，创新施工管理模式和手段。住房和城乡建设部发布的《建筑业发展"十三五"规划》[58]中指出要大力推广智能和装配式建筑，推广普及智能化应用。

在上述政策的要求中有一个核心词汇为物联网，它是装配式建筑智慧管理的重要信息技术支持。物联网的概念起源于美国，它指的是利用数据采集设备和技术将物品与网络连接起来，实现对物品的自动识别和数据获取[59]，之后随着科技的发展逐渐受到世界各国的重视，物联网技术被看作是继移动通信网络和互联网技术之后的第三次信息化浪潮[60]。

根据 2022 年 5 月发布的最新物联网现状——2022 年春季报告，芯片短缺继续减缓物联网（IoT）市场复苏。2021 年全球物联网连接数量增长 8%，达到 122 亿个活跃端点，与往年相比增长显著降低[61]。

尽管物联网解决方案的需求旺盛，物联网社区以及大多数物联网终端市场都表现出积极的情绪，但物联网分析预计芯片短缺对联网物联网设备数量的影响将持续到 2023 年之后。物联网市场的其他不利因素包括持续的 COVID-19 大流行和一般供应链中断。到 2022 年底，物联网市场预计将增长 18%，达到 144 亿活跃连接。预计到 2025 年，随着供应限制的缓解和增长的进一步加速，将有大约 270 亿台联网物联网设备。

物联网设备的 2021 年实际值和当前 2025 年预测均低于先前的估计（之前对 2021 年的估计是 123 亿台联网 IoT 设备；之前对 2025 年的预测是 271 亿台联网 IoT 设备）。

物联网是一个巨大的智能网络，由一个或多个子系统组成，如无线传感器网络、射频识别（RFID）设备、条形码读取设备、全球定位系统和短程无线自组织网络等，它们通过各种接入设备连接到互联网[62]。物联网技术可以实现利用传感器的实时动态监测以及在应用程序层级的信息集成[63]。在图 3.1.1-3 的物联网产业链中有三个主要技术构成了物联网的基本架构，首先传感器和各类芯片是物联网感知的重要手段，其次网络及软件应用开发商所运用的云计算技术是物联网的神经中枢，最后运营商则通过大数据技术以海量

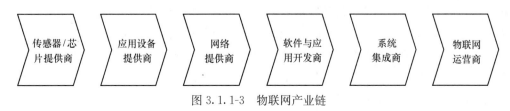

图 3.1.1-3　物联网产业链

的数据带动物联网价值的提升。

物联网技术的应用领域广泛，例如医疗保健、工业自动化、智能计量和智能电网基础设施、环境监测和预测、资产管理和物流、车辆自动化和智能交通、智慧农业等[64]，在各行各业都发挥着重要的作用，不仅实现了各产业过程的可见性和可追溯性，而且促进了信息集成和大数据分析的发展[65],[66]，因此建筑行业引入物联网技术势在必行，利用物联网技术，将建筑的设计、施工、运维、管理等全寿命周期过程通过有线及无线的方式接入互联网，获取建造过程中设备、构件以及人员的状态及信息参数，能够实现建筑物与部品构件、人与物、物与物之间的信息交互[67]，便于实时监控设备的运行情况和人员的工作情况，为管理者提供智能化的管理模式。装配式建筑相比传统建筑施工管理更加系统化，目前物联网技术在装配式建筑中的应用主要以 RFID 和二维码为主，用于构件的被动追踪，但是不能做到对构件进行实时监测，并且二维码容易破损。近年来物联网行业兴起的一种新型的基于 LoRaWAN 协议的数据传输技术——LoRa 技术，具有远程、低功耗和数据传输安全的特点。理想条件下的传输范围可达 15km[68]，针对装配式建筑预制构件多而杂的特点，可以有效地在装配式建筑施工现场中对预制构件进行主动、实时地监测。LoRa 技术的出现给物联网领域带来了革命性的改变，同时也给装配式建筑施工的智慧化管理带来了更多的机遇。

近年来，装配式建筑以其工业化的构件生产、便捷的现场安装以及绿色环保的施工环境等优势迅速发展。随着装配式建筑逐渐增多，施工现场预制构件吊装存在的问题日渐突出。如施工吊装物体形状不规则导致吊装难度大；操作人员吊装过程中存在视野盲区；吊装过程要求精度高、物体摆动小等。针对吊装控制存在的问题，国内外许多研究人员提出了很多研究方法。ZHOU Cheng[69]等学者针对地下空间吊车操作人员视野有限，同时施工环境复杂的问题，结合信息物理系统（CPS）的理念，提出使用 CPS－SMS 来模拟和监控吊装过程，利用传感器、传输技术等物联网技术，建立了地下盲吊安全监控系统，用于精确吊装刀轮。Ghang Lee 等学者[70]利用激光元件测距，精确定位被吊物体的位置，从而保障了塔吊吊装过程因视野等因素的安全性。但由于激光测距仪器成本较高，故实际工程中极少采用。范卿[71]等学者利用视觉传感装置获取作业环境的场景信息，结合蚁群优化算法为吊装路线规划提供了新的解决方案，提升吊装工程施工的自动化、智能化水平。

综合以上研究发现，目前吊装控制方法主要存在以下不足：（1）吊装控制方法采用的装置复杂，成本较高；（2）缺乏吊装过程对构件摆动姿态的监测；（3）缺乏针对预制构件吊装具备可行性的三维定位方法。

另一方面随着 LoRa 技术的快速发展，基于 LoRa 技术的应用已有各个领域的专家学者开展了相关研究。肖思琪等学者[72]基于 LoRa 技术建立了智能电表集抄系统；王灿等学者[73]搭建了基于 LoRa 技术的智能灌溉系统，实现了农业灌溉设备的远程控制和监测。钱立志等学者[74]将 LoRa 技术应用于大体积混凝土测温，解决了以往大体积混凝土测温的难点。同时将物联网技术应用于建筑领域的研究也逐渐增多[75],[76],[77]。刘诗楠[78],[79]等学者将物联网技术应用于装配式建筑施工中，提出了具体的应用方案，加强了施工现场对预制构件的管理，为物联网技术应用于建筑行业提供了有力参考。

3.1.2 技术概述

1. 数据传输——低功耗广域网概述

低功耗广域网 LPWAN（Low Power Wide Area Network）是物联网技术中的一种，相较于传统的移动蜂窝技术（如 2G、3G、4G 等）和短距离通信技术（如蓝牙、Zigbee 等），该网络具有功耗更低、电池寿命更长、传输范围更广的特点，它的出现为物联网领域带来了新的研究方向。在低功耗广域网中受到最多关注的两种协议是 LoRaWAN（Long Range）和 NB-IoT（Narrow Band）。

1）LoRa 技术概况及特点

LoRa 技术最早是由法国 Cycleo 公司开发的一项专利，该公司在 2012 年被美国的 Semtech 公司收购，并参与到 LoRa 技术的研发过程中，在 2015 年和 IBM 等多家公司创立了 LoRa 联盟，经过近 4 年的发展，全球有超过 500 个联盟会员，同时在 100 多个国家已经部署了 LoRa 网络，包括美国、俄罗斯、加拿大、马来西亚、印度、韩国、日本等多个国家，还有 56 个国家在进行试点项目的研究，其中韩国 SK 电信在 2016 年上半年部署了覆盖全国的 LoRa 网络，提供基于 LoRa 的物联网服务[80]。中国在 2016 年成立了中国 LoRa 物联网产业运营联盟，开始进入大规模的商用部署阶段，AUGTEK 公司在京杭大运河开展了 LoRa 网络（智慧航道）建设，已经完成江苏段的全线覆盖；阿里云在 2018 年正式获得了 LoRa IP 授权，并发布了首款 LoRa 系统芯片。LoRa 技术的出现给全球物联网技术应用带来了新的研究方向，目前 LoRa 技术的研究处于前期的摸索阶段，研究领域集中在其网络本身的性能评估、智能抄表、智慧农业、智慧路灯等领域[81],[82],[83]。

（1）国外研究现状

国外在环境监测中的 LoRa 技术研究较为丰富，Knoll[84]等人应用 LoRa 技术直接监测大气污染值，解决了目前监测成本高、精度低等问题，并在 Graz 市区进行了测试；Rahim[85]等人基于 LoRa 技术提出了一种用于收集空气污染数据的替代数据收集策略，与旧的环境监测方法相比，LoRa 技术拥有诸如灵活性、低延迟和实时控制等几个优点，可以更好地帮助人们控制环境；Drenoyanis[86]等人利用 LoRa 网络提出了一种新的污水监测系统解决方案，可以实时对系统故障发出警报。

在智慧路灯领域，Gianni[87]等人在意大利经济发展部资助的 PEGASUS 项目中，在博洛尼亚大学的工厂部署了一个智能遥控路灯网络，能够提供路灯的智能服务；Mohammed[88]等人开发了基于 LoRa 的"智能路灯"服务模型，并进行了测试。

在医疗领域，Kharel[89]等人所提出的基于 LoRa 的健康监测系统可以用于将以诊所为中心的卫生系统改为以患者为中心的智能卫生系统，并为所有人提供无缝的医疗卫生服务；Catherwood[90]在生物医学条带诊断系统中提出采用基于 LoRa 的电子阅读器，可以提供下一代基于社区的智能诊断和疾病管理，并为常规临床医生家访或慢性病患者的临床访问提供了便利。

在建筑监测领域，意大利的 Polonelli[91]等人为结构健康监测设计了基于 LoRaWAN 的无线组件，用于测量和跟踪混凝土和其他建筑材料的裂缝，提高了大约 1m 的精度以及拥有超过 10 年的预期寿命；Tommaso[92]建立了基于 LoRa 技术的建筑结构位移监测系统，可以提供 $10\mu\mathrm{m}$ 分辨率的结构裂缝监测并在锡耶纳市的中世纪城墙进行了测试，该系统可应用于城市监控的任何环境。

（2）国内研究现状

国内 LoRa 技术在智能抄表方面的成果较为成熟，水表、电表、燃气表的应用都有相应体现。湖南大学的陈钅安[93] 在无线智能水表抄表系统整个架构及实现方案的基础上，引入 LoRa 技术对方案进行补充和改进，实现了居民水表的数据监测以及设备监控；湖南大学的肖思琪基于 LoRa 技术建立了智能电表集抄系统；华润燃气公司基于 LoRa 技术燃气抄表系统进行了试点工程，有效地解决了传统网络的弊端[94]。LoRa 技术的引入为抄表业务提供了便利。

在环境监测领域，北京工业大学的夏褚宇[95] 通过引入 LoRa 技术，建立了颗粒物浓度监测系统，能对空气污染程度进行实时的监测，帮助有关气象部门做好预警和人们出行防护工作；刘强强[96] 和崔建强[97] 都将 LoRa 技术引入了环境监测领域中，分别设计了大气环境监测系统和城市环境监测系统，可以实现对各自对象的温度、湿度以及 PM2.5 浓度的监测，从而实现了环境状态的无线监测；林虹秀等[98] 提出了一种基于 LoRa 技术的环境监测预警系统，利用 LoRa 的通信方式来传输数据，解决了无线传感器网络传输距离的问题。

在智慧农业领域，安徽大学的郭恋恋[99] 设计实现了基于 LoRa 技术的农业温室环境监测系统，满足了农业监测面积大、环境复杂的监测需求；陈国宏等人[100] 研究了基于 LoRa 技术的土壤水分温度无线传感器，实现了农业土壤的智慧监测；王灿等人[101] 搭建了基于 LoRa 技术的智能灌溉系统，实现了农业灌溉设备的远程控制和监测。

在建筑监测方面，廖勤武[102] 针对传统建筑能耗监测系统通信方式，不适合老旧大楼能耗监测网络建设的问题，提出了基于 LoRa 通信技术的建筑能耗监测系统解决方案；中建五局[103] 在大体积混凝土测温系统中引入 LoRa 技术，解决了以往大体积混凝土测温的难点。

（3）LoRa 技术的主要特点

LoRaWAN 是低功耗广域网的一种，它基于 Semtech 公司专利的 LoRa 物理层，定义了低功耗广域网的通信协议和系统架构。LoRaWAN 具有远程、低功耗和安全数据传输的特点。农村地区 LoRa 网络覆盖范围可达 15km，数据速率范围为 0.3kbps ～ 50kbps[104]。LoRaWAN 的网络架构如图 3.1.2-1 所示，LoRa 无线通信技术采用最简单的网络架构——星形网络架构，可扩展性强，与常用的网状架构相比具有最低的延迟和较低的网络维护成本[105]。

LoRa 技术的实质是扩频调制技术，并结合了前向纠错编码和数字信号处理技术[106]。数十年来，扩频技术已被用于军事和航空通信。该技术具有高稳健性和超长的通信距离，而 LoRa 是一种使用扩频技术的低功耗通信技术，重点就是为制造业、城市交通和人们的生活提供低成本的无线通信解决方案[107]。LoRa 技术使用空闲频带（低于 1GHz 频带如 433MHz 的和 470MHz 的），无需支付频段费用可随时搭建网络，使其更容易被一般企业或个人应用，LoRa 拥有-140dBm 的接收灵敏度，传输距离相比传统的无线通信技术高出 5～8 倍[108]。

LoRa 技术的特点总结如下：

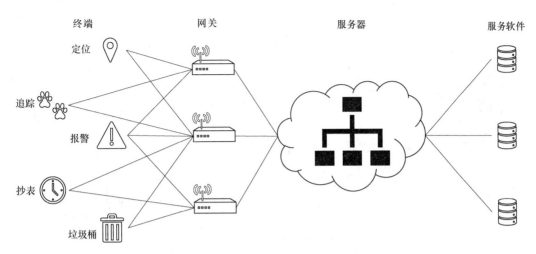

图 3.1.2-1　LoRaWAN 网络架构

① 远距离

LoRa 技术采用扩频调制和前向纠错码，这允许 LoRa 达到的距离远超过其他通信方法，郊区等空旷地区可达到 15km 的通信距离。

② 海量节点

一个 LoRaWAN 网络可以便捷地连接数千甚至数万个节点，按每小时计算发送的报告数，每个 LoRa 网关可以支持 5 万条信息的上报，远超出行业对低功耗广域网的容量要求[109]。

③ 安全性高

安全一直是无线传输网络的一个重要影响因素，LoRa 则是第一个提出进行 128ASE 双重加密的物联网，即使是网络操作员也无法从中窃取到应用数据，所以数据的安全性得到了保障。

④ 功耗低

LoRaWAN 协议中使用最广泛的是异步通信，即仅在需要发送数据时才启动通信。与同步通信相比，异步通信节省了唤醒监听的功耗。

2）NB-IoT 技术

窄带物联网（NB-IoT）是由第三代合作伙伴计划（3GPP）开发的一种低功耗广域网无线电技术标准，目的是使未来的物联网设备能够使用蜂窝通信频段[110]。NB-IoT 具有覆盖范围广、超低功耗（10 年电池寿命）和大量连接的特点[111]，基于 NB-IoT 技术的应用网络架构如图 3.1.2-2 所示。NB-IoT 是运营商建网，可以在原本的蜂窝式网络设备上快速部署，用户无需单独组网，射频和天线基本上都是复用的，NB-IoT 所处频段为授权频段，支付相关使用费用便可进入 NB-IoT 网络的应用，因此保证了服务质量，同时拥有数据加密保护，安全性高[112]。

NB-IoT 技术的主要特点有：

（1）建网便捷

NB-IoT 采用的是蜂窝技术，因此可以在原本的蜂窝式网络设备上快速部署，用户无需单独组网，射频和天线基本上都是复用的，只需支付相关使用费用便可快速进入 NB-

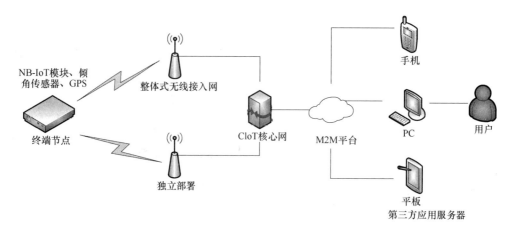

图 3.1.2-2　NB-IoT 应用网络架构

IoT 网络的应用，节省了网络搭建的时间和财力。

（2）质量保障

NB-IoT 所处频段为授权频段，有基于成熟的核心网认证鉴权机制，保证了服务质量，提高了用户体验。

（3）范围广

与 GPRS（General Packet Radio Service，通用分组无线移动通信业务）和 LTE（Long Term Evolution，通用移动通信技术的长期演进）相比，NB-IoT 链路预算有 20dB 的提升，开阔环境信号覆盖范围可以增加七倍，20dB 相当于信号穿透建筑外壁发生的损失，NB-IoT 室内环境的信号覆盖相对要好，一般地，NB-IoT 的通信距离是 15km[113]。NB-IoT 不仅可以满足在广度上的覆盖需求，还具有深度覆盖的特点，在地下停车场、超市等无线信号较弱的地方也能覆盖到[114]。

3）LoRa 技术与装配式建筑施工管理的适用性分析

目前应用较为广泛的物联网技术大多是 WiFi、蓝牙、Zigbee 等，其本身拥有配置方便快捷，安全性和稳定性高等特点，然而建筑的施工过程是一个极其复杂的过程，建筑本身随着施工进度的推进在不断变化，建筑施工环境也在不断变化，因此针对建筑施工过程的监测，传统的物联网技术自身存在一些无法避免的弊端，实际应用过程中的具体技术参数对比如表 3.1.2 所示。

常用通信方式技术参数对比　　　　　　　　　　　　　表 3.1.2

技术特点＼通信方式	LoRa	NB-IoT	WiFi	Zigbee	蓝牙
应用范围	传感和控制	传感和控制	Web、视频等	传感和控制	数据传输
组网方式	基于 LoRa 网关	基于现有蜂窝网络	基于无线路由器	基于 ZigBee 网关	基于蓝牙 mesh 网关
频段（Hz）	137M～1050MHz	运营商频段	2.4GHz	2.4G/868M/ 915MHz	2.4GHz
最远传输距离	15km	15km	50m	100m	10m

技术特点 \ 通信方式	LoRa	NB-IoT	WiFi	Zigbee	蓝牙
电池续航	理论约 10 年	理论约 10 年	数小时	理论约 2 年	数天
传输速率	0.3～50kb/s	理论 250kbps，实际一般小于100kbps	54M/s	实际一般小于100kbps	1M
模块成本	5～10 \$	5 \$	7～8 \$	约 1～2 \$	—
穿透能力	强	较强	一般	一般	弱

对于 WiFi 技术，传输速度很快，适合传输大容量文件，而代价就是功耗和成本都很高，并且通信距离较短；蓝牙技术通常用于设备与设备之间的数据传输，建立连接时需要双方手动确认，因此安全性较高，成本较低，但通信距离仅有 10m 左右，无法满足建筑施工场地大范围的需求；Zigbee 最大的特点是自组网，网络节点数可达上万个，但同样传输距离较短，因此这类物联网技术均不适合在大范围、构件多的装配式建筑施工中使用。

目前 LoRa 技术主要应用于智能停车场、远程无线抄表、智慧农业、智能路灯等领域，LoRa 技术具有很强的穿透力，使其在封闭式建筑领域具有良好的应用，并具有百万节点数，电池寿命可长达数年。预制构件的信息采集具有终端节点多、数据量小的特点，并且存在随施工过程变化的信息，需要网络具有覆盖范围广、功耗低、成本低的网络技术提供支持，LoRa 网络有效地解决了传统网络技术存在的传输距离短，网关需求量大和耗电高的问题，非常适合装配式建筑施工过程的应用。

2. 数据采集技术——IMU

IMU 在自动驾驶、机器人等领域有着广泛的应用。IMU 通常是由三个加速度计、三个陀螺仪和磁力计组成的单元。加速度传感器可以测量三个方向的加速度，三轴角速度可以用陀螺仪测量[115]。IMU 单元可用于采集和监控姿态数据，并可通过加速度积分两次来定位目标。然而，由于积分累积误差的存在，惯性测量单元在远距离定位时存在严重的漂移问题[116]，这是由于加速度计误差和陀螺仪误差在远距离累积漂移造成的。经过两次积分后，位移会漂移，位置会不准确[117]，[118]。为了解决这个问题，Jimenez 等人提出了解决方案。相关专家提出了一种零速度校正算法，该算法利用信息源（加速度计和陀螺仪）和低通滤波器实现了多条件姿态检测算法[119]。同时，针对 IMU 主动定位中的远距离位置迁移问题，IMU 主要与 GPS[117]、北斗、GNSS 等定位方法相结合，实现对运动目标的精确定位[120]，[121]，[122]，[123]。Chen 提出了一种基于卡尔曼滤波的融合算法，将 IMU 和 GPS 算法结合起来进行行人定位跟踪，以实现精确定位。

3. 相关技术集成

数据库技术是通过研究数据库的结构、存储、设计、管理以及应用的基本理论和实现方法，并利用这些理论来实现对数据库中的数据进行处理、分析和理解的技术。

引入数据库技术可以解决系统在信息处理过程中大量数据如何有效地组织和存储的问

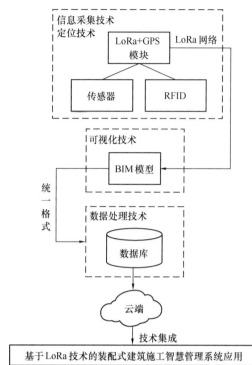

图 3.1.2-3 技术集成应用路线

题，从而在系统中减少数据存储冗余、实现数据共享、保障数据安全以及高效地检索数据和处理数据。数据库技术的根本目标是要解决系统数据的共享问题，能够为智慧管理系统提供有力的数据处理技术支持。

通过分析传感器发送的数据，自动识别预制构件的状态和位置信息，并转换成三维可视化信息，采用 BIM 技术建立基于 Revit 的监测信息数据库，设计数据库界面，通过开发的数据接口，实现 BIM 模型与数据库的数据交互，同时基于数据库技术对构件信息进行记录和回传；设计终端程序，使管理人员在移动端或 PC 端进行可视化管理，实现远程管控。各技术的集成应用路线如图 3.1.2-3 所示，利用基于 LoRa 的数据采集模块，结合 GPS、RFID 和传感器，将采集到的数据通过 LoRa 网络上传，结合 BIM 模型实现数据的可视化，这些数据统一格式后在数据库中进行数据处理后上传到云端，实现系统的应用。

3.1.3 研究意义

综合上述装配式建筑和物联网技术目前的发展背景和研究现状，响应国家政策，考虑到 LoRa 技术对于装配式建筑是一个新的技术支持，把 LoRa 技术引入到装配式建筑施工过程中对预制构件进行及时、精准的信息监测，从而保障施工质量和效率是非常有必要的。随着科技发展和社会进步，施工现场对智能化和信息化的要求越来越高，如何将 LoRa 技术更好地应用到建筑业尤其是装配式建筑中是一个值得深入研究的问题。以 LoRa 技术为支撑，并结合 BIM 技术、RFID 技术、GPS 技术及传感器，建立以装配式建筑施工管理为对象的管理系统框架，可以为装配式建筑的施工管理提供快速、直观、便捷以及准确的信息管理手段，从而为实现装配式建筑在施工过程中的实时可视化及监测提供理论支持。

将 LoRa 技术应用到装配式建筑的施工过程中，能对构件状态和吊装情况进行监测，形成一项新的信息采集模式；装配式建筑建造过程中施工范围大，需要统计大量的构件数据，且各构件之间存在阻碍作用，利用 LoRa 技术传输距离长、灵敏度高和穿透力强的特点建立新的网络架构，能满足装配式建筑特殊的监测要求，提升施工质量和效率。同时也符合建筑业信息化发展纲要中提到的加强低成本、低功耗、智能化传感器的研发以及建立工程项目质量监管信息系统的发展方向。

3.2 基于物联网的预制构件吊装智能控制方法

3.2.1 用于吊装的 LoRaWAN 体系结构

LoRA 技术组网简单灵活。LoRaWAN 网络体系结构包括四个部分：LoRa 芯片、LoRa 网关、云服务器、服务平台软件，如图 3.2.1-1 所示。

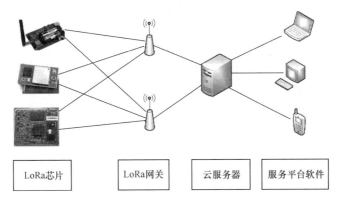

图 3.2.1-1　LoRaWAN 网络体系结构

LoRa 芯片用来实时采集预制构件吊装相关信息，包括 IMU、GPS 及气压计等收集到的信息。LoRa 网关用于接收 LoRa 芯片传输过来的信息，并通过无线传输至云端服务器，经过服务器进行信息分析处理后传输至应用服务平台及软件，其是数据的最终汇聚点，根据用户的需求进行数据呈现。

根据 LoRaWAN 网络体系结构，建立了 LoRa 技术在 PC 吊装控制中的应用方案架构框架。如图 3.2.1-2 所示，通过 IMU、GPS、气压计、RFID 等传感器进行施工吊装过程

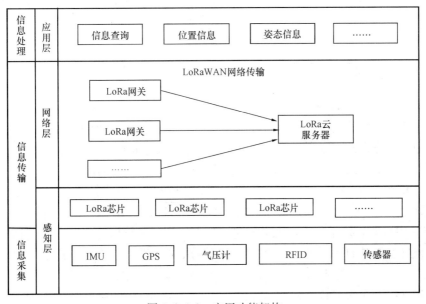

图 3.2.1-2　应用功能架构

中的数据采集；通过 LoRa 终端、LoRa 网关进行数据的实时上传。施工现场只需根据施工现场需求按规划在预定位置布设 LoRa 网关，LoRa 网关可以将从 LoRa 模块收集到的信息传输到云端服务器。将上传至云端服务器的信息在应用层进行数据处理，主要包括构件信息、姿态信息、位置信息等。

针对 PC 吊装中存在的问题，提出应用物联网技术加强对预制件吊装的控制。如图 3.2.1-3所示，该方法通过 IMU 建立姿态控制单元收集到预制构件吊装过程中的姿态

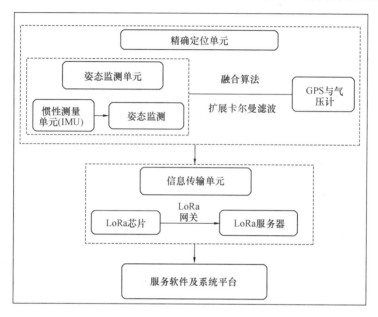

图 3.2.1-3　吊装控制方法逻辑图

信息，包括加速度、速度及欧拉角等。同时将 IMU 收集到的信息结合 GPS、气压计进行融合定位，准确监测预制构件在吊装过程中的实时位置。上述传感器采集到的数据经过 LoRa 技术上传至信息层进行，通过 LoRa 技术进行施工现场实时信息传输，通过算法修正和数据处理，实现预制构件吊装的姿态控制和定位控制。

3.2.2 IMU 姿态控制

惯性测量单元（Inertial Measurement Unit）主要应用于自动驾驶、机器人、航空航天等领域。惯性测量单元一般是由 3 个加速度计、3 个陀螺仪以及磁力计组合而成的单元。通过加速度传感器可以测得三个方向的加速度，通过陀螺仪可以测得三轴角速度。方法是先由惯性测量单元输出 AD 值，再通过转化算法将 AD 值转化为四元数，再通过转化算法将四元数解算为欧拉角，以上为姿态控制算法。目前以 mpu6050 为例，它内置的程序，可以跳过输出 AD 值，直接输出四元数，而且通过 IIC 接口外接一个磁力计如 HMC5883，可以直接输出一个姿态数据包，从而得到被测物体的姿态。利用 IMU 单元对构件在吊装过程实时的摆动姿态监控，从而分辨吊装过程的风险。对于 IMU 单元，其包括有内置的坐标轴（坐标系），称之为相对坐标系，同时建立以沿竖直方向向上为 Z 轴正向，以正北方向为 X 轴正向，以正东方向为 Y 轴正向的绝对坐标系，通过惯性测量单元

实际测量得到的数据，得出吊装过程中物体的倾斜角度以及推算出吊装过程中的摆动幅度。通过监控构件在吊装过程中的姿态，可以使操作人员在吊装过程中根据实际情况及时判断吊装过程是否会发生危险，从而在危险发生前及时终止吊装，以此来保障吊装过程的安全性。

3.2.3 预制构件吊装定位控制

IMU 主动式定位存在长距离位置偏移的问题，现有针对主动式定位的研究，主要通过 IMU 与其他定位方式融合的方法进行移动物体的主动式定位[124]、[125]。Ling Chen 通过将 IMU 与 GPS 进行算法融合进行行人的定位追踪，提出了基于卡尔曼滤波进行精确定位的融合算法[126]、[127]。本书针对施工现场的特点在原有 IMU&GPS 融合算法的基础上针对施工吊装情形进行了优化设计，对其应用场景及应用方法进行了拓展。通过 IMU 与 GPS 融合定位，比单一的 GPS 定位精度更高，且更加适用于建筑施工的情况，可以更好地减少 GPS 由于现场环境因素带来的误差影响。同时针对融合算法由于 GPS 高度数据不精确，未对竖向方向（即 Z 轴）进行融合修正，不能适用于施工吊装的问题进行了算法改进，引入了气压计监测的竖向高度数据，进行了该算法的应用性改进，使得竖向位置数据更加准确，从而满足施工吊装定位的需要。

如前所述，绝对坐标系 W 位于地球表面，以正东为绝对坐标系的 X 轴，以正北为绝对坐标系的 Y 轴，以竖直地面向上为坐标系的 Z 轴，绝对坐标系符合右手法则。同时以 IMU 内置坐标系为相对坐标系 R，显然在定位时需要将 IMU 收集到的相对坐标系的数据转化为绝对坐标系的数据，此时需要用到坐标系转换矩阵。本书采用的 IMU，其基本位置计算原理是基于捷联式 IMU 导航算法[128]，通过内置微处理器运行卡尔曼滤波来融合加速度计、陀螺仪和磁力计的传感器数据，可以直接获得较为准确的方位信息。通过该装置可直接得到惯性传感器的方向数据，并以四元数来表示，表示为 $Q = (q_w, q_1, q_2 q_3)$，通过单位四元数表示转换矩阵。该表示方法没有框架锁的问题，简化了转换和计算问题。定义 $P_k = (x_k, y_k, z_k)$ 为 k 时刻的位移向量，则 $V_k = (x'_k, y'_k, z'_k)$ 为 k 时刻的速度向量，以 $Q_k = (\varphi_k, \theta_k, \psi_k)^T$ 表示为 k 时刻的欧拉角，则 k 时刻的状态矩阵为 $X_k = (P_k, V_k, Q_k)^T$。同时定义 a_k^w 为 k 时刻的绝对加速度，a_k^r 为 k 时刻的相对加速度，则：

$$a_k^w = Q_k \times a_k^r \times Q'_k - G \tag{3-1}$$

式中 $Q_k = (q_{w,k}, q_{1,k}, q_{2,k}, q_{3,k})$ 为通过四元数表示相对坐标系 R 和绝对坐标系 W 之间的旋转变换矩阵，$G = (0, 0, g)$ 表示为重力加速度向量。

四元数通过转换函数 $Q2Euler(Q)$ 转换为欧拉角，即

$$Q_k = Q2Euder(Q) = \begin{bmatrix} atan2(2(q_w q_1 + q_2 q_3), 1 - 2(q_1^2 + q_2^2)) \\ arcsin(2(q_w q_2 - q_3 q_1)) \\ atan2(2(q_w q_3 + q_1 q_2), 1 - 2(q_2^2 + q_3^2)) \end{bmatrix} \tag{3-2}$$

位置随时间更新公式如下：

$$P_k = P_{(k-1)} + I \times T_s \times V_{(k-1)} + 0.5 T_s^2 \times I \times a_{(k-1)}^w \tag{3-3}$$

$$V_k = V_{(k-1)} + T_s \times I \times a_{(k-1)}^w \tag{3-4}$$

上述公式的矩阵表达如下：

$$(P_k, V_k)^T = \begin{pmatrix} I & I \times T_s \\ 0 & I \end{pmatrix} (P_{(k-1)}, V_{(k-1)})^T + \begin{pmatrix} \dfrac{T_s^2}{2} \times I \\ T_s \times I \end{pmatrix} a_{(k-1)}^w \qquad (3-5)$$

式中 T_s 表示传感器采样时间间隔，I 表示单位矩阵，由（1）式计算 a_{k-1}^w，通过代入初始状态迭代运算此公式，可以实时更新吊装物体的位置和速度。

基于 IMU 定位算法存在很大的弊端，得到的位置只在短时间内准确，在长距离时存在加速度计误差和陀螺仪误差累积漂移，以此经过两次积分后位移飘逸很大，定位不准确。针对上述问题，存在名为零速度（ZUPTs）的校正位置误差的方法。该方法认为在静止阶段，速度应该是零。只要检测到静止相位，将该相位速度设为零，就有可能纠正一些漂移误差。该方法比基本位置计算算法的精度有所提高。运用由 Jimenez 等学者提出的一种零速度校正算法，该算法利用信息来源（加速度计和陀螺仪）和低通滤波器实现了一个多条件姿态检测算法[129]。本融合算法采用该算法判断零速度阶段。

该算法需要同时满足下述三个条件，并使用中值滤波来去除异常状态。式中的"1"和"0"分别代表静止状态和移动状态。

条件一：

$$C_1 = \begin{cases} 1, thrhd_{a_{\min}} < \| a_k \| < thrhd_{a_{\max}} \\ 0, \qquad\qquad 其他 \end{cases} \qquad (3-6)$$

$$\| a_k \| = \left[a_k^r(1)^2 + a_k^r(2)^2 + a_k^r(3)^2 \right]^{0.5} \qquad (3-7)$$

式中 $thrhd_{a_{\min}}$ 与 $thrhd_{a_{\max}}$ 分别表示最小阈值和最大阈值。

条件二：

$$C_2 = \begin{cases} 1, \sigma_{a_k^r}^2 < thrhd_{a_{\max}} \\ 0, \qquad\qquad 其他 \end{cases} \qquad (3-8)$$

式中

$$\sigma_{a_k^r}^2 = \frac{1}{2s+1} \sum_{j=k-s}^{k+s} (a_k^r - a_k^{r-2}) \qquad (3-9)$$

式中 $\sigma_{a_k^r}^2$ 表示当地加速度方差。

条件三：

$$C_3 = \begin{cases} 1, \| \omega_k \| < thrhd_{\omega_{\max}} \\ 0, \qquad\qquad 其他 \end{cases} \qquad (3-10)$$

$$\| \omega_k \| = \left[\omega_k^r(1)^2 + \omega_k^r(2)^2 + \omega_k^r(3)^2 \right]^{0.5} \qquad (3-11)$$

通过上述三个条件得到零速度检测的逻辑值 Cstop=C1&C2&C3。

该算法针对 IMU 定位漂移误差会随着时间累积导致定位不准确的缺点，结合 GPS 与气压计进行融合定位。该算法在扩展卡尔曼滤波（EKF）算法的基础上进行了一些改进。算法如下：如前所述 $X_k = (P_k, V_k, O_k)^T$，考虑零速度检验逻辑值，则：

$$\widehat{X_k} = (\widehat{P_k}, \widehat{V_k}, \widehat{O_k})^T = A \times X_{k-1} + C \times a_k^\omega + O_k \tag{3-12}$$

式中：

$$A = \begin{pmatrix} I & I \times T_s & 0 \\ 0 & I \times C_s & 0 \\ 0 & 0 & 0 \end{pmatrix} \tag{3-13}$$

$$C = \left(\frac{T_s^2}{2} \times I, T_s \times I, 0 \right)^T \tag{3-14}$$

$$Q_k = (0, 0, Q2Euler(Q_k))^T \tag{3-15}$$

GPS 的高度和速度的数据不准确，该算法使用经度、纬度作为实际测量，同时利用 Dupree 给出的换算公式将经度和纬度转换为全局坐标[11]：

$$X_{gps} = \cos(\varphi) \sqrt{\frac{1}{\left(\frac{\sin(\varphi)}{a}\right)^2 + \left(\frac{\cos(\varphi)}{c}\right)^2}} \left[(lon1 - lon0) \times \frac{\pi}{180} \right] \tag{3-16}$$

$$y_{gps} = \sqrt{\frac{1}{\left(\frac{\sin(\varphi)}{a}\right)^2 + \left(\frac{\cos(\varphi)}{c}\right)^2}} \left[(lat1 - lat0) \times \frac{\pi}{180} \right] \tag{3-17}$$

$$\varphi = 2\pi - 0.5(lat1 - lat0) \frac{\pi}{180} \tag{3-18}$$

式中（$lon0$，$lat0$）是地理坐标的原始点，（$lon1$，$lat1$）是特定点的地理坐标，a 为地球的赤道半径，c 为极地地球的半径。通过上述公式得到 GPS 测量的部分，同时经过气压计实测的部分（h_{pi}），两者得：$D_k = (x_{gps}, y_{gps}, h_{pi})^T$，则：

$$H_k = \begin{pmatrix} 1 & 0 & 0 & 0 & 0 & 0 & 0 & 0 & 0 \\ 0 & 1 & 0 & 0 & 0 & 0 & 0 & 0 & 0 \\ 0 & 0 & 0 & 0 & 0 & 0 & 0 & 0 & 1 \end{pmatrix} \tag{3-19}$$

接下来进行卡尔曼滤波。计算状态预测：

$$X_k = \widehat{X_k} + K_k(D_k - H\widehat{X_k}) \tag{3-20}$$

其中 K_k 为卡尔曼增益：

$$K_k = \widehat{\sum}_k H^T (H \widehat{\sum}_k H^T + R_k)^{-1} \tag{3-21}$$

式中 $\widehat{\sum}_k$ 是状态估计的协方差矩阵。

$$\widehat{\sum}_k = A \sum_{k-1} A^T + N_k \tag{3-22}$$

$$\sum_k = (AI - K_kH) \widehat{\sum}_k (I - K_kH)^T + R_k \tag{3-23}$$

四元数的误差会引起全局帧内加速度的漂移误差。针对此问题将四元数修改为：$Q_k = \Delta Q_{k-1} \times Q_k$。

$$\Delta Q_{k-1} = Euler2Q\left[0,0,K_k \times (D_k - H_k \hat{X}_k)\right] \tag{3-24}$$

测量模型为 $Z_k = H_k \hat{X}_k + n_k$，其中 Z_k 为预测测量，H_k 为测量矩阵，n_k 为环境噪声，其协方差矩阵 $R_k = E(n_k, n_k^T)$。

同时当 GPS 与气压计其中之一不可用时，则 $\hat{X}_k$ 不通过卡尔曼滤波器，而是直接进行下一个迭代的计算（图 3.2.3）。

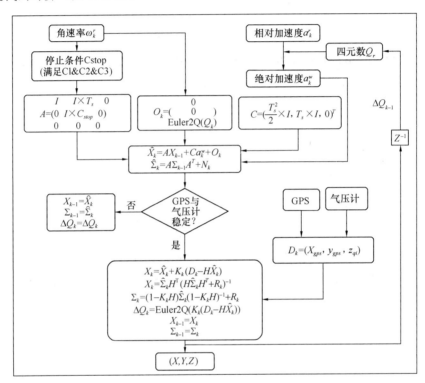

图 3.2.3　定位算法逻辑图

3.3　案例研究

该方法以某装配式项目预制楼板施工吊装为例，阐述在预制构件施工吊装过程中的实际应用。本案例中应用的硬件型号及参数如表 3.3 所示。如图 3.3-1 所示，基于硬件开发 LoRa 传输终端。同时结合预制楼板实际吊装的特点进行吊装流程解析，预制楼板吊装流程如图 3.3-2 所示。

硬件型号及参数　　　　　　　　　　　　　　　　　　表 3.3

硬件类型	型号	说明
LoRa 芯片	Semtech 公司 SX1278	针对 433M 与 470M 网段的地区
微控制单元	STM32F103ZET6	ST 公司出品可实现高速低成本的开发调试
GPS	N305-3V	专业级双模导航定位模块
IMU	JY901B	维特智能开发的姿态传感器

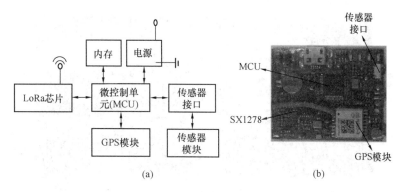

图 3.3-1　LoRa 传输终端

（a）LoRa 终端示意图；（b）LoRa 终端模块

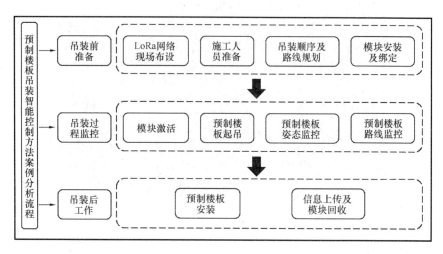

图 3.3-2　预制楼板吊装控制流程

3.3.1　吊装前准备

1. LoRa 网络布置

基于 LoRa WAN 的网络架构进行组网，LoRa 组网简单，在施工现场布置好网关即可，通过终端接收到的信息数据先传输到网关再由网关传输到云端服务器。根据施工现场情况，结合施工现场物料堆放等情况布置相应的 LoRa 网关，在施工现场建立好 LoRa 的信息传输网络。现场布设的 LoRa 网关如图 3.3.1-1 所示，现场场布如图 3.3.1-2 所示。

2. 施工人员准备

在正式施工吊装前需要对施工人员进行培训。包括如何使用手持设备、如何读取 LoRa 模块数据以及如何结合 BIM 技术对可视化施工进行指导。通过施工动画展现施工步骤和细节来帮助施工人员理解施工过程。

3. 吊装顺序

在项目施工前，将有关图纸的全部设计信息录入 BIM 模型中，同时合理地安排吊装顺序并生成相应图表供施工人员查看，根据吊装顺序提供平板车数量。通过平板车将预制构件由堆放地点运输到预制构件起吊点。

图 3.3.1-1　施工现场布设的 LoRa 网关

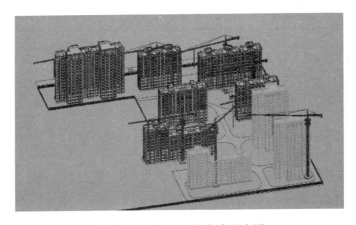

图 3.3.1-2　施工现场场布示意图

4. 模块安装及绑定

在预制墙板吊装之前，会经历进场和堆放两个过程。同时利用手持设备扫描预制楼板携带的 RFID 标签进行信息绑定。模块负责实时信息的采集，RFID 标签存有各对应预制构件的属性信息，并核对该信息与所绑定型号、尺寸等是否一致，检查无误后可通过网关上传至云端服务器，从而完成网络终端节点的搭建。

5. 预制构件堆放

在主动式定位模块安装完成后，拖车会将预制墙板运至堆场等待吊装，如图 3.3.1-3 所示，预制楼板（图 3.3.1-4）堆放在图中的预制楼板堆放点 A 点处，并通过预先准备好的拖车由 A 点运输到起吊点 B 点处。在 A 点处堆放时，控制主动式标签在停止信息变动的 5 分钟后自动进入休眠状态，当传输模块与 MCU（微控制器）同时进入休眠模式的时候，都将处于低电流状态，保证节省电池消耗的同时，也保证系统可以在之后的工作中迅速唤醒。

3.3.2　吊装过程监控

1. 模块激活

构件堆场管理人员在收到施工现场指令后，根据系统中的信息将构件运出，并通过手持设备控制传输模块重新进入工作状态，从而实时传输信息。

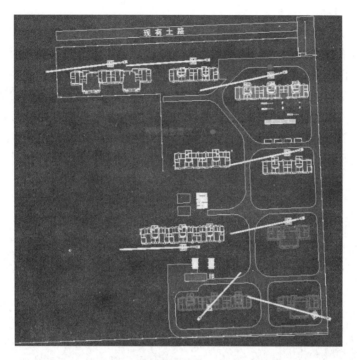

图 3.3.1-3 施工现场位置示意图

图 3.3.1-4 现场堆放的预制楼板

2. 起吊预制楼板

根据 LoRa 模块中的信息选择合适的吊具，检查构件上预埋的吊环是否牢固，确认后直接从平板车上起吊。起吊后通过手持设备通知施工层工人注意构件已起吊。

3. 姿态控制

基于姿态传感器采集到的信息，塔吊操作人员在设备上查看构件的实际姿态信息，查看构件在吊装过程中的偏转、倾斜角度和吊索的偏角。根据实时的构件监控状态确保整个吊装过程的安全。

4. 定位路线控制

通过集成模块采集的信息,塔吊操作人员在设备上查看预制构件的实时位置信息。通过设备上的位置信息及时控制塔吊,确保准确无误地将构件吊装到相应的地点。如图 3.3.2所示,吊装过程中预制楼板行进的路径主要包括竖向提升、水平直线平移、水平旋转平移及竖向降落四个阶段。预制楼板在竖向提升阶段保持竖直直线移动。当预制楼板竖向提升到指定高度时进行水平直线运动,此时塔吊进行变幅操作,通过控制起重车沿吊臂上的轨道进行靠近或远离塔台的直线运动,当预制楼板移动到距塔台的水平直线距离与安装点距塔台的水平直线距离一致时,准备操作塔吊进行回转操作,经过回转和微调到达安装点正上方时进行竖向降落到达安装点,完成预制楼板的吊装。

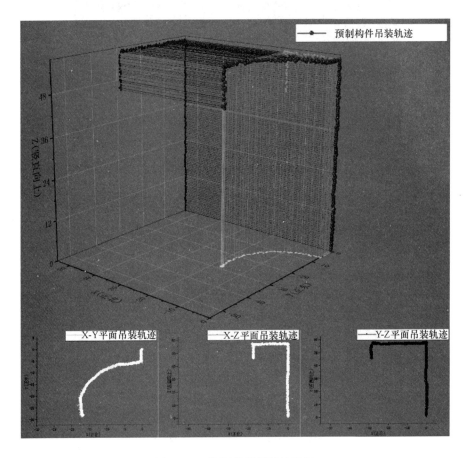

图 3.3.2 预制构件吊装轨迹图

3.3.3 吊装完成后的工作

1. 预制楼板安装

在预制构件到达指定划线位置后,缓慢降落,插筋对孔后安装斜支撑。同时校正预制楼板平整度,直观地观看预制楼板的倾角,然后通过支撑来调节,从而避免了铅垂线等手动测量的人工误差。图 3.3.3 为安装完成后的预制楼板。

图 3.3.3 安装完成后的预制楼板

2. 信息上传及模块回收

预制构件安装完成后进行后续的处理，检验确认无误后通过手持设备确认构件安装完毕。同时上传相关信息至云服务器的数据库中进行保存，用于后续查看和验收。信息上传后将模块拆除并重置 ID 信息，供后面预制构件的吊装使用。

3.4　总结

当今科技发展迅速，物联网技术大力发展，在 LoRa 技术的基础上，结合惯性测量单元、GPS、气压计等传感器装置对预制构件的吊装过程进行了智能化的控制研究。研究吸收了其他行业的先进技术应用于建筑领域，针对预制构件吊装控制提出了创新性的解决方法，该方法主要具有以下优势：

（1）通过在装配式建筑施工过程中引入 LoRa 技术进行现场管理，提高了装配式建筑施工管理水平；

（2）利用 IMU、GPS 等装置对装配式建筑预制构件吊装过程进行姿态监控及定位监控，提高了预制构件吊装的可视化、智能化水平；

（3）通过对现有的针对行人定位监测的算法进行适用性改进，使其适用于装配式建筑施工场景，实现了装配式预制构件吊装精确定位。

由上述内容可知，通过引入新技术加强装配式施工建造过程的智能管理控制具备可行性。能够提高现场施工的可视化以及智能化水平，从而保障施工的准确性和安全性。另一方面，随着建筑工业化的推进，自动化、智能化、少人化以及无人化是今后产业的发展方向，该方法为今后无人化吊装提供了方案参考，打下了有力基础。

4 装配式建筑智能建造施工安全风险控制理论与应用

4.1 研究概述

4.1.1 研究背景

推行装配式建筑是实现建造方式从传统方式向工业化方式转变的关键环节，其技术水平直接反映了国家的建造能力和科技实力，大力发展装配式建筑成为建筑行业的重点问题。随着工业化程度的提高，装配式建筑的技术水平也不断提升，如预制率提高、构件体量增大、推进区域更广、吊装高度增加等，相伴而生的是在吊装作业、高空坠物等方面出现的安全隐患，行业需对其高度重视。目前我国装配式建筑还处于发展的初级阶段，规范与制度尚未健全，与世界先进水平相比仍有差距，安全问题突出、事故频发等痛点问题影响着中国建造的高质量发展。加之装配式建筑在构件堆放、吊装作业等方面存在诸多隐患，不仅会威胁施工人员人身安全、给施工企业带来经济损失，还会影响国家的行业口碑和形象。图 4.1.1-1 至图 4.1.1-4 是钢丝绳断裂、吊车侧翻、吊点选择不当和超载折臂等吊装安全事故图片。因此，提高装配式建筑施工安全管理水平，有助于其向着健康、可持续方向发展，对于我国的经济建设和社会稳定都有着至关重要的意义。

图 4.1.1-1　钢丝绳断裂

图 4.1.1-2　吊车侧翻

图 4.1.1-3　吊点选择不当

图 4.1.1-4　超载折臂

自 2017 年起，国家对于装配式发展高度重视，国务院及住房和城乡建设部发布相关条例政策 7 项，北京发布相关政策 8 项，致力于推动装配式建筑发展，提高装配式建筑安全性能。

在国家层面，2017年3月住房和城乡建设部公布的《"十三五"装配式建筑行动方案》提出到2020年的装配式推行目标为全国装配式建筑占新建建筑的比例达到15%以上，并且将北京划分为"重点推进地区"[130]。2020年7月住房和城乡建设部等部门《关于推动智能建造与建筑工业化协同发展的指导意见》提出大力发展装配式建筑，推动建立以标准部品为基础的专业化、规模化、信息化生产体系[131]。

在北京市层面，2017年11月，北京入选了住房和城乡建设部第一批装配式建筑示范城市和示范产业基地，同年北京市发布的《关于加快发展装配式建筑的实施意见》提出"到2020年实现装配式建筑占新建建筑面积的比例达到30%以上"[132]。2018年和2019年北京市发布的《建筑施工安全生产和绿色施工管理工作要点》重点强调装配式施工过程中的安全问题[133]。国家及北京市发布的装配式更多相关政策[130]-[143]见图4.1.1-5。

图4.1.1-5　国家及北京市发布的装配式相关政策

上述政策都强调要针对施工中危险性较大的分部分项工程这个"风险"开展管理，而在众多危险性较大的分部分项工程中，又以装配式建筑构件吊装工程的安全管理提升最为迫切与关键。如何解决施工安全隐患，是推进装配式建筑进程中无法回避的重要课题，所以如何找到有效的装配式建筑施工安全风险预测控制方法，是亟待解决的关键问题之一。可见装配式建筑发展推广已经上升到国家战略的高度，对北京城市发展的战略与现实意义更是重大。

除此之外，国家及北京市大力推动建筑信息化技术发展，智能建造已然成为解决建筑业问题的关键所在。国家层面，2020年7月，住房和城乡建设部等13部委联合印发了《关于推动智能建造与建筑工业化协同发展的指导意见》中指出，加快推动新一代信息技术与建筑工业化技术协同发展，在建造全过程加大建筑信息模型（BIM）、互联网、物联网、大数据、云计算、移动通信、人工智能、区块链等新技术的集成与创新应用[130]。2020年8月，住房和城乡建设部等9部委联合印发的《关于加快新型建筑工业化发展的若干意见》中指出要加快信息技术融合发展，大力推广应用BIM、大数据、物联网等技术，大力推进发展智能建造技术[144]。

北京市层面，2021年1月，北京市住房和城乡建设委员会印发的《关于激励本市房屋建筑和市政基础设施工程科技创新和创建智慧工地的通知》中指出，加快科技创新和智慧工地创建工作，在本市在建项目施工现场推广应用信息化管理方式，推荐采用物联网智能技术及相应设备[145]。2021年3月，北京市住房和城乡建设委员会印发的《2021年建筑工程安全质量监督工作要点》中指出，加大信息化建设力度，推动工程项目开展科技创新和智慧工地创建[146]。主要政策[130],[144]-[150]如图4.1.1-6所示。

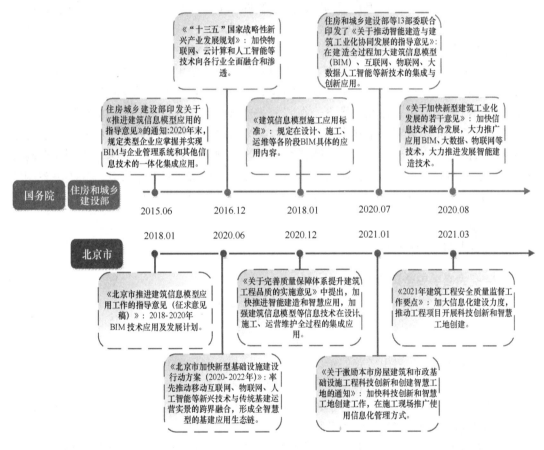

图 4.1.1-6　国家及北京市发布的信息化主要政策

智能建造和装配式建筑是推动建筑业发展的"两驾马车"，更是推动建筑信息化相辅相成的两大关键环节。智能建造是推动建筑信息化的手段，装配式建筑是未来发展的方向，应用智能建造技术解决装配式建筑中的安全风险问题已成为建筑业未来发展必由之路。

4.1.2　研究意义

影响装配式建筑构件吊装的安全风险因素很多，如何利用实时采集及可视化相关因素进行精确的安全风险预测控制，则需要进行施工过程数字孪生建模方法、装配式吊装风险预测、装配式吊装风险控制三方面的研究，从而为装配式建筑构件吊装安全风险预测控制提供有效途径。其中：（1）建模方法，施工数据仍存在孤立性、滞后性的问题，尚未在物理施工现场进行全面数字化硬件配置，建立与物理施工现场一一映射的虚拟模型，没有形成统一时空基准的数字表达模式。（2）风险预测，能够事先对工作中可能出现的事件进行预测，找出导致风险的最可能因素组合，有针对性地进行风险控制。传统方法难以考虑各个因素间的影响关系，不能形象表达变量之间的因果关系，难以实现实时的、层层的风险预测。（3）风险控制，以往安全风险研究多集中于风险预测，控制仍多为人工处理的手段，如何对安全风险进行可视化展示，如何进行吊装安全风险控制平台开发，如何针对预测结果提出针对性的控制策略是亟待解决的问题。

造成上述问题的主要原因是国内装配式建筑施工安全风险预测控制方法普遍很落后，仍然采用传统的事后检验和常规管理方式控制安全风险，还缺乏一整套成熟的、符合特色的、系统的、具有预测功能的安全风险预测控制理论和方法。

目前，新一轮科技革命正掀起产业变革的浪潮，数字孪生技术蓬勃发展，机器学习作为数字孪生技术的核心驱动，由于其强大的表征能力和泛化性能，在学术界和工业界都得到了广泛的研究与应用。在此背景下，在装配式建筑施工安全管理方面，应该抓住科技革命的历史机遇，聚焦数字孪生技术应用，针对安全风险难以预测控制痛点的问题，进行基于数字孪生的建模方法研究、风险预测研究、风险控制研究，提出能够满足中国建造高质量发展的安全风险智能化预测控制方法。因此，开展装配式建筑施工安全风险预测控制的研究，特别是尽快提高装配式建筑吊装安全管理的水平具有非常重要的理论意义和实用价值。

4.1.3 国内外研究现状

1. 装配式吊装安全风险领域

国内外学者在装配式吊装安全风险方面的研究已取得一些研究成果。

在力学问题数值模拟方面，郑艺杰等[151]应用数值模拟的方法，针对剪力墙预制构件吊装的验算问题提出解决方案；Roman Wróblewski 等[152]应用数值模拟方法，分析装配式建筑施工安全事故，提出管理对策，解决施工过程中的安全问题；常春光等[153]应用突变理论和系统动力学方法，对装配式建筑施工安全评价并分析了预制构件在运输与吊装阶段存在的具体安全问题，提高构件运输吊装过程中的安全性；刘占省等[154]基于 BIM 技术进行了装配式构件的数值模拟，并分析了预制构件的可靠性。

在安全风险预测方面，刘名强等[155]建立了应用相关向量机（RVM）算法进行吊装预警，准确判断吊装作业安全性能，提供吊装作业安全水平；张文佳等[156]应用可信性测度理论，对装配式建筑施工过程风险性评估进行研究，建立施工过程中安全风险的评价体系；王志强等[157]基于 FTA—SPA—灰色聚类方法，进行装配式建筑施工安全测评研究；陈伟等[158]搭建了装配式建筑施工安全事故预防 SD—MOP 模型，对施工过程中可能存在的安全风险进行事前控制。

在数字化平台建立方面，Ray Y. Zhong[159]等为了提高预制装配式构件施工的实时可视性和可追溯性，以香港地区的一个实际建筑工程为例建立了一种基于物联网的多维

BIM 平台，以提高装配式安全质量管理水平；Zhao linlin 等[160]应用 RFID 和 LoRa 技术，建立了基于云的装配式建筑信息模型，可视化呈现现场数据，提高装配式施工过程信息化水平。

近年来各学者对于装配式建筑施工安全的研究主要聚焦于装配式建筑施工安全评价和施工安全事故方面，真正涉及对施工安全风险进行实时预测的研究较少，考虑到装配式建筑施工安全事件往往具有突然性，为实现对安全风险的事前预测，对于装配式建筑施工安全风险的演化规律研究还有待加强。

2. 安全风险预测控制领域

风险预测控制包括经验法、数值法和人工智能方法。经验法方面，薛亚东等[161]总结和改进已有规范与标准的风险评价过程，建立了系统的山岭公路隧道施工安全风险管理理论体系和风险等级评价标准。

数值分析法方面，卢颖等[162]提出了针对城市用地规划的多灾种耦合风险评估方法；王述红等[163]应用模糊数学方法建立了多灾种耦合度模型，提出了综合管廊多灾耦合致灾的风险评价方法；李宗坤等[164]建立了溃坝环境影响的集对分析—可变模糊集耦合评价模型，为溃坝环境影响评价提供了一种科学的方法；侯学良等[165]基于交互耦合效应理论，提出了一种考虑交互耦合效应的工程项目风险因素排序方法；Perez P 等[166]提出了一种用于海上钻井井喷风险建模与评估的事故前兆概论法（APPM）；X. Luo 等[167]提出了一种基于施工人员和设备实时位置数据的危险暴露评估定量模型和评估方法；C. Zhou 等[168]提出了一种基于物联网（IOT）的地下施工现场安全屏障预警系统；Dong C 等[169]提出了一种针对工人安全管理的主动式风险检测分析方法；许树生等[170]引入演化博弈研究方法依次构建了博弈模型，提出了地下工程风险协同治理机制；包小华等[171]构造了基坑风险评判矩阵，运用模糊综合评判法定量计算了基坑的风险等级；刘杰等[172]为了评估连续梁桥在悬臂施工期间的安全性，提出了一种基于可靠度反分析理论的大跨度连续梁桥悬臂施工整体抗倾覆稳定安全系数计算方法；周红波等[173]通过模拟分析对超高层建筑施工结构安全风险和大型塔吊安全风险进行了研究。

人工智能方法方面，吴贤国等[174]对影响地铁施工安全的因素进行风险耦合分析，构建了基于复杂网络的 N—K 模型，计算出不同风险耦合情况发生的概率和风险值；Liu W 等[175]提出了一种用于检验地铁施工安全风险因素的 EFA 与 SEM 相结合的系统方法；Peter E. D 等[176]分析了澳大利亚大量项目的质量和安全数据，基于负二项回归模型（negative binomial regression model）建立了用于施工前的质量和安全问题预测模型，进行了可能发生的施工安全问题的预测与分析；Ying Zhou[177]等提出了一种利用 SVM 对地铁基础设施深基坑工程施工过程中可能出现的安全风险进行预测的新方法；X. Luo 等[167]提出了一种基于施工人员和设备实时位置数据的风险定量预测模型，并开发了一套近距离预警系统；王癸等[178]针对我国地铁建设坍塌事故多发的现实情况，提出基于数值模拟—人工神经网络—蒙特卡罗原理耦合的坍塌事故风险预测方法，在管线渗漏破坏条件下对坍塌事故风险进行预测。

3. 数字孪生领域

数字孪生是一种充分利用模型、数据、智能并集成多学科的技术，是以数字化的方式建立物理实体的多维、多时空尺度、多学科、多物理量的动态虚拟模型来仿真和刻画物理实体在真实环境中的属性、行为、规则等，已开始应用于智能制造、智能工厂、智慧城市等领域。2011 年，美国密歇根大学的 Michael Grieves 教授正式提出了数字孪生的名词[33]并沿用至今。美国国家航空航天局（NASA）首次提出"孪生体（twin）"概念并在 2012年给出了数字孪生的明确定义[29],[34]。Gartner 作为全球最具权威的 IT 研究公司连续 4 年（2016—2019）将数字孪生列为十大战略科技发展趋势[179]。

随着数字孪生技术的蓬勃发展，数字孪生在建筑行业的应用引发学者的关注，在智慧城市以及建筑设计、施工、运维各领域涌现出较多的成果。如图 4.1.3 所示。

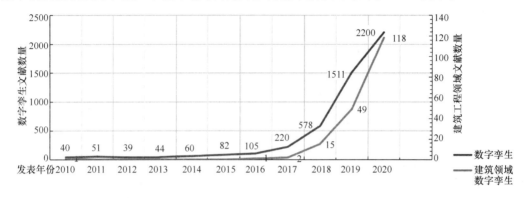

图 4.1.3 2010—2020 年数字孪生文献数量统计

在智慧城市方面，陶飞等[27]阐述了基于数字孪生的物理城市、虚拟城市、智能服务之间的关系；我国政府将数字孪生城市作为实现智慧城市的必要路径，雄安新区成为数字城市示范区[27]；Shirowzhan S 等[180]分析了智能环境和智能城市的先进技术，重点讨论了智能城市对先进工具的需求。C.J 等[181]讨论了建筑工业 4.0 的关键问题，重点对数字孪生和数据链接的实现流程进行了研究。王成山等[182]围绕综合能源系统的数字孪生技术，对其在智慧城市发展中的需求、价值与意义进行了分析。顾建祥等[183]从数字孪生城市、数字孪生城市对地理信息的新需求、智能化全息测绘关键技术等方面建立智能化全息测绘体系。

在建筑设计领域，A Q L 等[184]提出了一种半自动的方法来建立一个基于图像识别和计算机辅助设计图纸的数字孪生系统。在建筑施工领域，Lu R 等[185]进行了基于标记点群的既有桥梁数字孪生技术研究；谢琳琳等[186]应用数字孪生技术，建立装配式建筑项目调度智能化管理平台，实现物理现场与虚拟系统之间的实时交互。在建筑运维领域，Hou等[187]以数字孪生概念为指导，通过物联网和可视化技术提高建筑健康安全性能。

刘占省课题组[188],[189]在数字孪生领域也取得了一些研究成果：提出基于数字孪生实现智能建造的五维模型，为装配式建筑施工、预应力钢结构张拉、超高层施工过程监测、建筑室内安防、大型建筑运维管理等应用场景提出了实现智能建造的关键方法。在施工领域，提出了装配式建筑虚实交互和时空演化的数字孪生建模方法。在建筑运维阶段，提出了基于数字孪生的动态安全疏散方法。

综上所述，数字孪生技术在建筑行业研究应用尚存在以下问题：研究多为应用系统和框架搭建，缺乏对数字孪生理论的内涵和特征挖掘，未能提出面向建筑行业普适性的基础理论。

4. 人工智能领域

机器学习是数字孪生理论的核心驱动，也是人工智能的关键技术。近几年，机器学习在图像识别[190]、语音识别[191]、自然语言处理[192]等方面有了重大突破，并已经在建筑施工领域进行了应用。

在图像识别方面，Lieyun Ding 等[193]提出了一种融合长短时记忆（LSTM）和卷积神经网络（CNN）的新型混合深度学习模型来识别地铁施工中的不安全行为，且具有较好的准确性。Niannian Wang 等[194]基于深度学习提出了一种快速自动检测古建筑物风化和剥落损伤的新技术；FuTao Ni 等[195]提出了一种基于数字语言和双尺度卷积神经网络的定量裂缝宽度测量方法；Thanh-Canh 等[196]提出了一种基于区域卷积神经网络（RCNN）的深度学习算法，实现了对连接图像中可信螺栓的自动检测和裁剪；佟瑞鹏等[197]应用深度学习方法提取对象和空间关系等语义，得到图像语义信息与泛场景数据的对应关系；韩晓健等[198]应用数字图像处理技术和深度学习融合技术，建立基于深度卷积神经网络的裂缝识别模型进行裂缝检测；在控制决策方面，张明媛等[199]提出了一种基于 Tensorflow 框架的 Faster RCNN 方法，能够实时监测工人安全帽佩戴状况；马宏伟等[200]在桥梁结构安全监测领域应用深度学习，提出了基于大数据与人工智能的安全监测新方法，减少传感器数量，克服现有系统传感器繁多、造价昂贵、海量数据难以处理的问题；鲍跃全等[201]系统总结了人工智能在智能防灾、智能养维护、结构智能设计、智能建造、城市智能规划等方面的相关研究和应用（包括智能健康监测），尤其是深度学习在土木工程领域的应用。人工智能技术在建筑行业已经进行广泛应用，主要包括应用图像识别或智能决策解决建筑运营维护阶段监测问题，取得较好的研究效果。

4.1.4 主要研究内容

具体研究内容如下：

1. 装配式建筑安全风险调查研究

对装配式建筑施工安全问题现状进行研究，应用文献调查方式，梳理了装配式建筑安全管理发展现状，总结了数字孪生技术与人工智能技术在建筑业发展的国内外研究现状，分析目前已有研究的不足之处，明确研究的目的。

2. 装配式建筑施工过程数字孪生建模方法研究

基于数字孪生理念，结合 BIM 技术，从几何、物理、行为、规则四个层面，以几何模型和物理模型为基础，集成与融合响应安全风险主要诱发因素的行为模型和表征装配式建筑施工过程运行规律的规则模型，搭建与实际物理模型完全映射的虚拟模型。然后通过嵌入式系统，实现物理模型与虚拟模型之间实现双向的数据传输，并对原始数据和实时采集到的数据进行处理和优化，完成多源异构数字孪生模型建立，为后面的安全风险预测控制提供数据支撑。

3. 基于数字孪生的装配式建筑吊装安全风险预测方法研究

为实现装配式吊装安全风险预测的目的，本章提出了一种针对装配式吊装过程安全风险智能预测框架，在框架下描述了吊装安全风险智能预测的具体方法。首先，通过 WBS-RBS 分解进行吊装风险因素识别。搭建物联网实现对风险要素关联吊装信息采集，建立多维多尺度吊装过程数字孪生模型。其次，对传统支持向量机（SVM）算法进行改进，提出了针对多源异构数据的数字孪生下支持向量机算法（DT—SVM），并验证其可行性。最后，应用DT—SVM机器学习算法，分析虚拟模型所存储以及物理吊装过程实时采集的多源异构数据，实现对吊装安全风险的实时预测，并对吊装过程风险演化规律进行分析。

4. 装配式建筑吊装安全风险预测控制及试验验证

从理论层面解决吊装过程安全风险预测数据采集整理和算法运算的两大难题。但为了数据采集结果与算法运算进行有机结合，实现安全风险控制的最终目的，建立了基于数字孪生的装配式吊装安全风险控制平台，将数字孪生建模内容和安全风险预测算法嵌入其中，实现数据实时采集、可视化展示、自动化预警、科学化控制的功能。

4.2 装配式施工过程数字孪生建模方法

数字孪生这一理念已经开始应用在建筑行业运营维护阶段，但在建筑的施工阶段应用数字孪生理念的研究却很少。因此，为提高装配式建筑施工过程信息化和智能化水平，实现对装配式施工过程进行全方位、多角度、深层次的实时管理，将数字孪生应用于装配式建筑的施工阶段迫在眉睫。将数字孪生落地应用的第一要务是建立装配式建筑施工过程的数字孪生模型。因此，数字孪生模型的建立是装配式建筑施工阶段应用数字孪生理念的前提，提出一套系统的数字孪生模型的建立方法是亟待解决的关键问题。

4.2.1 基于数字孪生的装配式施工过程建模方法框架

众多学者在车辆、卫星、空间通信网络、立体仓库、医疗、飞机、智慧城市等领域提出过数字孪生的框架[27]，为数字孪生技术应用范围的扩展做出了许多贡献。然而，对于建工施工领域的数字孪生框架尚未有学者提出。因此，本章首次提出了建筑施工领域的数字孪生的框架。如图4.2.1-1所示。

该框架以传统物理施工现场为基础，从几何、物理、行为、规则四个层面建立虚拟施工模型，物理模型与虚拟施工现场之间的数据进行实时交互。同时将物理施工现场和虚拟施工模型数据上传至云端，形成孪生数据平台。孪生数据平台按照人、机、料、法、环的维度对数据进行分类处理，以机器学习算法为驱动，实现进度成本估算、安全风险预测、质量控制等服务。基于该框架可以大大提高施工过程的信息化水平，加强了对施工过程的控制，提高了施工效率，减少了施工中的风险，保证施工质量。

其中物理施工现场配置、虚拟施工模型建立以及物理施工现场、虚拟施工模型与孪生平台数据平台三者之间的信息交互，是施工过程中应用数字孪生的基础性问题也是重点问题。

建立基于数字孪生的智能装配式施工模型，如图4.2.1-2所示。其模型主要包括：基于数字孪生的装配式施工过程空间维度建模和时空演化数据建模。基于数字孪生的装配式施工过程空间维度建模内容主要包括实体、虚体以及实体与虚体之间的交互关联；时空演化数据建模是在空间维度建模的基础上，将其时空演化规律和数据关联进一步进行集成，主要包括装配式吊装演化建模和海量吊装过程数据关联建模[202]。从逻辑上看，前者是后者的基础，后者是前者的扩展与延伸。下面，将对基于数字孪生的智能装配式吊装建模方

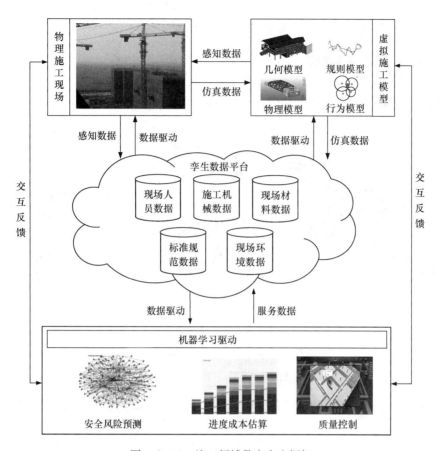

图 4.2.1-1 施工领域数字孪生框架

法的实现逻辑进行介绍，并结合公式进行说明，见图 4.2.1-2。

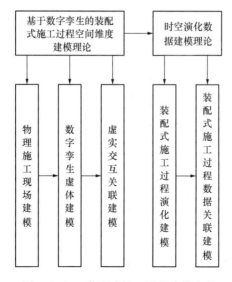

图 4.2.1-2 装配式施工过程建模流程

4.2.2 基于数字孪生的装配式施工过程空间维度建模理论

1. 物理施工现场实体建模

1）智能构件建模

智能构件由构件本身、主动 RFID 标签、传感器、嵌入式终端组成，如图 4.2.2-1（a）所示。

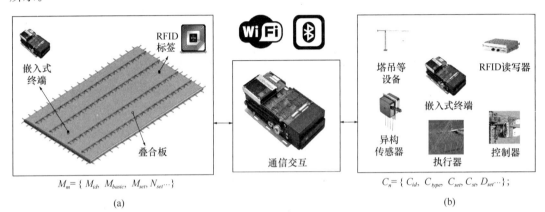

$$M_m = \{ M_{id}, M_{basic}, M_{set}, N_{set}\cdots\}$$

(a)

$$C_n = \{ C_{id}, C_{type}, C_{set}, C_{st}, D_{set}\cdots\};$$

(b)

图 4.2.2-1　智能构件建模

（a）智能构件建模；（b）智能设备建模

在构件制作过程中，主动 RFID 标签和嵌入式终端就紧密附着在构件内。其中，构件本身主要包括叠合板、楼梯、墙体、阳台、柱等预制构件。

主动 RFID 标签用于构件的识别和构件信息的写入，构件唯一识别 ID、种类、材料、几何尺寸、存放位置、生产单位、出厂日期等信息存储在标签中，通过索引构件 ID 可以在云端数据库查询到构件的施工工艺，以及各施工过程质量要求的全部信息。传感器主要是应变传感器、定位传感器，实时感应构件力学性能和位置的变化，并与嵌入式终端相连。嵌入式终端具有数据采集、传输的功能，可将传感器所采集到的数据实时传输至虚拟模型和云端处理器，其次嵌入式终端具有一定的数据处理运算功能，在一定程度上可实现构件的自我感知、自我决策、自我执行。嵌入式终端是智能吊装构件最重要的组成部分。

对智能构件建模进行形式化的数学语言表述如下：

$$M_m = \{M_{id}, M_{basic}, M_{set}, N_{set}\cdots\};\tag{4-1}$$

$$M_{basic} = \{B_{type}, B_{material}, B_{size}, B_{unit}, B_{data}\cdots\};\tag{4-2}$$

$$M_{set} = \{M_{i,1}, \cdots, M_{i,k}, \cdots, M_{i,n}\} \bowtie R_M$$

$$\forall k \in [1,n];\tag{4-3}$$

$$R_M = [R_M(a,b)]_{n \times n}, \ \forall a, b \in [1, n],$$

$$R_M(a, b) \in \{0, 1, 2\};\tag{4-4}$$

$$M_{i,k} = \{M_{link}, T, Q, D\cdots\};\tag{4-5}$$

$$N_{set} = \{S, L \cdots\};\qquad\qquad (4\text{-}6)$$

式中：M_m 表示第 m 个吊装构件；M_{id} 表示构件绑定的唯一可识别的 ID；M_{basic} 表示构件的各基本属性集，包括构件种类 B_{type}、材料 $B_{material}$、几何尺寸 B_{size}，生产单位 B_{unit}，出厂日期 B_{data}；M_{set} 表示构件吊装过程中的特征集，由 n 个施工特征 $M_{i,k}$ 及 $n \times n$ 维关联矩阵 R_M 组成，矩阵的元素值分别表示吊装各环节之间的无关系用 0 表示，前者先于后者用 1 表示，后者先于前者用 2 表示；每个施工过程特征包括施工环节名称 M_{link}，环节所用时间 T，质量要求 Q，环节进行日期 D；N_{set} 表示吊装过程中传感器实时采集到的数据集合，包括应力数据集 S、位置数据集 L 等。

2）智能设备建模

智能设备由设备本身、嵌入式终端、RFID 读写器、异构传感器、执行器以及控制器组成，如图 4.2.2-1（b）所示。

其中，设备本身是进行施工过程的基础，主要包括塔吊、智能横吊梁等。

RFID 读写器可与智能构件的主动 RFID 标签进行无线通信，记录构件的状态并写入主动 RFID 标签。异构传感器主要针对主要采集位置数据 D_L、应力数据 D_S、速度数据 D_V、能耗数据 D_E、视觉数据 D_I、语音数据 D_M 等方面的数据进行感知。执行器和控制器接收执行指令并执行控制命令，施工现场的人员也在广义执行器的范畴。嵌入式终端一方面具有数据采集、传输功能，可将传感器采集到的各类数据采集上传至云端服务器，另一方面嵌入式终端可以收集云端传来的数据处理结果，向执行器发送指令，进行控制。该嵌入式终端与智能构件上的嵌入式终端一致，具有一定的数据处理运算功能，在一定程度上可实现设备的自我感知、自我决策、自我执行。

对智能设备建模进行形式化的数学语言表述如下：

$$C_n = \{C_{id}, C_{type}, C_{set}, C_{st}, D_{set}, \cdots\} \bowtie R_C \qquad (4\text{-}7)$$

$$D_{set} = \{D_L, D_S, D_V, D_F, D_E, D_I, D_M \cdots\} \qquad (4\text{-}8)$$

式中：C_n 表示施工过程中的第 n 个广义智能建造设备；C_{id} 表示施工过程中智能建造设备的唯一识别编码；C_{type} 表示智能建造设备的类别（如吊车、横吊梁等）；C_{set} 表示设备的关键参数集；C_{st} 表示设备当前的运动状态，如空闲、占用、故障；D_{set} 表示设备运行过程中传感器实时采集的数据集合，包括位置数据集 D_L、应力数据集 D_S、速度数据集 D_V，能耗数据集 D_E、视觉数据集 D_I、语音数据 D_M 集。

$$R_C = [R_C(a, b)]_{m \times m}, \ \forall a, b \in [1, m],$$
$$R_C(a, b) \in \{0, 1, 2, 3\} \qquad (4\text{-}9)$$

式中：R_C 表示 $m \times m$ 维智能设备关联矩阵，$R_C(a, b)$ 表示第 a，b 个智能设备之间的关系，包括无关系（$R_C(a, b) = 0$）、对立关系（$R_C(a, b) = 1$）、同级并列关系（$R_C(a, b) = 2$）、依附关系（$R_C(a, b) = 3$）。

3）智能网关配置建模

智能网关配置是物理施工现场与数字孪生虚体模型和孪生数据库之间信息传输的桥梁。

对智能网关配置建模进行形式化的数学语言表述如下：

$$P_{CS} = MC \bowtie N \tag{4-10}$$

式中：P_{CS} 表示物理施工现场三维载体，构件、设备、网关等物理资源共存、协同并均具有自我认知能力，物理施工现场三维载体是静态硬件设备协同工作与动态数据不断更新的有机统一；M 表示智能构件；C 表示智能建造设备集合；N 表示智能网关集合，构件、设备、网关通过自然连接符进行连接。

2. 数字孪生虚体建模

数字孪生虚体建模从"几何—物理—行为—规则"四个层面，根据施工现场实际的施工过程对各维度模型进行关联集成，实现对施工现场深层次、多角度、全方位模拟仿真。其中，"几何—物理—行为—规则"四个层面的主要建模内容如下：

几何层面主要针对构件和设备的外观、尺寸、型号等基本信息进行建模，主要应用 Revit、3Dsmax 等 BIM 建模软件建立几何模型，是 WEB 进行展示的基础模型。物理层面主要针对吊装构件和吊装设备的材料参数、力学性能等方面进行建模，应用 Midas、Ansys 等有限元分析软件建立物理模型，通过物理模型实现吊装过程力学性能的运算。行为层面对整个施工过程进行实时数据采集，得到时空演化过程中材料参数、力学性能的变化。

规则层面按照国家标准规范对吊装过程中构件的力学性能参数、设备运行状态进行量化限制，是进行质量控制、风险预测、决策优化的参照标准。

对数字孪生虚体建模进行形式化的数学语言表述如下：

$$M'_i, C'_j :: = g_{MSet} \bowtie p_{MSet} \bowtie b_{MSet} \bowtie r_{MSet} \tag{4-11}$$

式中：M'_i、C'_j 分别表示智能吊装构件和广义智能吊装设备的数字孪生虚体模型。模型集合中的元素分别表示，其几何模型集 g_{MSet}、物理模型集 p_{MSet}、行为模型集 b_{MSet}、规则模型集 r_{MSet}，对物理施工现场形成全要素，多维度、多状态的"几何—物理—行为—规则"四个层面的仿真模拟。

在虚体模型建立过程中，首先，将行为模型参数化处理，将时空演化过程中材料参数、力学性能的改变转化成参数的变化。同时将规则模型进行参数化处理，将按照国家规范对吊装过程中构件的力学性能参数、设备运行状态的标准转化成参数的限制。从所建立的物理模型出发，根据行为层面和规则层面所得出所有可能出现的参数变化，在 Ansys 等有限元分析软件中将参数变化模块化，建立动态可扩展的数字孪生库。以用 Revit 软件所建立的封装好的几何模型为基础，以模块化和动态可扩展的数字孪生库作为驱动，以参数的变化和限制作为数据变化的来源，进行"几何—物理—行为—规则"四个层面的模型融合，在 Web 端进行展示，实现对整个施工过程的模拟仿真。具体流程如图 4.2.2-2 所示。

3. 虚实交互关联建模

对虚实交互关联建模进行形式化的数学语言表述如下：

$$D_{TV} = M' \bowtie C' \bowtie N' \tag{4-12}$$

$$M' = \{M'_1, M'_2, \cdots, M'_n\} \tag{4-13}$$

$$C' = \{C'_1, C'_2, \cdots, C'_m\} \tag{4-14}$$

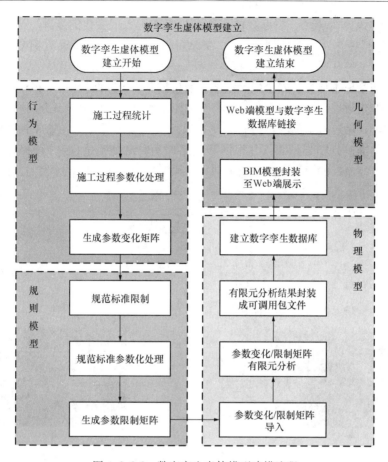

图 4.2.2-2 数字孪生虚体模型建模流程

D_{TV} 表示虚拟信息三维载体，M'、C'、N' 为信息空间中与物理空间中 M、C、N 相对应的智能吊装构件、智能吊装设备和智能网关集合。同时，基于数字孪生的特点，还需要物理施工现场与数字孪生虚体模型达到一一映射关联，即：$P_{CS} \xleftrightarrow{1:1} D_{TV}$，$M \xleftrightarrow{1:1} M'$，$C \xleftrightarrow{1:1} C'$，$N \xleftrightarrow{1:1} N'$。

上述的虚实交互关联建模过程如图 4.2.2-9 所示。虚实交互关联建模主要需要解决：数据的实时传输、模型的建模与仿真、模型服务三大关键问题。

首先，数据传输包括：①物理施工模型、②数字孪生虚拟模型、③孪生数据库三者之间数据的传输。数据传输的逻辑关系如下：其中，①与③之间进行数据采集和决策控制，②与③之间进行同步仿真和结果反馈，两者皆是虚实交互关联建模的主要过程；③是①和②之间的纽带，①与②之间进行 1∶1 的虚实映射是虚实交互关联建模的目的。基于以上所阐述的逻辑框架，通过高稳定性、高速、低延迟的数据传输协议（如 HTTP、SMTP、SNMP、FTP 等），以及有线方式或无线方式（如 Zigbee、bluetooth、WIFI 等），为数据传输实现软硬件保障。

模型的建模与仿真的实现主要通过以下过程。统计出所有可能出现的参数变化，在 Ansys 等有限元分析软件中将参数变化模块化，建立动态可扩展的数字孪生库，并封装成可调用的包文件。以用 Revit 软件所建立的封装好的几何模型为基础，以模块化和动态可扩展的数字孪生库作为驱动，以参数的变化和限制作为数据变化的来源，进行"几何—物理—行为—规则"四个层面的模型融合，在 Web 端进行展示，实现对整个施工过程的模拟仿真。

模型服务包括成本估算、安全风险预测、质量控制三个方面。模型服务通过孪生数据平台进行实现。孪生数据平台一方面获取公有数据库中的海量数据，另一方面嵌入机器学习算法驱动。将装配式吊装过程的数据进行采集，以算法驱动进行运算，集成到 APP 应用，实现对施工过程的准确判断与预测，并根据预测结果实时对施工过程进行控制，达到"自感知、自决策、自控制"的效果，实现成本估算、风险预测、质量控制的目的。见图 4.2.2-3。

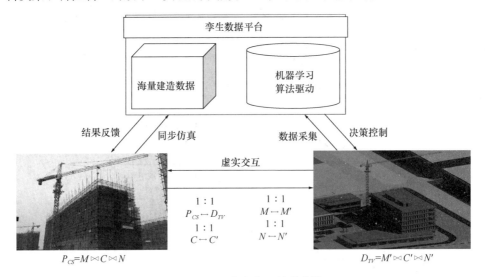

图 4.2.2-3 虚实交互关联建模

4.2.3 时空演化数据建模理论

1. 装配式施工过程演化建模

基于数字孪生的装配式施工过程空间维度模型，以装配式构件和设备为主要切入点，阐述了装配式施工过程空间维度建模方法，对整个施工过程的信息进行全面的静态建模。该建模方法逻辑清晰条理，结构性强，施工过程信息涵盖全面，但从整个施工过程角度来看，该种建模方法的动态性略显不足，信息数据难以与装配式施工过程的进度完美契合。因此，在装配式施工过程空间维度建模方法的基础上，从整个施工过程的角度出发，按照时空维度，提出了装配式施工过程演化建模方法。

从仿生学的角度得到启示，以树木的生长过程来类比装配式施工过程数据处理的逻辑。通过树干、树杈、树枝、树叶的树木自生长逻辑，简单清晰地表示施工过程、施工工序、施工中数据源节点、施工元素数据值之间的关系。过程类比如表 4.2.3 所示。

装配式施工过程与树生长过程类比 表 4.2.3

序号	树的自生长过程	智能装配施工过程	序号	树的自生长过程	智能装配施工过程
1	树干	施工过程	3	树枝	施工元素数据源节点
2	树杈	施工工序	4	树叶	施工元素数据值

对装配式施工过程演化建模进行形式化的数学语言表述如下：

$$O_i = \{O_{i,1}^P, \cdots, O_{i,k}^P, \cdots, O_{i,K}^P\} \bowtie R_{OP} \tag{4-15}$$

$$R_{OP} = [R_{OP}(a, b)]_{K \times K}, \ \forall a, b \in [1, K]$$

$$R_{OP}(a, b) \in [\uparrow, \leftrightarrows, \rightarrow]。 \tag{4-16}$$

式中：O_i 代表整个建筑的装配式施工过程，其中包含 K 个施工工序；$O_{i,k}^P$ 为施工过程中的第 k 个工序；R_{OP} 表示施工工序之间的关系矩阵，矩阵元素值分别表示工序节点之间的无关系（$\uparrow$）、并列关系（$\leftrightarrows$）和顺序关系（$\rightarrow$）。

$$O_{i,k}^P = \{O_{i,k,1}^E, \cdots, O_{i,k,l}^E, \cdots, O_{i,k,L}^E\} \bowtie R_{OE}; \tag{4-17}$$

$$R_{OE} = [R_{OE}(a, b)]_{N \times N}, \ \forall a, b \in [1, L],$$

$$R_{OE}(a, b) \in [\uparrow, \leftrightarrows, \rightarrow]。 \tag{4-18}$$

式中：$O_{i,k,1}^E$ 表示与第 k 个工序相关的第 1 个元素节点（如吊车节点、叠合板节点等），R_{OE} 表示施工元素数据源之间的关系矩阵，矩阵元素值分别表示施工元素数据源之间的无关系（$\uparrow$）、并列关系（$\leftrightarrows$）和顺序关系（$\rightarrow$）。

$$O_{i,k,l}^E = \{(O_{i,k,l}^E, t_1), \cdots, (O_{i,k,l}^E, t_p), \cdots, (O_{i,k,l}^E, t_N)\}, \ p \in [1, N] \tag{4-19}$$

式中：$(O_{i,k,l}^E, t_p)$ 表示制造数据源节点 $O_{i,k,l}^E$ 关联的 t_p 时刻的制造数据离散值。

装配式施工过程虚实交互数字孪生模型与时空演化模型之间通过施工元素数据源节点进行关联，施工元素数据源节点也是时空演化模型中最核心的环节。具体为：施工元素数据源主要指智能构件和智能设备，$O_{i,k,1}^E$ 的数据是由智能构件 M_m 和智能设备 C_n 的数据获取，包含智能构件和智能设备所实时采集到的全部信息，$O_{i,k,1}^E$ 与 M_m 和 C_n 存在多对一的映射关系。从另一个角度来说，$O_{i,k,1}^E$ 是智能吊装构件 M_m 和智能吊装设备 C_n 在第 k 个工序下所有相关数据的集合。

根据以上建模方法，按照树木生长的模式，施工过程、施工工序、施工中数据源节点、施工元素数据值之间的关系如图 4.2.3-10 所示，主要包括三个层级：

（1）"树杈"层级：施工工序随着施工过程的发展不断增多，即集合 O_i 从 $O_{i,1}^P$ 演化为 $O_{i,k}^P, \cdots, O_{i,K}^P$ 的过程。

（2）"树枝"层级：施工数据中源节点随需求逐渐增多，即集合 $O_{i,k}^P$ 从 $O_{i,k,1}^E$ 演变为 $O_{i,k,l}^E, \cdots, O_{i,k,L}^E$ 的过程。

（3）"树叶"层级：施工元素数据值随时间推移逐渐细化，即集合 $O_{i,k,l}^E$ 从 $(O_{i,k,l}^E, t_1)$ 演化为 $(O_{pi,k,l}^E, t_p), \cdots, (O_{Ni,k,l}^E, t_N)$ 的过程。见图 4.2.3-1。

2. 装配式施工过程数据关联建模

装配式过程的数据具有多源异构的特点，对数据的关联建模也是数字孪生建模过程需要重点研究的问题。前文已对虚实交互数字孪生建模和时空演化建模进行了详细阐述，应用矩阵论的理论，对施工过程数据进行了关联建模。

对装配式施工过程数据关联建模进行形式化的数学语言表述如下：

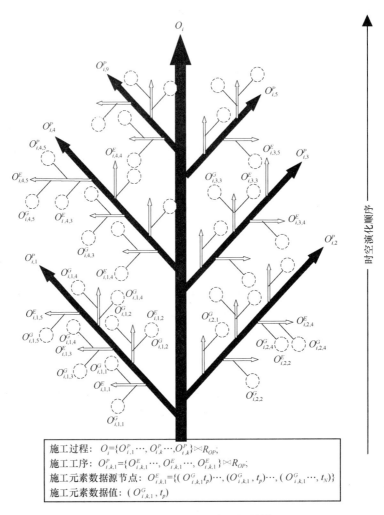

施工过程：$O_i = \{ O_{i,1}^P \cdots, O_{i,k}^P \cdots, O_{i,k}^P \} \bowtie R_{OP};$

施工工序：$O_{i,k,1}^P = \{ O_{i,k,1}^E \cdots, O_{i,k,1}^E \cdots, O_{i,k,1}^E \} \bowtie R_{OP};$

施工元素数据源节点：$O_{i,k,1}^E = \{ (O_{i,k,1}^G, t_p) \cdots, (O_{i,k,1}^G, t_p) \cdots, (O_{i,k,1}^G \cdots, t_N) \}$

施工元素数据值：$(O_{i,k,1}^G, t_p)$

图 4.2.3-1　施工过程自生长树模型

$$N_W = O_{\bowtie} P_{CS \bowtie} D_{TV} \tag{4-20}$$

式中：N_W 代表多维数据空间，多维数据空间表示 N_W 施工过程 O、物理模型 P_{CS}、虚体模型 D_{TV} 三者之间的数据关联。

智能构件和智能设备是物理模型 P_{CS}、虚体模型 D_{TV} 中最为关键的元素，下面以智能构件、智能设备、装配式施工过程三个维度进行多维数据空间的可视化展示，详细说明多维空间的数据存储模式。如图 4.2.3-2 所示。

图中的折面表示施工过程中的动态变化，折面上任意一点都表达了该点"构件—设备—施工过程"之间的集成关系，智能构件与智能设备分别通过其唯一可识别编号 M_{id}、C_{id} 进行存储；随着施工过程的演化，将折面按照"构件—施工过程"的维度进行展开，在二维坐标系下伴随矩阵，可直观展示不同施工工序中所涉及的构件种类；将所生成伴随矩阵中的一个点进行展开，可得到该智能构件在该工序下所定义的基本属性 M_{basic}、施工工序特征 M_{set}、传感器采集数据 N_{set}、其他信息 Info 的向量化表示；对向量中的数值可进一步展开，得到关于装配式施工过程更为细致的数据；如对传感器采集数据 N_{set} 进一步展

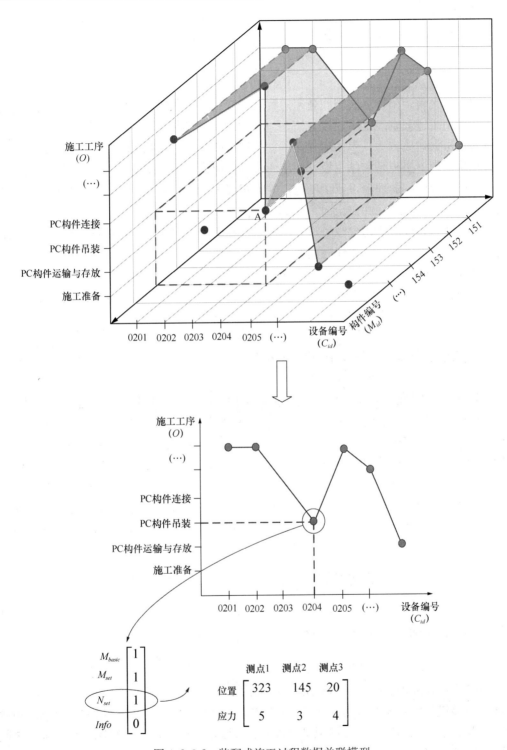

图 4.2.3-2 装配式施工过程数据关联模型

开，可得到关于传感器对应的应变和位置数据的矩阵，即可表示该构件在此工序下三个应变测点实时采集到的数据分别为5MPa、3MPa、4MPa。

应用矩阵论的方法，在多维数据空间将装配式施工过程的数据进行关联，并进行可视化展示，增强数据的结构性，避免了冗杂、遗漏、混乱的问题。

4.2.4 小结

从逻辑的视角，阐述了装配式施工过程数字孪生建模方法，并重点研究了基于数字孪生的装配式施工过程空间维度建模方法（包括物理实体建模、虚体建模和虚实交互建模）和时空演化数据建模方法（包括演化建模、数据关联建模），得到了以下三项成果：

（1）从物理施工现场实体建模、数字孪生虚体建模、虚实交互关联建模三个方面对数字孪生建模空间维度的理论进行了阐述，并通过形式化的语言建立模型，逻辑清晰条理，结构性强，施工过程信息涵盖全面。

（2）从施工过程演化建模和海量数据关联建模两个方面对时空演化数据建模理论进行了阐述，并通过形式化的语言建立模型，提供了动态数据整理的逻辑，使数据信息与装配式施工过程的进度完美契合。

（3）创新性地将数字孪生理论应用于建筑施工阶段，为装配式吊装安全风险预测控制奠定了基础，也为数字孪生理论在建筑行业的发展奠定了基础。

4.3 装配式吊装安全风险预测方法

为实现装配式吊装安全风险预测的目的，提出了一种针对装配式吊装过程安全风险智能预测框架，在框架下描述了吊装安全风险智能预测的具体方法。首先，通过 WBS—RBS 分解进行吊装风险因素识别。搭建物联网实现对风险要素关联吊装信息采集，建立多维多尺度吊装过程数字孪生模型。其次，对传统支持向量机（SVM）算法进行改进，提出了针对多源异构数据的数字孪生下支持向量机算法（DT—SVM），并验证其可行性。最后，应用 DT—SVM 机器学习算法，分析虚拟模型所存储以及物理吊装过程实时采集的多源异构数据，实现对吊装安全风险的实时预测，并对吊装过程风险演化规律进行分析。

4.3.1 基于数字孪生的装配式吊装风险预测方法框架

结合装配式建筑吊装的风险因素和建筑施工过程的数字孪生框架，提出面向装配式建筑吊装安全风险预测的数字孪生多维模型，如式（4-21）所示：

$$M_{DZ} = (P_{CS}, D_{TV}, DD, SS, CN) \tag{4-21}$$

式（4-21）中：M_{DZ} 代表面向装配式建筑吊装的数字孪生多维模型；P_{CS} 代表物理吊装过程；D_{TV} 代表吊装虚拟模型；DD 代表大数据存储管理平台；SS 为吊装安全风险预测服务；CN 代表物理吊装过程、虚拟吊装模型、大数据管理平台、吊装风险预测服务之间的数据采集与传输。

根据式（4-21），提出了基于数字孪生的装配式吊装方法，如图 4.3.1 所示。本方法应用数字孪生理念，应用物联网技术，对物理吊装过程（P_{CS}）吊装安全风险数据进行采集（CN），传输至大数据存储管理平台（DD），平台一方面对数据进行处理存储，另一方面应用算法驱动对数据进行分析，进行吊装安全风险预测（SS）。最终通过以虚拟施工模型（D_{TV}）作为可视化界面，将吊装安全风险预测的结果精准、直观地表达出来，并通过执行器、控制器，自动反馈至物理吊装过程（P_{CS}）中。通过以上过程，从而实现物理过程（P_{CS}）与虚拟模型（D_{TV}）之间的实时交互反馈，实现了吊装过程安全风险预测的服务功能（SS）。

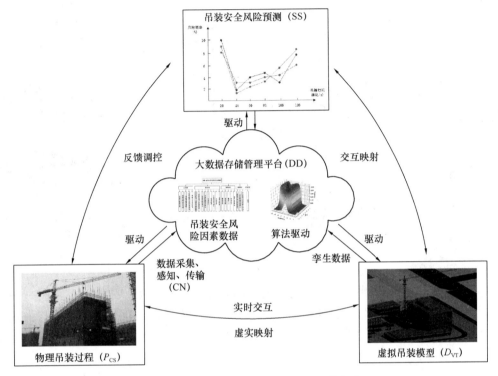

图 4.3.1　基于数字孪生的装配式吊装方法

4.3.2　装配式吊装风险因素识别

1. 装配式吊装技术特点

装配式建筑吊装是装配式建筑施工的关键环节，其主要任务是将构件从取件区通过塔吊送到建筑物装配区进行安装。如图 4.3.2-1 所示。

对吊装过程进行分解，构件从取件区到达建筑物装配区，主要通过构件捆绑、构件上升、构件旋转、构件下降、构件安装五个步骤。吊装流程如图 4.3.2-2 所示。装配式吊装细部如图 4.3.2-3 所示。以整个吊装流程为研究对象，进行安全风险研究。

风险识别是进行风险预测控制的前提，为保证识别装配式建筑吊装风险的有效性、全面性，在进行广泛实地调研，征求专家意见后，本章采用工作分解结构—风险分解结构（Work Breakdown Structure—Risk Based Supervision）分析法，以下

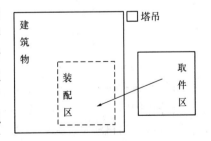

图 4.3.2-1　装配式吊装任务示意图

简称 WBS—RBS 分析法，对吊装过程按照时间顺序和要素提取的方式进行分解，对安全风险因素进行获取。

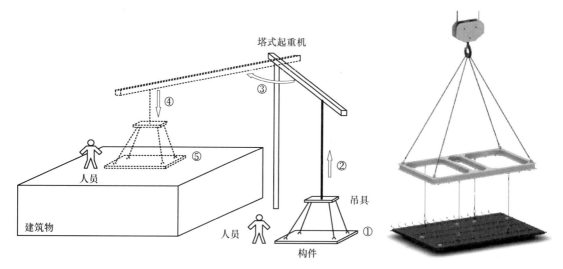

图 4.3.2-2 装配式吊装流程示意图 　　　　 图 4.3.2-3 装配式吊装细部
　　　　　　　　　　　　　　　　　　　　　　　　　　示意图

1）时间轴分解

将吊装过程按照时间轴来分解，可分为起吊阶段、吊运阶段、安装阶段。进一步将分解细化，起吊阶段可分为吊车移动、构件捆绑、构件试提升；吊运阶段可分为构件提升、构件旋转、构件下降；安装阶段可分为构件微调、构件放置、构件解绑。如图 4.3.2-4 所示。

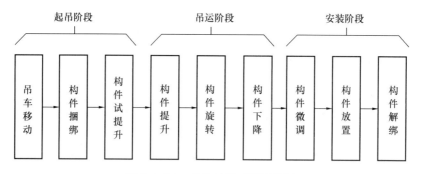

图 4.3.2-4 吊装过程时间轴分解

2）要素分解

将吊装过程按照涉及要素主体分解，可分为人员因素、设备因素、材料因素、管理因素以及环境因素。进一步将分解细化，人员因素可分为人员数量、人员种类、人员资质；设备因素可分为机械种类和机械参数；材料因素可分为构件种类和构件材料；管理因素可分为施工方案和技术交底；环境因素主要为风速。如图 4.3.2-5 所示。

2. 装配式吊装风险因素 WBS—RBS 分解

1）WBS 分解

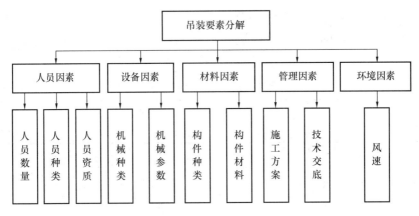

图 4.3.2-5　吊装过程要素分解

针对吊装过程，按照时间轴进行 WBS 分解。如图 4.3.2-6 所示。

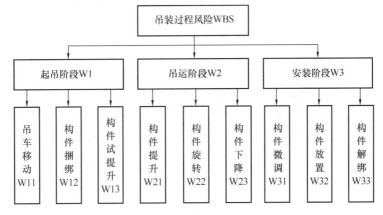

图 4.3.2-6　吊装过程 WBS 分解

2）RBS 分解

针对吊装过程，按照要素进行 RBS 分解。如图 4.3.2-7 所示。

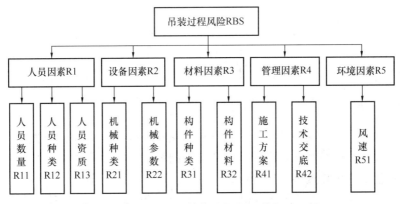

图 4.3.2-7　吊装过程 RBS 分解

3. 装配式吊装风险因素 WBS—RBS 耦合矩阵分析

吊装过程 WBS 分解的工作包 W 和吊装过程 RBS 分解的工作包 R，两两交叉耦合构建 WBS—RBS 矩阵。通过对有关吊装风险文献[203]、[204]进行查阅和吊装过程实地调研，并听取相关专家意见，对矩阵元素风险进行逐一判断，系统全面识别风险。如表 4.3.2 所示。

吊装风险 WBS—RBS 分解　　　　　　　　　　　　　　　表 4.3.2

		W1			W2			W3		
		W11	W12	W13	W21	W22	W23	W31	W32	W33
R1	R11	0	1	0	0	0	0	0	0	0
	R12	0	0	0	0	0	0	0	0	0
	R13	0	1	0	0	0	0	1	0	0
R2	R21	0	0	0	1	1	1	0	0	0
	R22	0	0	0	1	1	1	0	0	0
R3	R31	0	0	0	1	1	0	0	0	0
	R32	0	0	0	1	1	1	0	0	0
R4	R41	0	1	0	0	0	0	0	0	0
	R42	0	1	0	0	0	0	0	0	0
R5	R51	0	0	0	1	1	1	1	0	0

在吊装风险 WBS—RBS 分解中，若耦合单元存在风险，由"1"来表示，若耦合单元不存在风险，则用"0"表示。根据吊装风险 WBS—RBS 分解结果，可发现两个明显的聚集现象，其一是 W21、W22、W23 与 R21、R22、R31、R32 的局部聚集现象；其二是 R51 的线性聚焦。

1）局部聚集现象

W21、W22、W23 与 R21、R22、R31、R32 的耦合出现局部聚集现象，具体代表在构件吊运阶段（上升、旋转、下降因素）与设备因素（设备种类、参数因素）、材料因素（材料种类、材料因素）耦合易诱发风险。因此，应着重在吊运阶段对构件设备的相关参数进行全过程、精细化监测。

2）线性聚集现象

R51 与 W21、W22、W23、W31 的耦合出现线性聚集现象，具体代表风速与构件吊运、构件微调耦合易有风险。因此，说明吊装风险对于风速的敏感性较强，应着重在构件吊运、微调安装阶段，对风速进行全过程、精细化监测。

4.3.3　全要素吊装信息采集与传输

根据吊装过程风险识别的结果，按照吊装过程安全风险预测框架，建立与物理施工现场一一对应的数字孪生模型。数字孪生模型需要刻画主要针对吊装安全风险预测的相关信息，对吊装过程安全风险致因进行分析。

如图 4.3.3-1 所示，进行吊装过程安全风险预测的前提是进行数据采集，应用数字孪生理论可以对数据进行全方位获取，数字孪生数据采集配置主要包括智能构件配置、智能设备配置、智能网关配置三个方面，下面将针对这三个方面进行详细阐述。

智能构件中的 RFID 标签用于构件信息的识别和写入，是从云端查询构件相关信息的

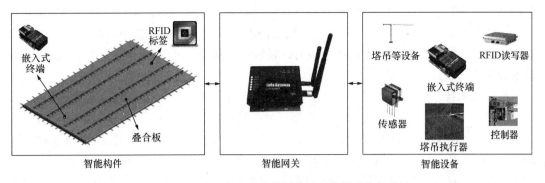

图 4.3.3-1 基于数字孪生的吊装过程数据采集与传输

入口。传感器感应构件力学性能和位置的变化，并与嵌入式终端相连。嵌入式终端可将传感器所采集到的数据实时传输至虚拟模型和云端处理器，同时具有一定的数据处理运算功能，在一定程度上可实现构件的自我感知、自我决策、自我执行。嵌入式终端是智能吊装构件最重要的组成部分。

智能设备中 RFID 读写器可与智能构件的主动 RFID 标签进行无线通信，记录构件的状态并写入主动 RFID 标签。异构传感器对吊装过程中构件状态等信息进行采集，转化为计算机可读的数据。执行器和控制器接收执行指令并执行控制命令。嵌入式终端可将传感器采集到的各类数据上传至云端服务器，另一方面嵌入式终端可以收集云端传来的数据处理结果，向执行器发送指令，进行控制。

智能网关以 LoRa 技术为基础，利用 LoRa 容量大的优势，以星形网络架构进行布置，实现传感器与 LoRa 嵌入式终端的连接。如图 4.3.3-2所示。本地服务器和客户终端通过 PC 等设备实时访问共有数据库的形式获取吊装过程中的信息，实现吊装过程风险信息的实时可视化。

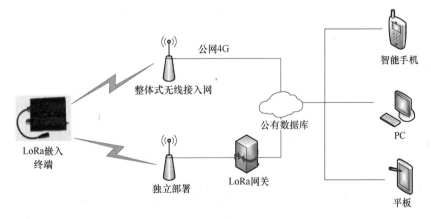

图 4.3.3-2 网络信息传输架构

4.3.4 基于多源异构数据的吊装安全风险预测

1. 基于数字孪生多源异构数据的 DT—SVM 算法

装配式吊装安全风险预测的场景下，特征因素较为简单，所处理问题区别装配式吊装状态的"安全"和"非安全"的分类问题，根据装配式吊装特征因素简单和分类问题的特点，选取支持向量机（SVM）算法。支持向量机（SVM）是一种基于结构风险最小化原理的机器学习算法，具有良好的泛化能力，在解决小样本、非线性、高维分类问题中具有较好的表现。

数据采集传输和多维多尺度虚拟模型的构建，为吊装安全风险有效预测奠定了基础，支持向量机（SVM）算法，在小样本分类运算中具有较好的表现，拟采用 SVM 算法，结合数字孪生理论，对传统 SVM 算法进行了改进，提出了数字孪生下的支持向量机算法，即 Digital Twin—Support Vector Machine 算法，简写为 DT—SVM 算法，对吊装安全风险进行预测。使用 DT—SVM 预测的风险系数来评价风险等级，风险系数越大，风险等级越高。

1）多源异构数据向多源同构数据的转化

数字孪生框架下采集到的数据集 U' 具有多源异构的特点，由于采集到的数据来源复杂，结构不同，难以将采集到的数据直接应用于算法运算，需要对采集到的数据进行处理，生成统一同构样本数据集 U 之后，再应用机器学习算法进行吊装安全风险预测。

多源异构数据集 U' 分为连续型的数值数据集 A' 和离散型逻辑数据集 B'。

连续型的数值数据集 A'_i 主要包括：设备连续工作时长、吊索应力、吊装速度、构件应力、风速等。其中 i 代表不同风险因素单元的编号。连续型数据单元 a'_{ik} 形式全为数值型，但量纲存在较大差异，为保证机器学习的运算效果，进行归一化处理，将量纲不同的数值数据处理生成数据单元 a_{ik}，整合形成多源同构数值连续数据集 A_i。

$$A'_i = [a'_{i1}, a'_{i2}, \cdots a'_{ik}, \cdots, a'_{in}] \tag{4-22}$$

$$f: a'_{ik} \rightarrow a_{ik} = \frac{a'_{ik} - a'_{\min}}{a'_{\max} - a'_{\min}} \tag{4-23}$$

$$A_i = [a_{i1}, a_{i2}, \cdots a_{ik}, \cdots, a_{in}] \tag{4-24}$$

离散型逻辑数据 B'_j 主要包括：驾驶员技能素质、驾驶员的情绪状态、构件组装人员的技能素质、吊装专项方案的实行等。离散型数据单元 b'_{jk} 多为定性化的判断，以文字信息进行存储，无法直接应用于机器学习运算，需要进行量化处理。可先通过工程经验对离散型数据所对应安全风险因素进行分类处理，划分为不同多个集合 C_n，通过分段函数运算，将离散型数据集转化为量化数值单元 b_{jk}，最终整合成多源同构数据集 B_j。

$$B'_j = [b'_{j1}, b'_{j2}, \cdots b'_{jk}, \cdots, b'_{jn}] \tag{4-25}$$

$$f: b'_{jk} \rightarrow b_{jk} = \begin{cases} 1(b'_{jk} \in C_1) \\ 2(b'_{jk} \in C_2) \\ 3(b'_{jk} \in C_3) \\ \vdots \\ d(b'_{jk} \in C_d) \end{cases} \tag{4-26}$$

$$B_j = [b_{j1}, b_{j2}, \cdots b_{jk}, \cdots, b_{jn}] \tag{4-27}$$

2）多源同构数据向统一样本数据的转化

多源同构数据的数据单元 U' 是数据集 A 与 B 的集合，将集合 A 和 B 自上而下排列以行向量形式存储到同一矩阵，每一行则代表不同的数据源。将多源行向量单元 A_i（B_j）进行矩阵转换转为列向量样本单元 u_r，整合成统一同构样本矩阵 U，其中列向量单元 u_r

则是一个包含全部风险因素特征的样本。

$$U' = \begin{bmatrix} A \\ B \end{bmatrix} = \begin{bmatrix} A_1 \\ A_2 \\ \vdots \\ A_i \\ \vdots \\ A_p \\ B_1 \\ B_2 \\ \vdots \\ B_j \\ \vdots \\ B_q \end{bmatrix} = \begin{bmatrix} a_{11} & a_{12} & \cdots & a_{1k} & \cdots & a_{1m} \\ a_{21} & a_{22} & \cdots & a_{2k} & \cdots & a_{2m} \\ \vdots & \vdots & \ddots & \vdots & \ddots & \vdots \\ a_{i1} & a_{i2} & \cdots & a_{ik} & \cdots & a_{in} \\ \vdots & \vdots & \ddots & \vdots & \ddots & \vdots \\ a_{p1} & a_{p2} & \cdots & a_{pk} & \cdots & a_{pn} \\ b_{11} & b_{12} & \cdots & b_{1k} & \cdots & b_{1m} \\ b_{21} & b_{22} & \cdots & b_{2k} & \cdots & b_{2m} \\ \vdots & \vdots & \ddots & \vdots & \ddots & \vdots \\ b_{j1} & b_{j2} & \cdots & b_{jk} & \cdots & b_{jm} \\ \vdots & \vdots & \ddots & \vdots & \ddots & \vdots \\ b_{q1} & b_{q2} & \cdots & b_{qk} & \cdots & b_{qn} \end{bmatrix} \quad (4\text{-}28)$$

$$= \begin{bmatrix} u_{11} & u_{21} & \cdots & u_{k1} & \cdots & u_{m1} \\ u_{12} & u_{22} & \cdots & u_{k2} & \cdots & u_{m2} \\ \vdots & \vdots & \ddots & \vdots & \ddots & \vdots \\ u_{1r} & u_{2r} & \cdots & u_{kr} & \cdots & u_{mr} \\ \vdots & \vdots & \ddots & \vdots & \ddots & \vdots \\ u_{1s} & u_{2s} & \cdots & u_{ks} & \cdots & u_{ms} \end{bmatrix} = [u_1, u_2, \cdots, u_m] = U$$

3）决策函数生成

导入统一样本数据 U，为使模型最优化，首先需要选定核函数，常用核函数 sigmoid 核函数和径向基（RBF）核函数、多项式核函数。吊装安全风险因素的特征需要通过核函数充分展示，核函数选取方法尚未有统一选取标准，在听取相关专家意见，以及搜集相关文献后，为保证更优的计算性能，选取径向基核函数。

其次需要确定惩罚参数 C、核函数参数 g 和不敏感系数 ε。惩罚参数 C 反映出现误差时的惩罚能力，C 取值偏小会导致误差过大，造成"欠拟合"现象；C 偏大会导致泛化性能降低，造成"过拟合"现象。核函数参数 g 是影响模型的误差大小和泛化性能的重要参数。不敏感系数 ε 决定模型的推广性能和复杂程度，不敏感系数 ε 过小会导致计算时间过长，出现"过拟合"现象。

为确定相关参数，首先应用 k 折交叉检验法（cross—validation）优化确定，首先进行子样本确定，将训练集样本进行平均划分为 k 个子样本；其次，确定决策规则，将 $k-1$ 个子样本进行模型训练，获取决策规则剩余样本用于测试；最后确定最终结果，每个样本重复 k 次，最终结果为准确率的平均值不敏感系数 ε 由核函数参数 g 和样本数量 n 确定，具体见下式。

$$\varepsilon = \frac{g}{\sqrt{n}} \quad (4\text{-}29)$$

4）预测效果评估

在吊装安全风险实测样本中随机选取相关样本进行模型预测，将实测结果与预测结果进行比对，计算分类正确率，从而判断所建立分类预测模型的有效性。本模型应用真/假

（阴/阳）率，如表 4.3.4 所示，TPR 值与模型性能呈正相关。

安全风险预测效果预测 表 4.3.4

		预测值		
		安全	危险	总计
实际值	安全	真阳类（TP+FN）	假阴类（TP｜FN）	实际阳类（TP+FN）
	危险	假阳类（TP+FN）	真阴类（TP+FN）	实际阴类
	总计	预测阳类（TP+FN）	预测阴类（TP+FN）	TP+FP+FN+TN

真阳类率（TPR）＝TP/（TP+FN）

假阳类率（FPR）＝FP/（FP+TN）

真阴类率（TNR）＝TN/（FP+TN）

2. 基于 DT—SVM 的吊装安全风险预测流程

对于多源异构吊装数据进行基于 SVM 的吊装安全风险预测的具体步骤如图 4.3.4 所示：

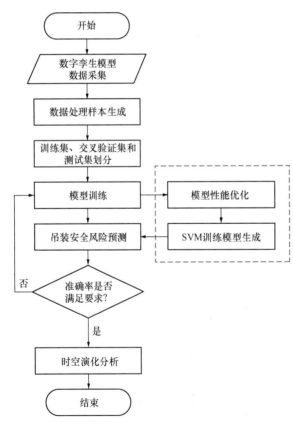

图 4.3.4 吊装安全风险预测控制流程

（1）多源异构数据收集与处理：样本数据来源于吊装过程中数字孪生模型，数据的类型包括逻辑型和数值型数据，为实现数据统一运算，需要将逻辑型数据转化成数值型。由于影响因子的量纲同，对于数据运算结果具有较大影响，应进行数据归一化处理[177]。

（2）选择训练集和测试集：至少 80% 的样本数据用来模型训练，将其余样本划分为测试集，样本数据要具有随机性，以防止过拟合现象。

（3）模型训练：训练的关键是选择合适的核函数和参数，本章选取径向基核函数（RBF）。惩罚系数 C 和核函数参数 g 的确定常采用 k 折交叉计算选取。

（4）测试与效果评估：测试是用选定的测试集，通过预测模型得出安全风险结果，与实际风险结果比较，应用真/假（阴/阳）率方法，计算相关系数 TPR 值，TPR 的值越接近于 1，表示预测结果越准确，若 TPR 的值表明准确率较低，则应当重复上述步骤 3、4。

（5）时空演化分析：建立预测模型后，将收集整理的数据依次输入预测模型，可以得出吊装过程不同时期的风险状态。根据 DT—SVM 预测结果，分析风险的时空动态过程，找出风险时空演化规律。

4.3.5 吊装过程虚拟模型构建及运行

以上对数据采集及安全风险预测的理论方法进行了阐述，为使管理者对吊装过程状态和安全风险预测结果直观显示，需建立虚拟模型。

虚拟模型需要具备三方面功能，即一是可对吊装过程进行可视化展示，二是实时显示吊装风险，三是对风险发出控制指令，进行反馈控制。以上功能，可通过 BIM 模型处理、信息与数据库链接、反馈控制三个步骤实现。

首先对 BIM 模型进行处理。将 BIM 模型生成为 IFC 格式的文件，并将其在 JavaScript 环境下解析读取，实现轻量化，利用 webGL 技术把 BIM 模型搭载在网页上。

第二步将信息与数据库进行链接。把公有数据库中传感器的原始信息搭载在 BIM 模型中，在网页端可以查看传感器所在位置以及采集到的实时数据。同时，根据定位传感器的信息，虚拟模型可对物理施工现场的吊装过程仿真模拟，此模拟在时间和空间上具有对应关系，将传统三维 BIM 模型转化为数字孪生下基于时间维度的 4D 模型。

最后进行反馈控制。当吊装预测结果存在安全风险，系统会发出警报。警报有两种方式，一种方式是在网页端对风险出现的时间节点、风险部位进行高亮标识，另一部分则是通过 LoRa 系统链接报警装置，在施工现场对应地点进行闪光影响，同时将吊装风险诊断报告通过 APP 实时传输到操作人员手中。

4.4 装配式吊装安全风险控制方法研究

通过对装配式吊装数字孪生建模方法研究，得到了同一时空基准的数字表达模式。通过对装配式吊装安全风险预测方法研究，得出了数字孪生下的机器学习运算方法，建立安全风险预测模型。以上两个方向的研究，已经从理论层面解决了吊装过程安全风险预测数据采集整理和算法运算的两大难题。但为了数据采集结果与算法运算进行有机结合，实现安全风险控制的最终目的，建立基于数字孪生的装配式吊装安全风险控制平台，将数字孪生建模内容和安全风险预测算法嵌入其中，实现数据实时采集、可视化展示、自动化预警、科学化控制的功能。

4.4.1 装配式吊装安全风险控制需求分析

1. 自动化全方位数据采集

自动化全方位数据采集是安全风险控制平台建立的基础。采用传感器、RFID 标签、嵌入式终端等方式对数据进行自动采集传输，减少人工统计，可提高数据收集的效率，保证数据的实时性。针对装配式施工特点，从构件、设备的角度，对全部信息进行全方位采集，保证数据全面性，可使吊装安全风险预测更加准确，风险控制更加精细化。

2. 数据集成管理

在进行自动化全方位数据采集之后，如何对数据进行集成管理是关键问题，数据集成管理是进行安全风险预测控制的前提。数据集成管理通过自动化全方位数据采集和传输的数据，具有多源异构的特点，对异构数据进行初步处理，对多源数据进行有机整合，可实现数据逻辑化存储，避免数据重复、杂糅。有效保障安全风险预测过程中的数据调用。

3. 可视化监控

安全风险控制关键点是实现人与物的信息化交互，因此进行有效的可视化监控是重要手段，可视化监控是进行安全风险预测控制的重要过程。可视化监控包括安全风险的可视化监控和装配式施工现场的可视化监控。安全风险可视化监控可对安全风险进行针对性数据分析，并将处理结果传递给施工管理人员，使施工管理人员直观了解安全风险隐患，并针对隐患问题作出实时有效决策。装配式施工现场的可视化监控则是实时监测施工现场的视频信息，可对安全风险可视化信息进行核实，防止数据处理的纰漏，风险控制更加具体详细。

4. 自动化预警

在数据进行集成管理之后，为实现风险控制，需要应用人工智能技术，对数据进行深度挖掘，自动化预警是进行安全风险预测控制的落脚点。对数据库自动进行机器学习分析，达到预警阈值，能自动做出反应。一方面将结果实时反映在吊装安全风险管理的界面上，另一方面针对具体风险，启动安全风险预警预案，将风险控制操作传达至具体施工员和安全管理人员，才能有效防止吊装过程安全事故的发生，达到装配式吊装安全风险控制的效果。

5. 系统扩展

装配式吊装安全风险控制平台的系统扩展是平台功能开发的必要条件。开发扩展新功能方面，在安全风险预测控制系统的基础上，可充分利用所采集到的全方位数据，进一步开发如进度统计、质量检测等其他功能，进一步提高装配式施工过程的信息化水平。迁移使用方面，系统具有良好的迁移性，类似装配式项目可重复使用，避免资源浪费，降低重复开发成本。

4.4.2　装配式吊装安全风险控制平台框架搭建

1. 装配式吊装安全风险控制平台设计原则

1）实时性

装配式吊装安全风险往往具有突发的特点，且安全风险因素随时空变化波动较大，因此需要保证装配式吊装安全风险控制的实时性。保证实时性的原则，对实时采集到的数据进行快速处理，迅速反馈，才能在安全事故发生之前进行及时控制，切实提高装配式吊装过程的安全性。

2）精确性

装配式吊装安全风险预测控制成本较高，若将安全状态错误预警会造成人力物力资源的浪费；若在吊装过程中存在安全风险，却无法正确预测，则会造成安全隐患，甚至会威胁施工人员生命安全，造成巨大财产损失，因此保证装配式吊装安全风险控制的精确性，才能保证风险控制的有效性，使施工人员有针对性地精确控制风险。

3）系统性

装配式吊装过程涉及构件、设备、人员、环境等多方面因素，其数据具有多源异构特点，为对吊装安全风险进行控制，需要对多源异构数据进行处理，建立自下而上完备的功能流程，设计逻辑严密的系统架构，才可对安全风险进行综合有效管理，保证吊装过程安全性。

2. 装配式吊装安全风险控制平台架构

根据自动化全方位数据采集、数据集成管理、可视化监控、自动化预警、系统扩展安全风险控制系统的五项主要需求，以实时性、精确性、系统性三项为基本原则，按照物联网理念基本原理，设计了装配式吊装安全风险控制平台架构。如图4.4.2所示。

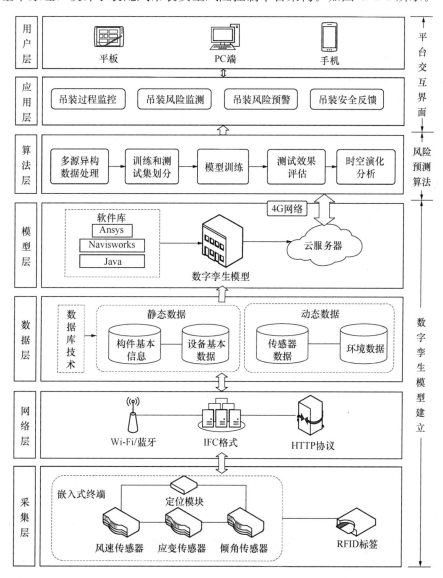

图4.4.2 装配式吊装安全风险控制平台架构

装配式吊装安全风险控制平台系统主体架构自下而上主要包括七个层级，分别为采集层、网络层、数据层、模型层、算法层、应用层、用户层。

第一层是采集层。采集层是数据传输的基础，主要通过设置RFID标签对吊装过程静态数据信息（包括构件尺寸、构件材料、入场时间、设备参数等）进行采集；通过布置集成风速传感器、应变传感器、倾角传感器及定位模块的嵌入式终端，对动态信息进行实时采集更新，实现物理世界到数据信息的转化。

采集层对数据进行采集之后，为使终端能接收到相关信息，则需要通过第二层网络层对数据进行传输。采用 RPI 等嵌入式设备，通过 OPC UA、AutomationML 等通信协议与智能吊装构件和智能吊装设备建立连接。

初始数据通过传输层将数据传输至第三层数据层，对数据进行有机整合。按照数据采集方式分类，数据主要包括静态数据和动态数据两种，静态数据主要包括构件基本信息和设备基本数据，动态数据主要包括环境数据和传感器数据。按照数据类型分类，又可将数据分为逻辑型离散数据和数值型连续数据。连续型数据包括设备连续工作时长、吊索应力、吊装速度、构件应力、风速等，连续型数据单元形式全为数值型，但量纲不同，为保证机器学习的运算效果，将量纲不同的数值数据进行归一化处理生成数据单元，整合形成多源同构数值连续数据集。逻辑型离散数据主要包括驾驶员技能素质、驾驶员的情绪状态、构件组装人员的技能素质、吊装专项方案的实行等。离散型数据单元多为定性化的判断，以文字信息进行存储，无法直接应用于机器学习运算，需要进行量化处理。可先通过工程经验对离散型数据所对应安全风险因素进行分类处理，划分为不同多个集合，通过分段函数运算，将离散型数据集转化为量化数值单元，最终整合成多源同构数据集。将逻辑型离散数据和数值型连续数据有机整合，实现数据层的处理。

以数据层处理完成的数据为基础，建立信息完备的数字孪生模型，对吊装安全可视化，实现模型层的功能。

模型层实现了吊装全过程的可视化，通过算法层运算实现安全风险决策。算法层为内嵌 DT—SVM 算法，算法已经过大量样本运算，进行参数优化。可实现对实时数据的运算，并将结果反馈至应用层，实现应用功能。

吊装过程监测指可实时显示涉及吊装安全的全部数据信息；吊装安全风险监控则是通过机器学习算法对数据信息进行分析，从数据挖掘出安全风险隐患；安全风险预警则是根据风险预测结果，将信息及时通知给施工员、塔吊工人、安装绑扎工人等；吊装安全反馈则是对所有安全风险信息进行数据规整，从时空演化角度对数据进行分析，实现对安全风险发生规律的客观总结。

用户层是平台建立最后一环，根据系统建立的用户对象主要为项目经理、施工员、塔吊工人、安装绑扎工人等，为其提供 PC 端、平板端、手机端应用系统，实现系统的实时调用，切实保证吊装过程的安全性。

其中，采集层、网络层、数据层、模型层对应前节数字孪生模型建立部分内容，采集层进行物理施工现场建模进行数据采集，智能网通过网络层进行数据采集与传输，时空演化建模和海量数据关联建模进行数据层数据处理，最终形成模型层虚体模型的构建。算法层则对应装配式吊装安全风险预测方法部分的内容，在预测过程中选择训练集和测试集，进行模型训练，对算法进行优化后，进行时空演化分析。将数字孪生建模方法和安全风险预测方法嵌入平台架构中，通过数字孪生建模方法进行数据整合，实现统一时空基准的数字表达模式；通过安全风险预测方法进行平台后期数据运算，实现科学决策，数字孪生建模方法和安全风险预测方法为平台建立奠定了后台基础，为实现平台功能与用户之间的交互，在后期应用于研发过程中还应对平台层应用系统进行具体设计。

4.4.3 装配式吊装安全风险控制应用系统

装配式吊装安全风险控制平台主要由吊装过程控制、吊装风险监测、吊装风险预警、安全风险反馈四个模块组成。如图 4.4.3-1 所示。

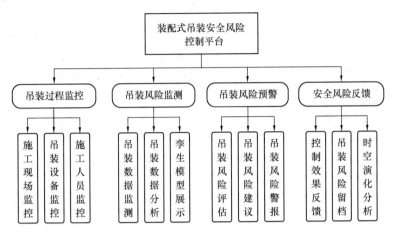

图 4.4.3-1 装配式吊装安全风险控制平台

1. 吊装过程监控模块

吊装过程监控模块主要通过图像采集设备，以图像形式实时展示施工现场的实际情况，一方面可以清晰展示施工过程，发现明显操作不当行为，另一方面在出现安全风险预警时，可通过吊装过程监控模块查看施工现场的情况，精确定位施工现场的风险原因，以便实现及时控制。

1）施工现场监控

施工现场监控主要指针对整个施工场地进行监控，意在显示施工现场全貌，展示施工进度，使施工人员了解施工现场的整体情况。

2）吊装设备监控

吊装设备的错误运行是发生事故的重要因素，因此针对吊装中的关键设备（如塔吊等）进行重点监控，发现吊装过程中吊装设备的不安全行为，防止吊装设备引发安全风险。

3）施工人员监控

施工人员的错误操作易导致风险发生，因此需要对施工人员的行为进行监控，针对吊装过程，需要重点对塔吊运行时施工人员的工作位置进行监控，防止构件脱钩造成施工人员生命财产损失。

2. 吊装风险监测模块

吊装过程监控模块主要以图像方式展示施工过程，吊装风险监测模块则是针对吊装过程安全风险，以数据形式对吊装风险进行监测。主要包括吊装数据收集、吊装数据分析、孪生模型展示三个部分。

1）吊装数据收集

从吊装设备、吊装构件两个层面，对吊装数据进行收集，存入数据库中，施工人员可以通过吊装数据收集模块，查看吊装过程的原始数据，为吊装安全风险预测奠定基础。

2）吊装数据分析

将海量吊装安全风险数据应用机器学习算法进行分析，形成针对吊装过程的机器学习算法模型，将吊装过程数据输入机器学习算法模型，形成吊装安全风险的初步运算结果。

3）孪生模型展示

吊装过程数据往往以一维形式存储，表示形式较为抽象，以 BIM 模型为基础模型进行封装，生成可在网页端展示的几何模型，将原始数据和数据分析结果与几何模型进行链接，生成实时显示吊装数据的数字孪生模型，实现吊装过程数据的可视化，使施工人员直观了解吊装安全风险状况。

3. 吊装安全风险预警模块

对安全风险进行监测后，则需要对安全风险进行评估，生成处理建议，并进行安全风险警报，将安全风险信息及处理方式及时传递给施工管理人员，防止吊装安全事故产生。

1）吊装风险评估

根据机器学习对原始数据处理的结果，通过设置阈值对安全风险进行等级划分，根据风险的紧急程度和严重程度将风险划分为中、高、极高三个级别，并以蓝、黄、红三种颜色在孪生数据模型上进行实时显示，使施工管理人员直观了解吊装风险程度和风险位置。

2）吊装风险建议

将以往发生的安全风险进行归纳整理，生成吊装风险数据库，根据吊装风险的评估结果，对吊装风险数据进行大数据分析，提出针对性的风险建议，指导施工人员进行具体可操作性的风险控制措施。

3）吊装风险警报

当风险评估出现高度风险或极高度风险时，会触发吊装风险警报装置，通过蜂鸣状声音和指示灯提示项目安全管理人员、施工管理人员、相关吊装工人，阻止其引发安全风险的行为，并使其做好应对安全风险的准备。

4. 安全风险反馈模块

进行安全风险预警及控制后，需要对安全风险控制效果进行反馈，确保安全风险控制措施有效性。同时将安全风险信息进行留档，存入安全风险数据库，进行海量数据时空演化分析，为之后吊装过程提供指导。

1）控制效果反馈

发生安全风险预警后，施工管理人员采取相应措施，确保安全风险控制措施的有效性。吊装风险监测模块实时采集吊装过程中的数值数据，当数据处于安全范围阈值后，安全风险预警解除，并将异常数据的变化过程展示给施工人员。若数据依旧异常，则会一直保持预警状态，提示施工人员采取相关安全风险控制手段。

2）安全风险留档

安全风险已经解除后，会将安全风险的类型、发生时间、发生位置、风险等级、持续时间、处理措施等相关信息进行留档，自动存入安全风险数据库，不断充实安全风险信息，使后续安全风险建议更加具体准确。

3）时空演化分析

对安全风险数据进行深度挖掘，建立基于时空耦合的吊装安全风险演化规律，发现易发生风险的时间节点和空间节点，在施工方案或技术交底上有针对性地增强安全风险措施，切实保障吊装过程的安全性。

5. 装配式吊装安全风险控制平台运行流程设计

在平台建设完成后，施工管理相关人员则需要通过系统账号来访问平台，若无系统账号则需要管理人员进行人工注册，系统将根据管理人员注册时所填写的职位信息，自动设定账号权限，为用户提供不同层级功能，选择登录系统界面后，用户可根据需求选择吊装过程监控、吊装风险监测、吊装风险预警、吊装风险反馈等功能。如图4.4.3-2所示。

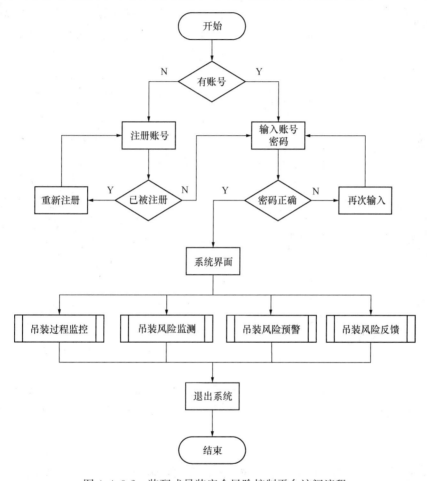

图 4.4.3-2　装配式吊装安全风险控制平台访问流程

在装配式吊装安全风险控制系统运行时，通过以下流程进行风险预警及控制。第一步对吊装过程进行全过程监控，通过图像识别和人为识别的方式，初步确定人员、设备、环境有无风险，若存在风险则启动吊装风险警报，若无风险则进行第二步；第二步，对吊装过程中的数据进行监测，并以孪生模型的形式将数据进行可视化展示，通过机器学习算法对吊装数据进行分析，通过数据挖掘，评估是否存在风险，若存在风险则进行安全风险警报；第三步，安全风险警报，将安全风险信息及时传递给施工管理人员，并通过指示灯和蜂鸣警报器引起相关人员重视，系统根据数据分析生成解决建议传递给相关人员，指导其采取相应措施；第四步，系统对数据继续监测，若数据不符合标准要求，则会一直触发警

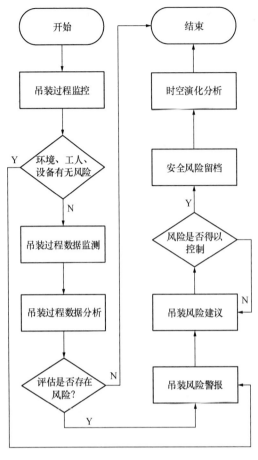

图 4.4.3-3 装配式吊装安全风险控制
平台运行流程

报，直到符合要求报警结束，系统对安全风险的相关数据进行存档，进行安全风险时空演化规律分析，安全风险预测过程结束。如图 4.4.3-3 所示。

6. 小结

建立了基于数字孪生的装配式吊装安全风险控制平台，将数字孪生建模内容和安全风险预测算法嵌入其中，实现数据实时采集，可视化展示、自动化预警、科学化控制的功能。研究主要贡献如下：

（1）进行装配式吊装安全风险控制平台需求分析。为进行有效的安全风险控制，平台需要满足自动化全方位数据采集、数据集成管理、可视化监控、自动化预警、系统扩展五项功能需求。

（2）搭建装配式吊装安全风险控制平台框架。从采集层、网络层、数据层、模型层、应用层、平台层六个层面设计平台架构，阐述数字孪生建模方法和吊装安全风险预测与控制平台之间的嵌入逻辑。

（3）建立装配式吊装安全风险控制平台应用系统。设计了吊装过程控制、吊装风险监测、吊装风险预警、安全风险反馈四个模块，实现装配式吊装安全风险控制的目的。

（4）进行装配式吊装安全风险控制平台流程设计。从施工管理人员角度设计装配式吊装安全风险控制平台的访问使用流程；从维护者的角度设计了平台在发生风险状态的运行流程逻辑。

4.5 基于数字孪生的装配式建筑吊装安全风险管理框架

装配式吊装过程中的安全风险影响因素众多，且各因素在安全事故的发展下并非以单一维度形式进行参与，传统安全风险管理缺乏对装配式吊装各安全风险因素间内在关联机理的分析，并且不能对其物理现场精细刻画。数字孪生理念是未来信息化技术结合的必然基础，在众多学者的积极探索下，总结出各领域的数字孪生多维多尺度应用框架[27]，根据文献[27]的数字孪生框架模式，将数字孪生理论引入装配式吊装领域，形成数字孪生驱动的装配式吊装安全风险管理框架。

4.5.1 框架概述

如图 4.5.1 所示，提出了一种基于数字孪生的装配式建筑吊装安全风险管理方法框架。该框架使用物联网将吊装施工现场与吊装虚拟模型连接起来。基于高速、高稳定、低延迟的数据传输协议（如 DDS、MQTT、HTTP 等），在物理空间和虚拟空间之间建立双向数据同步传输通道，完成虚实映射关联。利用 Apriori 算法挖掘各种安全风险系统或因素之间的关联规则，并在数据挖掘结果的基础上利用复杂网络进行装配式建筑吊装风险耦合分析，在 BIM 模型的基础上完成虚拟空间建模。BIM 模型作为数字孪生框架中数据服务平台可视化的基础，提供决策、预警等功能。以此实现虚拟模型与物理现场进行实时的交互反馈，彼此不断优化促进。

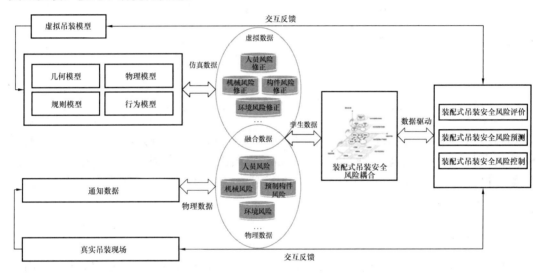

图 4.5.1　数字孪生驱动的装配式吊装安全风险管理框架

4.5.2 基于数字孪生的安全风险耦合模型

重点研究装配式建筑吊装中基于数字孪生的安全风险耦合模型的构建。通过探索模型中多源数据的虚实交互机制，深入挖掘安全风险因素间的关联规则，分析了安全风险因素之间的耦合效应。从五个维度定义了装配式吊装安全风险耦合模型所描述的信息。耦合模型可定义为 MDT，如公式（1）所示：

$$MDT = (PH, VH, RS, CN, DD) \tag{1}$$

式中：PH 为实际装配式建筑施工吊装现场；VH 为装配式建筑吊装虚拟信息模型，依靠 BIM 模型进行可视化展示，并结合其他风险信息相关模型；RS 为吊装安全风险服务，包括 RS_c 和 RS_s；耦合服务 RS_c 提供内在分析。CN 是指 MDT 各部分之间的连接，DD 是指通过物理数据、仿真数据和反馈数据融合得到的孪生数据。该模型如图 4.5.2所示。

在该模型中，耦合服务 RS_c 首先使用 Apriori 算法和复杂网络分析收集到的历史数据之间的耦合关系。分析结果将作为初始规则模型来驱动服务 RS，并存储在虚拟吊装模

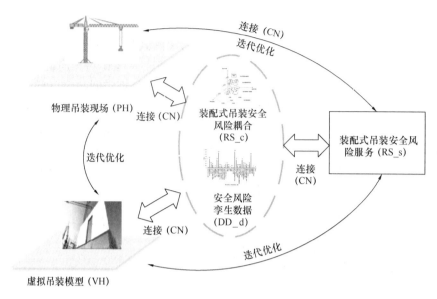

图 4.5.2　数字孪生装配式吊装安全风险耦合模型

型 VH 中。RS 根据分析结果指导物理吊装地点 PH。吊装工作开始时，将产生物理数据和虚拟数据融合形成的孪生数据 DD。RS_S 将继续优化和更新基于 DD 的初始关联规则模型，并促进 VH 更好地刻画 PH。模型中各维度模块之间的数据交互和反馈由 Connection CN 完成。

4.5.3　数据的交互和感知

在基于数字孪生的装配式吊装安全风险耦合模型中，需要对吊装过程中的各风险因素时空发展情况进行实时掌握，因此应当对装配式吊装过程中的多源风险因素信息数据进行采集与集成。针对该方法的数据需求，采用一种无线自组网（Mesh）分布式的物联网结构完成数据的采集部分。对于此形式的物联网结构，丁烈云团队[168]、[205] 在地下建筑的吊装安全预警与盲吊安全监测方面进行过一定的研究与探索。该网络的实现，由可以进行无线通信的传感器节点与远程智能控制中心两部分组成，其几个传感器节点可以根据任务的分配灵活组成小的子网，各子网再集成至控制中心，各传感器、子网与控制中心间的通信依靠基于无线宽带的物联网卡完成，数据的解析与存储依靠云服务器完成，如文献[205]选用了一家全球云计算公司（杭州阿里巴巴云服务器）来进行数据库的存储。

在该基于数字孪生的装配式吊装风险耦合模型中，对于所需进行采集的装配式吊装风险因素指标将在本章进行分析，对于所需收集的信息，本书中将使用四种类型的采集终端：（1）智能监控，对人员安全设备佩戴情况进行记录，以及提供施工现场实时视频资料；（2）环境传感器，包括风速、温度、湿度、空气质量等传感器，用以记录环境状况；（3）塔机数据记录仪，对塔机工况进行监测与记录；（4）RFID 技术，用于感知掌握预制构件状态信息，RFID 标签粘贴或安装于构件表面，利用其专用扫描仪对信息进行采集。另外还有对于管理记录信息的采集，依靠管理人员使用移动设备对信息实时上传完成采集。

为保证数据的实时传输，防止信号被遮挡导致数据传输延误，如图4.5.3-1所示，采用自组网设备可以进行两两自由组网，当某一线路被中断时，可以通过其他链路进行数据的传递，将数据上传至云服务器进行解析与存储，再传递至指挥中心进行应用与分配新的任务。例如当环境信息采集终端与Mesh网络中心连接受损，则可以通过与管理信息上传终端结合形成子网，通过管理信息上传终端的线路将子网信息传输给网络中心。

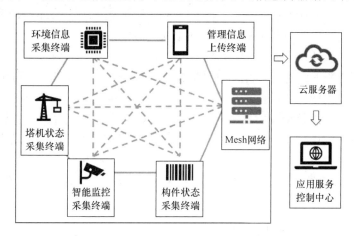

图4.5.3-1 自组网分布式物联网网络架构

该耦合方法中的数据类型可以分为结构数据、非结构数据以及耦合（处理后）数据，因此数据的采集流程以及数据库所包含的部分如图4.5.3-2所示，环境传感器与塔机记录仪采集的数据为结构数据，储存于结构数据库中；智能监控与管理记录所形成的视频、图像，资料记录等数据信息，以及构件状态等信息，属于非结构数据，储存于非结构数据库中；数据经过耦合后，耦合数据存储于耦合数据库。

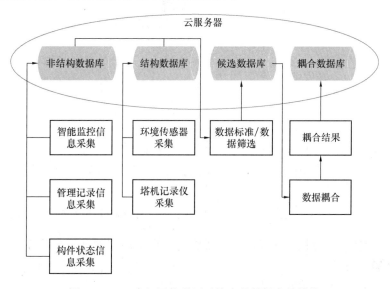

图4.5.3-2 自组网物联网系统中的数据存储结构

4.6 装配式建筑吊装安全风险耦合分析方法

4.6.1 安全风险耦合机制

装配式建筑建设的研究已经有了一定的基础,装配式吊装是装配式建筑建设的重要部分,但目前对于单独吊装过程的探索空间还很大。装配式吊装安全事故的发生可以以事故致因模型为基础,应用临界状态理论(Critical State Theory),在文献[206]的基础上,增加空间维度,考虑随时空进行演化的立体风险事故体系。如图 4.6.1-1 所示,吊装安全事故的发生以点、链、网、层的模式分为不同的层级,从链路层开始建立多维体系,各层级因素依照时间、空间以及耦合层次进行发展[206];最底层为人、机、料、管、环五个单安全风险因素系统,其中每个系统又包括众多单个风险因素,当某一风险状态被触发后,处于底层的各风险因素发生耦合,彼此加强或削弱,依照安全风险因素→安全风险事故子系统→安全风险事故系统的路径,向上层发生跃迁,最终突破临界点演化形成吊装安全事故。

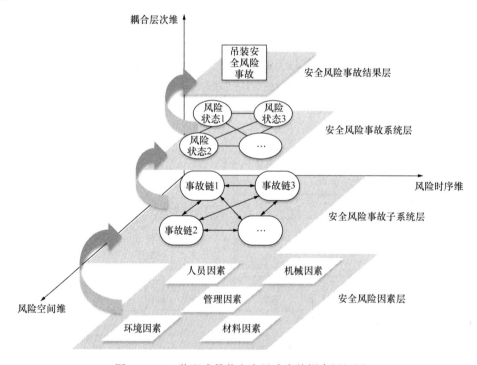

图 4.6.1-1 装配式吊装安全风险事故耦合层级图

从相关性角度进行分析,风险因素的耦合叠加会呈现零耦合、弱耦合以及强耦合的情况[207],如风险指标层为 $R = \{r_1, r_2, r_3 \cdots r_n\}$,风险事故系统层为 $S = \{s_1, s_2, s_3 \cdots s_l\}$,则其三种耦合状态可很好地被表述为:

(1) $S(t) = \max\{r_1(t), r_2(t), r_3(t) \cdots r_n(t)\}$ 即"零耦合"状态,多种影响因子的叠加并未改变其间影响最大的因素所导致的安全风险状态。

（2）$S(t) < \max\{r_1(t), r_2(t), r_3(t)\cdots r_n(t)\}$ 即"弱耦合"状态，在多种影响因子发生耦合后，原本组合中影响最大的影响因子的效应被削弱，最终引起的安全风险状态小于其最大影响因子的影响效果。

（3）$S(t) > \max\{r_1(t), r_2(t), r_3(t)\cdots r_n(t)\}$ 即"强耦合"状态，多种影响因子在耦合效应下，对最终安全风险的影响增强，大于其最大的影响因子的影响效果，但通常不会超越各影响因子完全叠加。

本方法耦合部分即主要解决装配式吊装安全风险中的"强耦合"状态，采用关联规则中的经典算法 Apriori，对导致吊装安全事故的安全风险因素间的关联规则进行挖掘，在此基础上通过复杂网络分析耦合网络中的关键影响因子，以达到指导后续孪生服务能够及时对关键因子进行管控，减短风险事故传播链，控制风险网络的形成与发展。因此在数字孪生装配式吊装安全风险耦合方法中，其耦合模型的建立流程如图 4.6.1-2 所示。

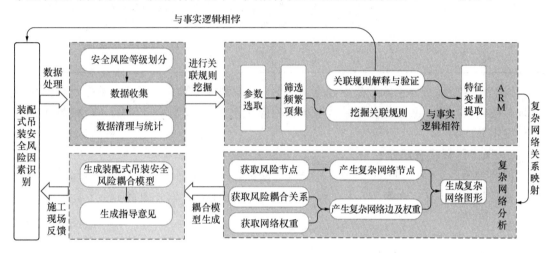

图 4.6.1-2　装配式吊装安全风险耦合模型建立流程

4.6.2　安全风险耦合分析

1. 数据处理

Apriori 算法进行的关联规则挖掘针对单维单层数据，而装配式吊装安全风险数据呈现多维多层的特点，因此需要对数据进行一定准备。依据前一小节的层级划分，通过工程实际经验以及文献[208]、[209]、[210]的学习，将装配式吊装主要安全风险因素进行分类汇总，删去冗余数据，分类汇总结果如表 4.6.2-1 所示。依据风险因素分类结果，对数据进行建模，以便于导入风险耦合模型进行耦合分析。数据集合形式如式 4-30～4-32 所示：

$$S = \{s_1, s_2, s_3\cdots s_l\} \tag{4-30}$$

$$S_{ub} = \{s_{ub1}, s_{ub2}\cdots s_{ubm}\} \tag{4-31}$$

$$R = \{r_1, r_2, r_3\cdots r_n\} \tag{4-32}$$

其中，将装配式吊装安全风险事故系统层记为 S，为其具体风险指标 s_l 的集合；吊装安全风险事故子系统层记为 S_{ub}，其风险指标记为 s_{ubm}；安全风险因素层记为 R，定义其风险指标为 r_n；安全风险事故层记为 A。

装配式吊装安全风险分类汇总　　　　　　　　　表 4.6.2-1

编号	层级	编码	具体风险指标	编码
1	安全事故层	A	吊装安全事故	A
2	吊装安全风险事故系统层	S	一般风险 s_1；较高风险 s_2；极高风险 s_3	s_i
3	吊装安全风险事故子系统层	S_{ub}	人为因素事故链；管理因素事故链；环境因素事故链；机械因素事故链；材料因素事故链	S_{ublm}
4	安全风险因素层	R	作业人员技术水平 r_1，作业人员操作违章情况 r_2，安全防护佩戴状态 r_3，参加安全交底人员比率 r_4，吊索倾角 r_5，装配式预制构件质量水平 r_6，吊装机械实际使用年限 r_7，吊装机具磨损率 r_8，速度 r_9，加速度 r_{10}，预制率 r_{11}，塔吊作业交叉干扰状况 r_{12}，实际载重比 r_{13}，吊装现场施工安全管理水平 r_{14}，安全措施费投入比 r_{15}，吊装施工现场风速大小 r_{16}，装配式预制构件堆场布置情况 r_{17}	r_n

风险因素指标可分为状态变量和连续变量，为提取频繁项集，需要对数据进行简化与整理，按表格规定，某指标处于某状态即在相应状态中计 1，另一状态计 0，频数即为该事件发生总次数。

1）风险因素状态划分

因此参考专家经验与文献以及工程调查与实践，对 2 状态与 3 状态离散变量风险状态划分标准如表 4.6.2-2 和表 4.6.2-3 所示，连续变量风险状态划分如表 4.6.2-4 所示。

状态离散变量风险状态划分标准　　　　　　　　表 4.6.2-2

风险指标	ST_1	ST_2
作业人员操作违章情况（r_2）	符合规定	违章操作
安全防护佩戴状态（r_3）	齐全	缺少配件
塔吊作业交叉干扰状况（r_{12}）	未交叉	交叉

状态离散变量风险状态划分标准　　　　　　　　表 4.6.2-3

风险指标	ST_1	ST_2	ST_3
作业人员技术水平（r_1）	良好	一般	较差
装配式预制构件质量水平（r_6）	良好	合格	不合格
吊装现场施工安全管理水平（r_{14}）	良好	一般	较差
装配式预制构件堆场布置情况（r_{17}）	良好	一般	较差

连续变量风险状态划分标准　　　　　　　　　　表 4.6.2-4

风险指标	ST_1	ST_2	ST_3
参加安全交底人员比率（r_4 /%）	[90，100）	[60，90）	[0，60）
吊索倾角（r_5 /°）	[30，40）	[40，50）	[50，60）
吊装机械实际使用年限（r_7 /a）	[0，5）	[5，10）	[10，20）

风险指标	ST_1	ST_2	ST_3
吊装用具磨损率（r_8 /%）	[0, 10)	[10, 40)	[40, 50)
速度（r_9 /m·s^{-1}）	[0, 40)	[40, 60)	[60, 80)
加速度（r_{10} /m·s^{-2}）	[0, 0.015)	[0.015, 0.025)	[0.025, 0.045)
预制率（r_{11} /%）	[0, 30)	[30, 50)	[50, 100)
实际载重比（r_{13} /%）	[0, 80)	[80, 100)	[100, 150)
安全措施费投入比（r_{15} /%）	[3, 5)	[1.5, 3)	[0, 1.5)
吊装施工现场风速大小（r_{16} /m·s^{-1}）	[0, 7.9)	[7.9, 10.8)	[10.8, 16)

表 4.6.2-4 中，ST_1 表示状态良好，ST_2 表示状态一般，ST_3 表示状态较差。另外，在对关联规则进行挖掘时，为了直观地输出风险指标与状态，首先将风险状态与风险指标相对应，如"ST_1—r_4"表示"参加安全交底人员比率处于良好状态"。

2）风险事故等级划分

由于数据性质与取值范围不同，难以对风险等级进行划分，因此对数据首先进行归一化处理，即保留处理后的数值取值在 [0，1] 之间[208]，首先将 2、3 状态离散变量通过专家打分的方式转化为连续变量，3 状态离散变量转化为"ST_1—[90，100)、ST_2—[60，90)、ST_3—[0，60)"，2 状态离散变量转化为"ST_1—90、ST_2—50"。转化完成后，依据各指标间的协调关系进行归一化处理，其计算公式如式 4-33 所示：

$$u_i = \frac{x_i - m_i}{n_i - m_i} \tag{4-33}$$

式中：x_i 为变量 r_i 观测值；u_i 为归一化后该变量观测值；该变量取值由 ST_1 至 ST_3 最小值为 min=m，最大值为 max=n。

归一化处理完成后，以 $\sum_{i=1}^{n} u_i$ 值的大小评估风险等级，其值越大将代表引发的风险等级越高，风险事故等级的划分如表 4.6.2-5 所示：

风险事故等级划分标准 表 4.6.2-5

风险事故等级	s_1	s_2	s_3
归一化取值	[0, 0.243)	[0.243, 13.275)	[13.275, 17)

2. 关联规则挖掘

Apriori 用于对某一事故类型背后导致这一事故发生的因素的共同特征进行提炼，探寻各风险因素间的伴随作用和关联规则。Apriori 算法采用"支持度—置信度"框架，对概率进行计算分析，通过规定最小支持度求得频繁项集，规定最小置信度阀值挖掘风险数据间的隐藏关系。首先根据吊装安全风险事故子系统层的人、机、料、管、环的五项链路分类，将各子系统所包含的风险因素 R 与其所属安全状态进行关联，计算频繁项集。

将安全风险因素层中所包含的安全风险因素进行耦合，分析 r_{na} 与 r_{nb} 间的强关联规则，即探索现场吊装施工过程中最易触发风险状态的风险因素，其挖掘过程依照式 4-34、式 4-35 进行：

$$Support(r_{na} \Rightarrow r_{nb}) = Support(r_{na} \bigcup r_{nb}) = P(r_{na}r_{nb}) \tag{4-34}$$

$$Confidence(r_{na} \Rightarrow r_{nb}) = Support(r_{na} \bigcup r_{nb})/Support(r_{na}) = P(r_{na} \mid r_{nb}) \quad (4\text{-}35)$$

式中：$Support(r_n \Rightarrow s_l)$ 为规则支持度，表示吊装安全风险事件 r_n 与风险事件 s_l 同时发生的概率；$Confidence(r_n \Rightarrow s_l)$ 为置信度，表示风险事件 r_n 发生时事件 s_l 发生的概率。传统 Apriori 算法具有中间项集多、数据库扫描次数频繁、支持度唯一等缺点，挖掘结果可能存在一定误导性，通常引入新参数提升度（$Lift$）对此进行改进，其计算方式如式所示，即重要参数置信度与支持度的比值：

$$Lift = Confldent(r_{na} \Rightarrow r_{nb})/Support(r_{na} \Rightarrow r_{nb}) \quad (4\text{-}36)$$

其中，当提升度 $Lift < 1$ 时，该数据关联关系视为无意义，在结果中将不予以分析；当某两项事件的计算参数满足最小支持度阈值（Minsup）时，产生频繁项集；当计算参数大于最小置信度阈值（Minconf）时，这两个事件间的关联规则视为强规则；即安全风险事件 r_{na}、r_{nb} 总是同时发生，或当风险事件 r_{na} 发生时，总是会伴随风险事件 r_{nb} 的出现；前后两项间的关联强度即为参数 $Lift$ 的值。

Apriori 算法挖掘的关联规则的数量和质量由所选定的支持度、置信度和提升度阀值所决定，对各参数区间进行统计，以对极高风险状态（s_3）的关联规则挖掘为例，支持度与置信度不同阀值的选定下，关联规则的数量影响如图 4.6.2-1 所示，则选定参数时应当避免"0.1—0.1"与"1—1"的极端情况，在平缓阶段选定参数[211]，如可选定参数为 $Support = 0.5$，$Confidence = 0.6$。

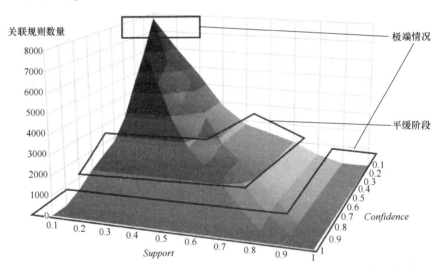

图 4.6.2-1　不同参数对关联规则数量的影响

3. 复杂网络分析

复杂网络可以很好地展现各节点间的相互关系以及对彼此的影响与依赖程度，因此将复杂网络用于分析风险因素间耦合关系与寻找耦合网络中的关键节点具有很高的优势，同时为将耦合网络进行可视化展示提供了方法。

复杂网络与图论具有相同的定义，其拓扑结构决定着整个系统的功能，与图论不同的是复杂网络可以对网络系统的动态变化进行分析。从图论出发对装配式风险耦合复杂网络系统进行建立，如图 4.6.2-2 所示。在装配式吊装安全风险耦合复杂网络系统中，风险因素指标即作为节点，边则表示各因素间的存在的相关关系，其权重则代表因素间依赖程度

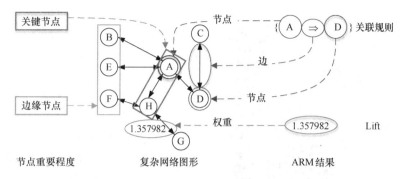

图 4.6.2-2　装配式吊装安全风险耦合复杂网络形成

的大小，因此其节点即为关联规则推演得到的各风险因素指标，其边为指标间的关联规则，权重则为关联程度大小，即 ARM 推演后的提升度大小，形成耦合网络。

复杂网络也可以理解为是由边连接在一起的一组节点，其主要统计特征包括度（Degree）、平均最短路径长度（Averange shortest path length）和中介中心度（Betweenness Centrality）。在某图（Graph）中，节点 i 的度 D_i 表示网络中该节点与其他节点的直接关联程度，某节点的度越大则表明该节点在网络中越处于中心位置，如式 4-37 表示：

$$D_i = \sum_{j=1}^{g} x_{ij} \tag{4-37}$$

式中：D_i 表示节点 i 的中心度；i、j 表示网络中相互联系的不同节点，其中 $i \neq j$；x_{ij} 表示节点 i，j 间的边。根据统计特征与网络结构可对装配式吊装安全风险耦合关系进行分析，找出关键影响节点与关联程度。

4.7　案例研究

4.7.1　案例研究一

针对装配式吊装安全风险预测控制，从装配式吊装数字孪生建模方法、安全风险预测方法，安全风险控制方法三个层面提出了通用性理论实现方法。依托装配式项目，对装配式吊装数字孪生模型建立、安全风险预测模型建立，安全风险控制平台搭建进行实例验证，以证明理论有效性。

1. 工程概况

天津装配式项目位于天津滨海新区黄港休闲区，总建筑面积 71172.43m²，结构类型为钢筋混凝土剪力墙结构，采用部分装配式结构构件，装配率达到 37.5%。最大高度 54m，最高层数为 18 层。装配式工程采用预制构件的部分为预制叠合楼板、预制楼梯板及部分预制剪力墙。图 4.7.1-1、图 4.7.1-2 为施工现场的图片。

图 4.7.1-1　天津施工现场

图 4.7.1-2 施工现场吊装图

案例将以叠合楼板的吊装为主要研究对象，首先布置传感器采集数据，通过嵌入式终端将数据传输至云端数据库，根据数据信息建立多维多尺度吊装虚拟模型，对云端存储的多源异构数据应用 DT—SVM 算法进行计算，预测吊装安全风险，并对吊装安全风险时空演化规律进行分析，给出相应的风险控制方法。

2. 装配式吊装数字孪生模型建立

1）数字孪生空间维度建模

（1）物理施工现场进行实体建模

图 4.7.1-3（a）叠合板上嵌入主动 RFID 标签，用来存储叠合板唯一识别 ID 和基本属性集，嵌入式终端与传感器相连，用来采集存储叠合板位置信息和力学信息，对在吊装过程中的叠合板进行形式化建模如下：$M_l =$ ｛A02100206，｛叠合板，C40，$180 \times 3320 \times 60$，某建材有限公司，2019-01-28｝，｛吊装，283s，13.5MPa，2019-03-20｝，｛（323.8，145.6，23.5），（5.0MPa，3.1MPa，4.9Mpa）｝｝。该公式包含的信息如下：叠合板的唯一识别 ID 为 A02100206，表示项目为津滨塘（挂）A 项目-2 标段 10 号楼，0206 作为叠合板的属性编号；该叠合板的混凝土强度为 C40，尺寸为 $180mm \times 3320mm \times 60mm$，由某建材有限公司于 2019 年 1 月 28 日生产；该叠合板处于起吊阶段，吊装阶段持续时间为 283s，起吊过程中应力限制为 13.5MPa，起吊日期为 2019 年 3 月 20 日；以施工场地的西南角作为项目基点，以正北、正东和垂线方向建立空

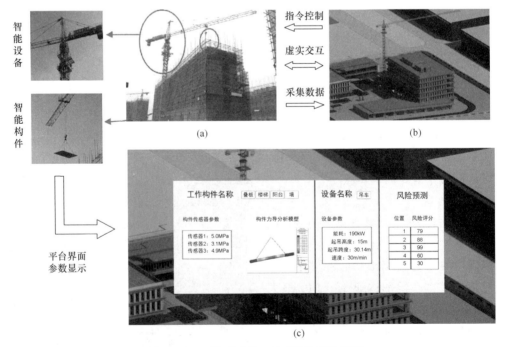

图 4.7.1-3 装配式施工过程数字孪生模型

（a）物理施工现场；（b）虚拟数字孪生模型；（c）数字孪生风险预测控制平台

间坐标系，叠合板现处相对位置空间坐标（323.8，145.6，23.5），对应三个应变传感器经过边缘计算后所对应的应力分别是5.0MPa、3.1MPa、4.9MPa。

吊车设置RFID读写器、异构传感器和嵌入式终端等，对在吊装过程中的吊车进行形式化建模如下：C_l＝{010103，吊车，{TC5013b，6T，50m，80m，80m/min}，占用，{2.16T，30.14m，15m，30m/min}}。该公式包含的信息如下：该吊车唯一可识别的编号是A02100103，塔吊的型号是TC5013b，吊车的吨位为6T，最大跨度为50m，最大起吊高度为80m，最快提升速度为30m/min，目前该吊车处于使用阶段，所吊叠合板重量为2.16T，所吊位置为跨度30.14m，高度15m处，起吊速度为30m/min。

对智能网关N进行软硬件配置建模，实现叠合板、塔吊与数据库之间的信息交互，完成物理施工现场建模，即$P_{CS}＝M \bowtie C \bowtie N$。

（2）数字孪生虚体建模

如图4.7.1-3（b）所示，用Revit软件对所有吊装过程中施工现场的外观模型进行建立，应用Ansys软件对叠合板和吊车的模型进行建立。根据吊装过程中叠合板和吊车的行为过程，转化为荷载的形式，施加在叠合板和吊车上，得出叠合板和吊车可能出现的所有参数变化。在Ansys中，将参数变化模块化，建立动态可扩展的数字孪生库。以用Revit软件所建立的封装好的外观模型为基础，以模块化和动态可扩展的数字孪生库作为驱动，以参数的变化和限制作为数据变化的来源，进行"几何—物理—行为—规则"四个层面的模型融合，建立可视化的孪生数据平台，在Web端进行展示，实现对整个吊装过程的模拟仿真，即$M'_I，C'_j∷＝g_{MSet} \bowtie p_{MSet} \bowtie b_{MSet} r_{MSet}$。

（3）虚实交互关联建模

物理施工现场实体模型、数字孪生虚体模型、孪生数据平台之间，通过高速、高稳定性的HTTP数据传输协议，以及bluetooth、WIFI无线方式，为数据传输实现软硬件保障。即$D_{TV} \leftrightarrow P_{CS}$、$M \leftrightarrow M'$、$C \leftrightarrow C'$、$N \leftrightarrow N'$。

针对吊装过程，孪生数据平台主要实现安全风险预测的目的。孪生数据平台一方面获取公有数据库中的关于叠合板和吊车的数据，另一方面调用嵌入支持向量机算法驱动。将装配式吊装过程的数据进行采集，以算法驱动进行运算，集成到APP应用，实现对吊装过程的准确判断与预测，并根据预测结果实时对吊装过程进行控制，达到"自感知、自决策、自控制"的效果，最终达到实现风险预测的目的。如图4.7.1-3（c）所示。

2）时空演化数据建模

整个施工过程类比于树自生长可建模为$O_1＝\{O^P_{1,1}，O^P_{1,2}，O^P_{1,3}，O^P_{1,4}，O^P_{1,5}\}R_{OP}$，即整个施工过程共包含5个施工工序。其中$O^P_{1,3}$表示构件吊装工序，该工序主要包括叠合板、预制阳台、楼梯、墙、吊车共5个数据源节点，其中，以叠合板和吊车的数据为例，叠合板的应力数据、力学分析数据，吊车的能耗、起吊高度、跨度、起吊速度等数据在平台界面上进行实时的可视化显示，如图4.7.1-3（c）所示。数据皆以关联矩阵的形式存储于云端Microsoft Access公有数据库中，供实时调用，为进行吊装过程风险预测提供数据基础。

通过对该项目吊装过程建立数字孪生模型，实现了对整个吊装过程数据全面获取。减少了数据获取的工作难度，提高数据准确性，保证了工程质量；提高吊装效率；对吊装过程中叠合板、吊车的数据进行实时监测，并通过内置算法对吊装安全风险进行实时评估，切实保证了吊装过程中安全性。同时，证明了该建模方法的可行性和有效性，提高了装配式吊装过程中信息化和智能化水平。

3. 装配式吊装安全风险预测

1）吊装数据采集与传输

吊装数据的采集和传输是进行安全风险预测的基础。由于人员因素、规则因素等管理方面的因素具有较大的不确定性，本节在咨询有关专家意见的基础上，选取了吊索倾角、吊装起升速度、吊装加速度、风速、吊装方法、构件种类、构件材料、构件尺寸八个方面的参数为特征变量，作为影响吊装安全的主要因素，以吊钩、吊索、构件的应力作为吊装安全风险的衡量标准，在进行安全风险预测时，需要对以上八个变量的相关数据进行采集。

以上因素相关数据可以分为静态数据和动态数据。静态数据包括构件材料、构件类型、吊点个数、起吊方法、吊车型号、吊点位置、吊绳倾角，可以通过从 BIM 模型上获取；动态数据包括吊装加速度、吊装速度、风速、吊钩应力、吊索应力、构件应力，动态数据的变化快、实时性强，需要搭建物联网，对数据进行动态获取。

首先对传感器进行布置，传感器的类型包括定位传感器、加速度传感器、风速传感器、应变传感器、倾角传感器。在传感器布置完成后，需要对智能网关进行布置。智能网关以 LoRa 技术为基础，实现传感器与 LoRa 嵌入式终端的连接。布置在构件和设备上的传感器采集到的实时信息首先传入 LoRa 嵌入式终端进行整合，再利用 LoRa 终端中的通信模块，通过 4G 网络以 XML 的格式把数据传输至 Microsoft Access 公有数据库中，本地服务器和客户终端通过访问共有数据库的形式获取吊装过程中的信息，在数据库中实现对数据记录与统计。

2）基于 DT—SVM 算法的吊装安全风险预测

（1）多源异构数据转化统一样本数据

本节以"构件损坏"作为研究对象，在咨询有关专家意见的基础上，初步选取了吊索倾角、吊装起升速度、吊装加速度、风速、吊装方法、构件种类、构件材料、构件尺寸等八个方面的参数作为特征变量，作为影响吊装安全的主要因素。通过模拟获取 1008 组吊装安全数据，以吊钩应力、吊索应力、构件应力以上数据集合形成多源异构数据。影响因素划分如表 4.7.1 影响因素划分所示。

影响因素划分 表 4.7.1

特征变量	数据类型	最大值	最小值	平均值	均方差
吊索倾角 $B_1/°$	数值型	59.99	30.06	44.85	8.65
吊装起升速度 $B_2/\text{m/min}$	数值型	79.93	−79.68	41.02	46.81
吊装加速度 $B_3/\text{m/s}^2$	数值型	0.045	−0.045	0.02	0.03
风速 $B_4/\text{m/s}$	数值型	4.98	2.04	3.51	0.86
吊装方法 A_1	逻辑型	1-四点吊；2-六点吊			
构件种类 A_2	逻辑型	1-预制墙板；2-叠合楼板			
构件材料 A_3	逻辑型	1-C30 钢筋混凝土；2-C35 钢筋混凝土；3-C40 钢筋混凝土			
构件尺寸 A_4	逻辑型	1-2750 * 1500 * 200（墙板）；2-180 * 3320 * 60（楼板）			

本案例主要针对高空坠物和构件损坏两项事故进行预测。当事故发生时，吊索和构件应力的变化是可监测到最为显著的特征。该项目中吊索的钢丝绳破断拉力总和为31.3KN，C30、C35、C40 的混凝土的极限应力分别为 2.01N/mm²、2.20N/mm²、2.39N/mm²，为留有足够的安全储备，以极限应力的80%作为界限。吊索和叠合板的应力同时满足极限应力80%，则认为该样本是安全的，超过则认为该吊装过程可能出现危险。以此作为衡量标准，取特征变量的值进行实验，并评估不同组特征变量的安全性。

$$U' = \begin{bmatrix} A \\ B \end{bmatrix} = \begin{bmatrix} A_1 \\ A_2 \\ \vdots \\ A_i \\ \vdots \\ A_p \\ B_1 \\ B_2 \\ \vdots \\ B_j \\ \vdots \\ B_q \end{bmatrix} = \begin{bmatrix} 1 & 1 & \cdots & 2 & \cdots & 2 \\ 1 & 1 & \cdots & 2 & \cdots & 2 \\ \vdots & \vdots & \ddots & \vdots & \ddots & \vdots \\ 1 & 1 & \cdots & 2 & \cdots & 2 \\ \vdots & \vdots & \ddots & \vdots & \ddots & \vdots \\ a_{p1} & a_{p2} & \cdots & a_{pk} & \cdots & a_{pm} \\ 46.05 & 34.88 & \cdots & 41.06 & \cdots & 37.06 \\ 0 & 5.17 & \cdots & 25.2 & \cdots & -33.91 \\ \vdots & \vdots & \ddots & \vdots & \ddots & \vdots \\ 4.11 & 2.93 & \cdots & 4.12 & \cdots & 3.67 \\ \vdots & \vdots & \ddots & \vdots & \ddots & \vdots \\ b_{q1} & b_{q2} & \cdots & b_{qk} & \cdots & b_{qn} \end{bmatrix}$$

$$= \begin{bmatrix} u_{11} & u_{21} & \cdots & u_{k1} & \cdots & u_{m1} \\ u_{12} & u_{22} & \cdots & u_{k2} & \cdots & u_{m2} \\ \vdots & \vdots & \ddots & \vdots & \ddots & \vdots \\ u_{1r} & u_{2r} & \cdots & u_{kr} & \cdots & u_{mr} \\ \vdots & \vdots & \ddots & \vdots & \ddots & \vdots \\ u_{1s} & u_{2s} & \cdots & u_{ks} & \cdots & u_{ms} \end{bmatrix}$$

$$= [u_1, u_2, \cdots, u_m] = U$$

将量纲不同的数值数据进行归一化处理生成数据单元 a_{ik}，整合形成多源同构数值连续数据集 A_i。将离散型数据集转化为量化数值单元 b_{jk}，最终整合成多源同构数据集 B_j。将多源行向量单元 $A_i(B_j)$ 进行矩阵转换转为列向量样本单元，整合成统一同构样本矩阵 U，其中列向量单元 u_r 则是一个包含全部风险因素特征的样本。从而生成可进行机器学习运算的吊装过程统一样本数据。

（2）安全风险预测模型建立与优化

将 130 组统一同构样本数据作为数据来源，选取径向核函数（RBF）作为建模函数，惩罚函数 C 和核函数 g 对模型性能具有较大影响，因此采用 k 折交叉验证法，对惩罚函数 C 和核函数 g 进行最优参数选取。由于数字孪生反馈要求实时性，所以在参数选取时，以模型准确率为主要衡量标准，以运算时间为次要衡量标准。

以 lg gamma 和 lg C 分别作为 x、y 轴，以模型准确率作为 z 轴，建立三维坐标系。（图 4.7.1-4）可见当 log2c 处于一定范围内时，模型准确率位于一个较高的水平。求出模型准确率最高点（0.53，2.55，99.3），得出对应的 lg gamma 和 lg C 分别为 0.53、2.55，即可求出惩罚函数 C 和核函数 g 的最优参数，惩罚函数 C 取 0.435，最优参数 0.250。此时模型准确率达到 99.3%，计算时间为 6.685s。并且计算得到 TPR 的值大于 0.99，与 1 较为接近，表示本 DT—SVM 模型的装配式吊装安全风险的预测结果较为准确。

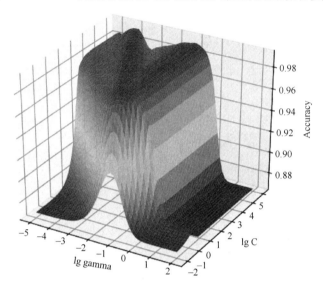

图 4.7.1-4　不同惩罚函数 C 和核函数 g 交叉验证准确率三维坐标图

3）吊装安全风险时空演化规律分析

为研究吊装安全风险时空演化规律，研究人员收集了大量叠合板在吊装过程中的多源异构数据，其数据来源为实验数据与模拟数据，将数据输入上述所建立的 DT—SVM 风险预测模型中进行处理，得到了吊装过程安全风险时空演化规律。如图 4.7.1-5 所示，预测结果与实际情况基本吻合。

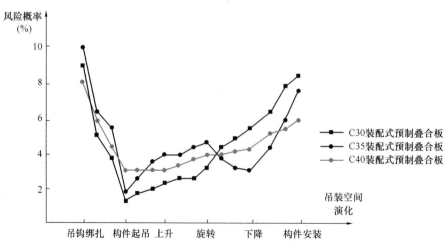

图 4.7.1-5　吊装过程安全风险时空演化规律

根据吊装安全风险演化规律折线图，可以把吊装安全风险演化分为四个阶段。第一阶段（0～20s）风险概率最高；第二阶段（20～40s）风险概率急速下降；第三阶段（40～100s）风险概率趋于平缓；第四阶段（100～120s）风险概率较快上升。

从实际吊装现场的角度进行分析，0～20s为叠合板起吊阶段，构件位于地面及地面以上5m以内的位置，此时风险因素不稳定性较大，且处于加速阶段，吊钩、吊索、叠合板的应力处于较高水平，发生风险概率较高；20～40s叠合板起吊完成，处于稳定上升阶段，吊钩、吊索、叠合板等应力处于平衡水平，风险概率急剧下降；40～100s处于叠合板旋转再下降的阶段，由于水平方向旋转稳定性有所下降，但仍处于一个相对平稳水平，应力比较平衡，风险概率平缓上升；100～120s为叠合板安装阶段，此阶段需要塔吊与安装工人配合协调，对叠合板位置不断调整，叠合板稳定性大幅度下降，应力也趋于不断变化，风险概率也会相应上升。现场经验分析与计算出的时空演化规律相符。

在实际施工过程中，吊装过程总共出现可控安全风险两次（均未造成财产损失和人员伤亡），其中一次是在起吊阶段，由于起吊速度过快，导致叠合板与吊索连接处吊扣脱落，由于叠合版距离地面约20cm，除了叠合板局部损坏，未造成其他安全损失。另一次是在叠合板安装阶段，由于叠合板移动速度过快，导致叠合板连接处局部出现细微裂缝，也未造成其他安全损失。实际吊装情况也与计算出的时空演化规律相吻合。

4）虚拟模型构建与运行

首先对 BIM 模型进行处理。将 BIM 模型生成为 IFC 格式的文件，并将其在 JavaScript环境下解析读取，实现轻量化，利用 webGL 技术把 BIM 模型搭载在网页上。如图 4.7.1-6 所示。

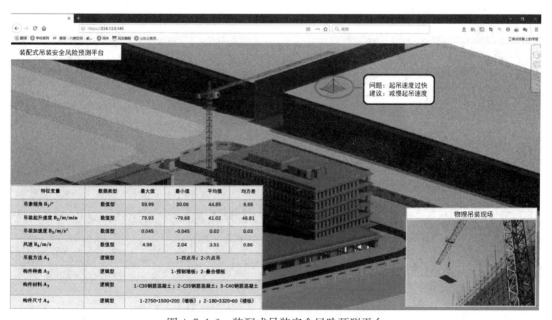

图 4.7.1-6　装配式吊装安全风险预测平台

第二步将信息与数据库进行链接。把公有数据库中传感器的原始信息搭载在 BIM 模型中，在网页端可以查看传感器所在位置以及采集到的实时数据。同时，根据定位传感器的信息，虚拟模型可对物理施工现场的吊装过程进行仿真模拟，此模拟在时间和空间上具有对应关系，将传统三维 BIM 模型转化为数字孪生下基于时间维度的 4D 模型。

最后进行反馈控制。当吊装预测结果存在安全风险，系统会发出警报。警报有两种方式，一种方式是在网页端对风险出现的风险部位进行标识；另一种方式则是通过 LoRa 系统链接报警装置，在施工现场对应地点进行闪光音响，同时将吊装风险诊断报告通过 APP 实时传输到操作人员手中。

5）装配式吊装安全风险控制平台搭建

装配式吊装安全风险控制平台目前正在开发过程中，四个功能模块的平台界面已经基本确立，但对于吊装过程监控模块、吊装风险监控模块，吊装风险反馈模块中的某些功能尚未开发完成。为更清晰阐述平台效果，本节借雄安项目建设管理平台的界面加以说明。所借鉴图片均已标注。

（1）装配式吊装过程监控模块

主要通过图像采集设备，以图像形式实时展示施工现场的实际情况，可在施工中及时发现明显操作不当行为，也可在出现安全风险预警时通过查看图像定位风险原因并实现及时控制。

① 施工现场监控

通过对整个施工场地进行监控，显示施工现场全貌，展示施工进度，使施工人员了解施工现场的整体情况。本项目主要方式为布置高清摄像头。

② 吊装设备监控

对吊装中的关键设备（如塔吊等）进行重点监控，发现吊装过程中吊装设备的不安全行为，防止吊装设备引发安全风险。本项目将现场设备监控在平台进行实时展示，平台界面如图 4.7.1-7 所示（雄安新区项目）。

图 4.7.1-7　吊装设备监控平台界面

③ 施工人员监控

本项目重点对吊装过程中塔吊运行时施工人员的工作位置进行监控，防止构件脱钩造成施工人员生命财产损失。本项目主要采用智能安全帽进行施工人员监控，通过智能安全帽可实现语音通话、工作视频采集、人员定位、危险报警等功能，如图 4.7.1-8 所示。

（2）装配式吊装风险监测模块

吊装风险监测模块针对吊装过程安全风险，以数据形式对吊装风险进行监测。主要包括吊装数据收集、吊装数据分析、孪生模型展示三个部分。

① 吊装数据收集

从吊装设备、吊装构件两个层面，对吊装数据进行收集，并在数据库中进行吊装原始数据的存储和查看。吊装过程采集原始数据如图 4.7.1-9 所示。

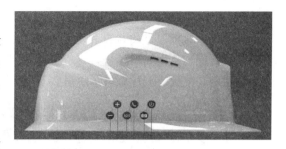

图 4.7.1-8　施工人员监控智能安全帽

序号	吊索倾角	速度	加速度	风速	吊装方法	构件种类	构件材料	构件尺寸	Safety level
1	30	0	0.045	4.1011	四点吊	预制墙板	C30	2750*1500*200	12.2261116
2	30	0	0.045	3.913	四点吊	预制墙板	C30	2750*1500*201	12.2137175
3	30	0	0.045	4.1233	四点吊	预制墙板	C30	2750*1500*202	12.2275442
4	35	0	0.045	3.6696	四点吊	预制墙板	C30	2750*1500*203	12.1969515
5	35	0	0.045	2.9289	四点吊	预制墙板	C30	2750*1500*204	12.1397694
6	35	0	0.045	2.9824	四点吊	预制墙板	C30	2750*1500*205	12.1442658
7	40	0	0.045	2.8472	四点吊	预制墙板	C30	2750*1500*206	12.1327744
8	40	0	0.045	2.0113	四点吊	预制墙板	C30	2750*1500*207	12.0499935
9	40	0	0.045	4.2286	四点吊	预制墙板	C30	2750*1500*208	12.2342565
10	45	0	0.045	4.8084	四点吊	预制墙板	C30	2750*1500*209	12.2689895
11	45	0	0.045	2.7366	四点吊	预制墙板	C30	2750*1500*210	12.1230445
12	45	0	0.045	2.3254	四点吊	预制墙板	C30	2750*1500*211	12.0838578
13	50	0	0.045	4.2392	四点吊	预制墙板	C30	2750*1500*212	12.2349247
14	50	0	0.045	2.1047	四点吊	预制墙板	C30	2750*1500*213	12.060481
15	50	0	0.045	2.1	四点吊	预制墙板	C30	2750*1500*214	12.0599623
16	55	0	0.045	3.7426	四点吊	预制墙板	C30	2750*1500*215	12.202071
17	55	0	0.045	4.0407	四点吊	预制墙板	C30	2750*1500*216	12.2221822
18	55	0	0.045	3.7709	四点吊	预制墙板	C30	2750*1500*217	12.2040343
19	60	0	0.045	2.3493	四点吊	预制墙板	C30	2750*1500*218	12.0862813
20	60	0	0.045	2.7194	四点吊	预制墙板	C30	2750*1500*219	12.1215032

图 4.7.1-9　吊装数据收集

② 吊装数据分析

利用机器学习算法分析收集到的吊装安全风险数据，形成机器学习算法模型，形成吊装安全风险的初步运算结果，如图 4.7.1-10 所示（雄安新区项目）。

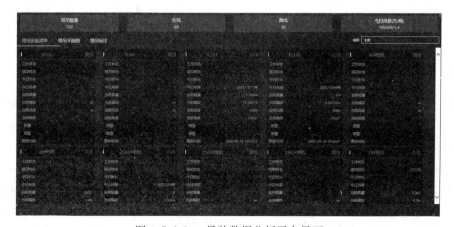

图 4.7.1-10　吊装数据分析平台界面

③ 孪生模型展示

本项目孪生数据模型将构件相关力学参数、设备运行参数、风险预测结果进行实时展示，将原始数据与几何模型相链接，以 BIM 模型为基础在网页端实时显示吊装数据，实现可视化的目的，使施工人员直观了解吊装安全风险状况。孪生数据模型如图 4.7.1-11 所示。

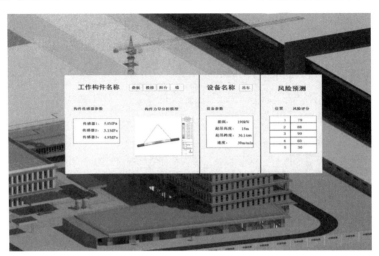

图 4.7.1-11　孪生数据模型界面

（3）装配式吊装风险预警模块

对安全风险进行监测后，则需要对安全风险进行评估，生成处理建议，并进行安全风险警报，将安全风险信息及处理方式及时传递给施工管理人员，防止吊装安全事故产生。

① 吊装风险评估

根据机器学习对原始数据处理的结果，通过设置阈值对安全风险进行等级划分，根据风险的紧急程度和严重程度将风险划分为中、高、极高三个级别，并以蓝、黄、红三种颜色在孪生数据模型上进行实时显示，使施工管理人员直观了解吊装风险程度和风险位置。

② 吊装风险建议

将以往发生安全风险进行归纳整理，生成吊装风险数据库，根据吊装风险的评估结果，对吊装风险数据进行大数据分析，提出针对性的风险建议，指导施工人员进行具体可操作性的风险控制措施。如图 4.7.1-12 所示。

③ 吊装风险警报

当风险评估出现高度风险或极高度风险时，会触发吊装风险警报装置，通过蜂鸣状声音和指示灯提示项目安全管理人员、施工管理人员、相关吊装工人，阻止其引发安全风险的行为，并使其做好应对安全风险的准备。

（4）装配式吊装风险反馈模块

进行安全风险预警及控制后，需要对安全风险控制效果进行反馈，确保安全风险控制措施有效性。同时将安全风险信息进行留档，存入安全风险数据库，进行海量数据时空演化分析，为之后吊装过程提供指导。

特征变量	数据类型	最大值	最小值	平均值	均方差
吊索倾角 B_1/°	数值型	59.99	30.06	44.85	8.65
吊装起升速度 B_2/m/min	数值型	79.93	-79.68	41.02	46.81
吊装加速度 B_3/m/s²	数值型	0.045	-0.045	0.02	0.03
风速 B_4/m/s	数值型	4.98	2.04	3.51	0.86
吊装方法 A_1	逻辑型	1-四点吊；2-六点吊			
构件种类 A_2	逻辑型	1-预制墙板；2-叠合楼板			
构件材料 A_3	逻辑型	1-C30钢筋混凝土；2-C35钢筋混凝土；3-C40钢筋混凝土			
构件尺寸 A_4	逻辑型	1-2750*1500*200（墙板）；2-180*3320*60（楼板）			

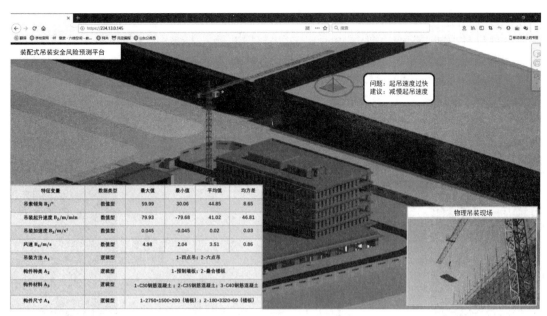

图 4.7.1-12　吊装安全风险建议

① 控制效果反馈

发生安全风险预警后，施工管理人员采取相应措施，为确保安全风险控制措施的有效性。吊装风险监测模块实时采集吊装过程中的数值数据，当数据处于安全范围阈值后，安全风险预警解除，并将异常数据的变化过程展示给施工人员。若数据依旧异常，则会一直保持预警状态，提示施工人员采取相关安全风险控制手段。

② 安全风险留档

安全风险已经解除后，会将安全风险的类型、发生时间、发生位置、风险等级、持续时间、处理措施等相关信息进行留档，自动存入安全风险数据库，不断充实安全风险信息，使后续安全风险建议更加具体准确。如图 4.7.1-13 所示（雄安新区项目）。

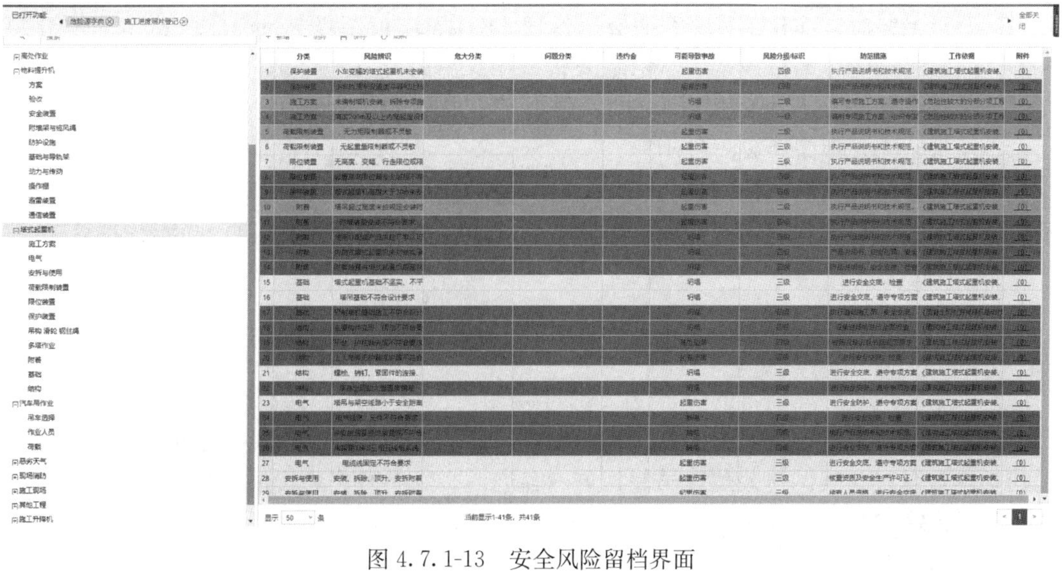

图 4.7.1-13　安全风险留档界面

③ 时空演化分析

本项目对不同强度剪力墙构件的吊装过程数据进行留档和深度挖掘，分析其时空演化规律，以发现风险易发生的时间和空间节点，以便在施工方案和技术交底中针对性地加强安全风险控制措施。如图 4.7.1-14 所示（雄安新区项目）。

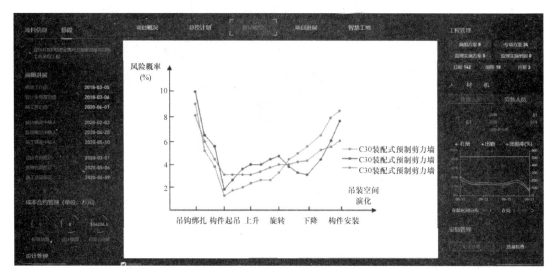

图 4.7.1-14　时空演化分析界面

4. 小结

依托项目，对装配式吊装数字孪生模型建立、安全风险预测模型建立、安全风险控制平台搭建进行实例验证，以证明理论有效性。具体研究结论如下：

（1）建立装配式施工过程数字孪生模型。实现了空间维度虚实交互建模，包括物理施工现场实体建模、数字孪生虚体建模和虚实交互关联建模。

（2）进行装配式吊装安全风险预测。应用 DT—SVM 算法对吊装过程安全风险因素相关原始数据进行训练，建立安全风险预测机器学习模型。

（3）对吊装时空演化规律进行研究，发现安全风险随着吊装时间、构件位置的变化呈现出强烈的时空效应，呈现"U 字形"分布。在起吊阶段（0～20s），构件位于地面及地面以上 5m 以内的位置，最易发生风险；叠合板安装阶段（100～120s）安装阶段风险也相对容易产生。其他阶段风险较小。

（4）搭建装配式吊装控制平台。实现吊装过程监控、吊装风险监测、吊装风险预警、吊装风险反馈四项功能，在实际项目中对吊装过程安全风险控制具有良好的表现。

4.7.2　案例研究二

1. 项目背景

某大型装配式工程项目的 10 号～18 号楼、配建 4 号、5 号楼以及部分地下车库均为装配式建筑结构，工程建设中涉及大量装配式预制构件，包括预制楼体、预制墙板以及叠合楼板等，以其为案例对装配式吊装相关内容进行研究具有代表价值。

2. 框架实施

1）数据准备

本节中的案例研究意义在于对该方法步骤进行进一步明晰与其可行性验证，针对工程数据本身，具有相对的个体性，并不代表对其他普遍适用规则的适用。该方法所需准备的数据包括形成初始规则模型的历史经验数据和某工程实际数据两部分，本案例中两部分的数据来源如下：

（1）依照文献[212]的数据收集步骤对吊装事故情况进行收集，整理得到历史经验数据；

（2）实际工程数据部分来源于工程中的安全记录。

将两部分数据进行整合，对装配式吊装中的各安全风险事故以及相关事件发生的次数进行整理，筛选有效数据，以此作为验证该方法的数据来源。将整理好的数据按照风险变量状态划分标准进行记录，并对数据进行归一化处理，计算对应安全事故等级，将数据分为一般风险数据组、较高风险数据组以及极高风险数据组，为接下来的吊装安全风险关联规则挖掘做好准备，数据记录方式与部分结果如表4.7.2-1所示。

风险指标数据记录与结果 表 4.7.2-1

风险指标 记录时刻	r_1			r_2		r_3		r_4			...	S		
	ST_1	ST_2	ST_3	ST_0	ST_1	ST_0	ST_1	ST_1	ST_2	ST_3	...	S_1	S_2	S_3
时刻 1	1			1		1		1			...	1		
时刻 2		1		1		1			1		...			1
时刻 3		1		1		1	1				...		1	
...			...		...			...			...			

2）耦合模型搭建

（1）数据挖掘

本方法中Apriori算法部分利用Python进行实现，读取划分好的数据集，分别对三种风险状态风险因素间的关联规则进行挖掘。按照前文对Apriori算法的参数进行选取，即取 $Support = 0.5, Confidence = 0.6$ 时的规则作为关联规则输出值，以 $Lift$ 的值作为衡量规则强度的参数，在生成的1467条关联规则中，提升度排序靠前的6条关联规则挖掘结果如表4.7.2-2所示。

提升度较高的关联规则挖掘结果 表 4.7.2-2

序号	关联规则左侧		关联规则右侧	$Lift$
1	〈加速度较大，违章操作，参加安全交底人员比率较低〉	→	〈较高风险 s_2〉	1.7994
2	〈加速度较大，预制率一般，吊装用具磨损情况较差〉	→	〈较高风险 s_2〉	1.7893
3	〈加速度较大，违章操作，吊装用具磨损情况较差〉	→	〈较高风险 s_2〉	1.756
4	〈风速较大，违章操作，参加安全交底人员比率较低〉	→	〈极高风险 s_3〉	1.7508
5	〈风速较大，参加安全交底人员比率较低，吊装用具磨损情况较差〉	→	〈极高风险 s_3〉	1.7428
6	〈风速较大，加速度较大〉	→	〈极高风险 s_3〉	1.7393

在表内关联规则结果中，关联规则左侧为易引发右侧的风险因素组合，是在风险预测与管控中需要关注的对象，右侧为风险因素组合易导致的风险状态，$Lift$ 为原因组合与导致状态间的关联强度。如表内第一条规则："〈加速度较大，违章操作，参加安全交底人员

比率较差}→{较高风险 s_2}，$Lift = 1.7994$"，表明当塔机起吊或下落过程中加速度较大、人员违章操作以及参加安全交底人员比率较低同时发生时，具有较高风险，易发生较大安全事故。通过咨询相关人员查阅工程历史与对现场进行考察，得到规则有效。

（2）复杂网络建立

根据上述关联规则挖掘结果，与前文所述风险耦合系统复杂网络的建立方法，提取特征值，对风险耦合系统的复杂网络进行建立，图 4.7.2-1 为装配式吊装安全风险耦合复杂网络。

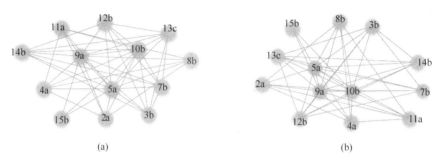

图 4.7.2-1　装配式吊装安全风险耦合复杂网络
（a）较高风险状态耦合系统复杂网络；（b）极高风险状态耦合系统复杂网络

对耦合系统复杂网络的统计特征进行计算，在复杂网络的统计特征中，中心度越大的节点说明在网络中与其直接或间接相连的边数越多，则表明其在耦合系统中具有更高的影响能力，处于越关键的位置，依照其中心度（Degree）进行整理的复杂网络特征如图 4.7.2-2 所示；其中节点 {违章—是否违章操作}、{较差—安全防护佩戴状态}、{较低—参加安全交底人员比率}、{较久—吊装机械实际使用年限}、{较高—实际载重比} 等中心度较高，在网络中处于关键位置，在吊装过程中应当重点管控，另外 {较大—吊装施工现场风速大小} 与 {较大—加速度} 中心度也较为突出，作为次关键节点，在施工中应当加以注意。

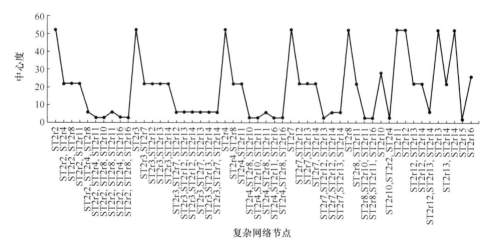

图 4.7.2-2　耦合系统复杂网络度（D_i）统计

3）现场施工指导

由此完成了装配式安全风险耦合模型的搭建，并将耦合结果映射回数字孪生模型。通过上述无线自组网物联网的连接模式，对现场数据进行感知与更新，经耦合模型进行分析后将结果信息传递至吊装管控平台。该平台基于 BIM 模型进行开发，首先搭建吊装现场 BIM 模型，通过定义参数与属性集，使 BIM 模型对现场进行完全模拟。将 BIM 数据通过 IFC 标准与框架其余部分进行互联，实现数据信息的相互传输。通过预设的决策与预警等功能模块，结合 BIM 模型在电脑端与移动端进行可视化展示，便于管理人员依据平台对现场施工进行指导。如耦合结果中出现中心度较高因素〔违章—是否违章操作〕，则将在平台中进行提示，管理人员应当及时对此进行检查与管控，破坏耦合网络，防止耦合风险的演化。另外，每次耦合结果与操作概率将作为下一次更新的基础，并对每一次更新的耦合数据备份至数据云平台进行存储，以便查阅与系统维护。

3. 小结

提出了一种基于数字孪生的装配式吊装安全风险管理框架，并在该框架的基础上，着重研究了指导其进行孪生服务的耦合模型部分，利用智能算法对吊装安全风险因素间的关联规则进行挖掘，通过框架各部分数据的交互不断对风险关联规则模型进行优化完善，使数字孪生装配式吊装安全管理框架更加完整。该研究的主要贡献如下：

（1）数字孪生技术可以对装配式吊装安全管理方法与模式有较好的改进效果，本研究进一步推动了数字孪生技术在装配式吊装安全管理领域的发展，数字孪生技术在工程建设领域的其他方面也具有较高的应用价值；

（2）提出了一种基于数字孪生的装配式吊装安全风险耦合方法，并描述了耦合处理在框架中的交互机制，该方法为框架中其他孪生服务的实现奠定了基础；该框架同时也可以推广到装配式建筑其他方面的管理中。

5 预应力钢结构智能建造关键技术方法与应用

5.1 研究概述

5.1.1 研究背景

预应力钢结构拉索张拉施工质量在国内外工程界十分受关注，随着科技的不断进步，预应力钢结构拉索的张拉施工技术水平也不断提升，出现了许多新方法、新工艺、新设备。目前，我国正在结合智能化发展战略，推动建筑业向智能建筑转型升级[215]，从而颠覆传统的设计—施工—运维监控模式，实现新模式的设计—虚拟交互—智能施工—智能监控。在建筑业转型升级的同时，大跨度空间结构也越来越受到人们的关注，尤其是体育场馆。

大跨度空间结构施工是衡量一个国家施工技术和水平的重要标准。空间结构及其施工过程具有周期长、跨学科（设计、施工、监测、运营、维护）广、主体多、质量控制严格等特点，施工过程复杂，异常干扰因素多。因此，传统施工模式中基于人工经验的决策控制方法已不能满足当前智能空间结构施工的发展要求。因此对张拉过程的拉索索力的控制深受国内外专家学者的重视。

随着结构使用时间的增加，其会受到一些不确定性因素的影响，如构件失效、温度变化、预应力损失、杆件施工误差等，从而对结构与人员安全造成不利影响，因此研究预应力结构在上述情况下的力学性能及可靠性显得十分重要。

另外，拉索是预应力钢结构中的关键和脆弱的结构构件。同时在拉索运维阶段中，索力变化通常被用来评估结构的安全状况，并被认为是一个重要的安全指标[215]。运维阶段一旦发生拉索破断，结构往往会出现局部坍塌或整体破坏等重大安全事故。因此，索力安全监测与实时预测预警已成为预应力钢结构运维阶段中的关键要素[216]。传统的预应力钢结构运维安全管理存在信息静态化、风险关联性弱、智能化程度低等弊端，无法实现对拉索运维安全风险随时间和空间波动的预测和控制，需要给出考虑多因素耦合的智能化的安全风险预测控制方法[217]。因此，如何建立精确反映结构运维安全状态并实时更新数据的预测控制模型，是亟待解决的问题。另一方面，近些年来，基于新兴技术的飞速发展，大数据、物联网的广泛应用，促进了智能建造理念的进步。以数字孪生为基础，在冗杂的工业系统中，将虚拟世界与现实世界进行相互交融，实现实时互通是目前国内外智能建造学者研究的重点目标之一。

5.1.2 文献综述

1. 预应力钢结构

陈志华等进行了索穹顶新型张拉施工成形方法与施工误差影响及控制技术研究；郭彦林等进行了温度作用和索长误差对张拉结构的影响研究；Zhu M L 等[220]采用向量式有限元法，以某索穹顶为研究对象进行构件失效研究，结果显示本结构中较为重要的拉索构件发生失效时，此拉索附近构件发生松弛；张中昊等[221]进行了预应力张拉模拟试验研究；薛素铎等[222]进行了 Levy 型劲性支撑穹顶静力性能试验研究；Thai 和 Kim 等学者[223]运用了有限元方法研究初始索长误差对张拉结构的影响；Andrew Basta 等[224]进行了基于建筑信息模型的索网结构可解构性定量评估的研究；Ashwear N 等[225]进行了张拉结构的结构刚度及承载力的研究，提出刚度及承载力很大部分取决于张拉形成的预应力；Arezki 等[226]研究了温度变化对索桁架桥体系的影响。

在大跨度空间结构中，预应力水平直接决定了结构的整体性能[227]，预应力施工需要更高的精度和安全保障，因此拉索张拉施工成为预应力钢结构施工的重点与难点，对于其张拉成形与安全控制的研究也成为土木工程领域研究的热点。陈志华等进行了索穹顶新型张拉施工成形方法与施工误差影响及控制技术研究；葛家琪等[228]进行了索穹顶结构承载全过程仿真分析，旨在提高施工精度；Andrew Basta 等[229]进行了基于建筑信息模型的索网结构可解构性定量评估的研究；Matthew Goh 等[230]研究了基于精益生产理论的模块化预应力钢结构施工过程模拟。由此可见，不少专家学者对拉索施工精度、误差分析等方面进行了研究，但不能做到建造过程的虚实交互，进而实现整个建造过程的智能化。

通过对上述研究成果的分析，发现对拉索张拉施工现场的多种影响因素的综合分析研究较少，同时，涉及以虚拟空间指导现实张拉的研究也处于初级阶段。真实施工现场复杂多样，需要针对多种影响因素融合分析，提高对拉索索力的预测精度，而且也需要以数字孪生[231]等信息技术驱动刻画现实张拉过程，对拉索索力的状态做到智能预测。

2. 预应力钢结构安全评估

通常，在役预应力钢结构的安全评估过程，是根据结构的实效原理确定不同损伤条件下结构的变化规律，给出各损伤条件对预应力钢结构各个构件的影响程度，最终判断结构材料以及预应力损失等变量对结构的灵敏度及曲线变化。关于如何实现结构安全评估的问题，国内外学者进行了相关的研究。Li GQ[233]等提出半解析模拟方法并结合数值模拟来研究结构评估系统的可靠性。Quiang S[232]等基于融雪模型模拟的地面雪荷载样本，研究了雪荷载作用下钢结构屋盖构件的可靠性。Jiang[234]等人对不同焊接工艺下的高强度钢立柱进行了可靠性分析。Langni Deng[235]等人利用二次开发 Revit，搭建了施工危险源安全管理系统。

数字孪生技术能够实现在役预应力钢结构物理空间和信息空间的交互融合，用户可以通过虚拟结构采集到物理结构的实时信息，利用神经网络提取数据之间的关联特征，并在此基础上进行安全评估，而物理结构可以针对虚拟结构的评估结果采取相应的维修保养措施，保证建筑物的安全服役，符合预应力钢结构在服役期间安全评估过程对数据进行分析评估与应用的基本思想。因此，数字孪生技术为预应力钢结构的安全评估提供了新的思路。

3. 预应力钢结构运维

在预应力钢结构运维方面，许多学者引入了信息化手段。周红波等[236]主要将 BIM 应用于桥梁运维管理中，以解决当前工程中所存在的问题，逐渐探索 BIM 的实践价值。李重辉等[237]以钢结构雨棚为依托引入基于 BIM 技术的 E—BIM 结构进行可视化监测，开发适用于大跨度空站台雨棚运维管理系统的可视化监测模块。综上所述，现有的研究方法虽然能在一定程度上实现钢结构运维阶段安全性评价，但数据相对缺乏预测性，同时在虚拟环境缺少映射关系，因此对在役预应力钢结构的安全性评估可能并不理想。

基于以前对预应力钢结构运维阶段存在问题研究的不足和数字孪生理论研究的现状，

并考虑到安全风险的复杂性和多样性，对轮辐式索桁架进行案例分析，提出一种新型数字孪生驱动的结构健康预测系统。通过现实物理空间维度与数字虚拟空间维度的组合和对数字孪生模型的有限元分析，在此基础上提出了针对大型体育场馆基于数字孪生的智能运维系统构建方法。

5.2 数字孪生驱动的预应力拉索索力智能预测方法

5.2.1 预应力拉索索力的影响因素和传统预测方法

影响拉索索力的主要因素有：

1. 构件长度误差

构件长度误差是造成索杆张力结构初始形态和预张力偏差的最主要因素[388]。如何有效地控制长度误差效应是预应力钢结构设计，特别是施工张拉设计的关键问题。几何误差会对柔性预张力结构设计的初始形态造成偏差，从而导致施工与设计的不一致引起索力的损失。

2. 温度作用

由于钢结构对温度很敏感的属性，所以大跨度钢结构的设计与施工中，对温度效应的分析是非常重要的。拉索施工过程暴露在外界，温度必然会作用于结构上，虽然对于结构中的某一构件来说，温度数值的改变只会引起构件长度的微小变化，但随着连接构件的数量增加，约束条件也在增加，由于温度应力引起的构件长度改变会不断累积，将会在某一特定位置处达到峰值，必将对结构整体会产生很大的影响。因此有必要知道温度数值的改变对结构构件产生的作用，以及对整个结构所产生的各种影响[238]。

3. 拉索松弛

在预应力空间钢结构中，撑杆和拉索是此结构的重要部分，在一些突发情况下拉索或撑杆可能会发生失效松弛，对结构产生一定的影响，危害人员安全[239]。拉索的松弛对索力产生较大影响，从而降低结构的结构抗力，在结构承受荷载过程中容易产生倒塌等现象，严重影响了结构的可靠度。

5.2.2 当前拉索索力预测方法

通过分析当前拉索张拉的研究现状，将各类索力预测方法归纳为三种，即可靠性统计方法、基于物理模型法和数据驱动法。每种方法都有各自的特点和适用领域，传统拉索索力预测方法的对比分析见表5.2.2。

传统拉索索力预测方法的对比分析		表 5.2.2
预测方法	方法特点	主要缺陷
可靠性统计方法	涉及较少的详细信息和具体数据，也没有数学模型。预测所需的信息包含在一系列不同的概率密度函数中。基于可靠性统计的张拉预应力预测方法包括威布尔分布、贝叶斯方法和模糊逻辑等。此类方法在传统的结构性能评估中十分常用	需要拉索索力高精度分析时，仅仅依靠经验法是远远不够的。此外，该方法没有考虑复杂的张拉环境、拉索性能退化等因素，导致分析精度和置信度较低

预测方法	方法特点	主要缺陷
物理模型法	建立反映系统性能变化的物理数学模型。通过数学模型可以清晰地描述物理对象的本质，通过数字模型可以预测对象的性能变化趋势，从而获得准确的索力预测结果	模型的建立是极大的考验。而且，张拉过程是一个十分复杂的系统，由于忽略了松弛机理，其相应的降阶模型也难以准确建立
数据驱动法	可以从张拉过程的拉索上采集数据，并且不需要精确的性能变化模型。从采集的数据中提取特征，然后将其转化为系统知识，通过数据的处理和分析，可以挖掘隐藏在数据中的拉索性能状态和松弛信息	为了获得拉索张拉状态和索力信息，通常安装许多传感器来采集信息，但是一些关键部位不能安装传感器，这给数据采集和进一步的数据分析带来了困难。此外，不同的算法在不同的系统中有不同的性能。因此，算法实验需要大量的工作来寻找最合适的算法和相应的参数

综上所述，目前基于单一策略的索力预测方法存在各种缺陷，不能满足对索力预测更高精度和可靠性的要求。随着新技术的发展，融合型方法已成为研究热点[240]。融合型方法可以利用各种方法的优点，有效避免了单一方法的局限性。通过对预应力拉索索力影响因素和预测方法分析，在智能预测闭环控制理论的框架下，研究数字孪生驱动的预测维护方法，做到了采集数据和仿真数据的高度融合，实现了对预应力拉索索力的智能预测。

5.2.3 智能预测闭环控制理论

当前，建造业的研究重点和热点就是智能化方法和技术的应用[241]。应用人工智能、虚拟现实等现代化信息技术实现建筑和信息的深度融合，推动施工过程的智能化已成为建造业转型升级的必然趋势。实现信息物理融合的有效手段是数字孪生技术[242]。一方面，数字孪生能够实现建造过程的现实物理空间与虚拟数字空间之间的虚实映射与双向交互，从而形成"信息采集—时程处理—风险控制—智能控制"的实时智能闭环；另一方面，数字孪生能够将产品性能、外界环境、突发状况等现实实况信息与模型仿真、概率检验、专业限值等信息空间数据进行交互反馈与精准融合，从而增强建造的现实世界与虚拟空间的同步性与一致性。

在拉索张拉过程中，预应力水平决定了结构的可靠性和施工质量[189]。但是，在张拉过程中，受到各种因素的干扰，拉索的预应力水平会有所损失，如果对损失不进行预测维护，将会导致施工精度降低，甚至会导致整体结构的坍塌。因此，实现对拉索索力的智能预测是十分有必要的，在提高预测精度时还应该考虑张拉过程的特点，具体如下：

（1）复杂，预应力拉索张拉施工是一项复杂的系统性工程，由各种工艺、物料、工序组成，相互依存、相互作用。不同影响因素可能同时作用于不同的构件或位置。此外，拉索索力变化是一个带有噪声的非线性过程，导致预测困难。

（2）时变，拉索张拉过程的施工环境和构件性能是时变的，这直接反映在采集的传感数据中。

（3）联动，拉索张拉过程同时涉及物质、能量、信息的转换。跨领域、多业务融合在一起，形成了联动性的张拉系统。对预应力拉索索力的分析应该从系统级进行。

基于拉索张拉的特点，探索了预应力拉索索力智能预测闭环控制理论，实现了对张拉过程的动态感知、智能诊断、科学预测、精准执行，并通过性能的优化对四个过程提供依托。对张拉过程的索力变化影响因素进行数据采集，充分考虑张拉过程复杂、时变、联动的特点，预应力拉索索力智能预测闭环控制如图 5.2.3 所示。

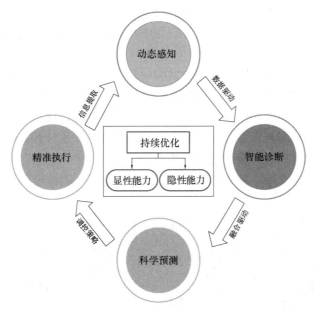

图 5.2.3　拉索索力智能预测闭环控制

1. 动态感知

在拉索张拉过程中，长度误差、温度作用和拉索松弛是影响拉索索力的关键因素。在动态感知环节，由相应的传感器对影响因素进行分析，为孪生模型和数据分析提供可靠的支撑。

2. 智能诊断

由建立的孪生模型和现场采集的数据进行结合，经过对各类数据的分析，判断孪生的可靠性，并分析各类工况下的拉索索力变化情况。

3. 科学预测

在智能诊断过程中，分析孪生的可靠性，融合采集数据和仿真模拟数据，建立起拉索索力的预测算法。通过多方面的信息融合，提高了预测的科学性。

4. 精准执行

在分析拉索索力变化的基础上，直观判定结构的可靠度，及时准确地对索力异常的构件或位置做调整。对维护后的结构，在孪生模型中进行调整，评估维护的可行性，由此，实现了智能预测的闭环控制。

5. 持续优化

为了保证上述四个过程的高效进行，需要对张拉过程进行性能优化。其中主要包括显性能力和隐性能力两个方面的优化。在显性能力方面要提高张拉建造的工艺和信息采集传输能力，在隐性能力方面要提高模拟仿真能力和数据处理能力。

5.2.4 数字孪生驱动的预测维护方法

在预应力拉索索力智能预测闭环控制理论下，数字孪生则是实现从动态感知、智能诊断到科学预测、精准执行的关键使能技术。数字孪生是一个模拟过程[189]，它通过充分利用物理模型、传感器更新和历史运行数据，集成了多学科、多物理变量、多尺度和多概率。数据挖掘是模型和数据的载体，它可以在虚拟空间中实现物理映射，从而连接物理世界和数字世界。

数字孪生是基于拉索索力变化机理的结构一对一实时映射模型。如图 5.2.4 所示，在建立现实拉索张拉的多维多尺度孪生模型、感知实时数据并进行大数据挖掘后，对拉索索力进行诊断、预测，进而对损失进行智能决策。将决策结果再次传输孪生模型进行仿真模拟，对张拉现场进行精准指导。在数字孪生驱动下实现了对张拉预应力的动态感知、智能诊断、科学预测、精准执行。通过建立孪生模型融合现场采集数据，对张拉闭环控制的性能优化也提供了有力的支撑。现场感知数据和孪生数据的融合能够提高索力智能预测的鲁棒性。

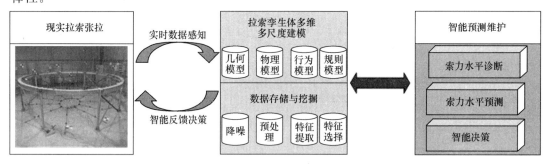

图 5.2.4 数字孪生驱动的智能预测方法

通过对孪生模型的仿真，可以在不安装太多传感器的情况下，从设备模型中获得更准确的系统内部状态和任何部分的数据，为更准确可靠地预测维修提供了可能。这可以减少安装的物理传感器的数量和类型。另外，孪生模型是一个完整的计算机虚拟模型，可以进行大量的物理损伤模拟，可以实现各种苛刻和极端的实验条件，因而比物理原型实验提供了更多的可能性和可行性。

5.3 预应力钢结构智能预测模型的建立

在数字孪生的驱动下，由现场传感器和孪生模型可以实现采集数据和仿真数据的交互反馈，从而建立融合型拉索索力预测方法，本节介绍了这种融合型方法的框架和实现流程。

5.3.1 融合型方法框架搭建

提出了融合型方法框架，如图 5.3.1 所示。在此框架下，现场传感器数据采集和基于模型仿真的方法相结合，得到更准确的预测结果和拉索索力的变化情况。在拉索张拉过程中，根据拉索松弛机制、拉索材料特性和张拉环境，建立了一个多维多尺度孪生模型。通过建立张拉过程的孪生模型，计算和演示拉索张拉的任意时刻和位置的拉索索力状态，并且可以调整不同工况仿真模拟拉索索力的发展趋势。将拉索的松弛模型进行转换可以得到拉索的张拉状态，反映张拉过程的索力水平。对孪生模型进行不同工况的设置可以精确仿真模拟出张拉索力的发展趋势。

在建立孪生模型的同时，对张拉现场由传感器采集的数据进行数据建模。将现场采集的实时数据经过降噪、预处理、特征提取、特征选择，提取出有价值的采集数据。将采集数据和仿真数据融合，建立起拉索索力融合型预测算法，进而得出拉索索力在各种影响因素作用下的变化情况。通过融合型方法可以根据拉索承受的外界作用智能预测拉索索力的水平，为现场的施工提供可靠精准的指导。

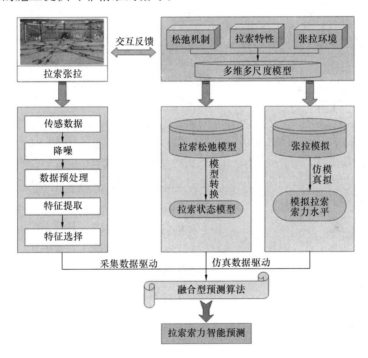

图 5.3.1　基于数字孪生的融合型方法框架

5.3.2　融合型方法的实施

1. 多维多尺度孪生模型搭建

孪生模型是现场拉索张拉过程的数字化表示，在融合型预测方法中起到重要作用。如图 5.3.2-1 所示，搭建了多维多尺度孪生模型，在拉索索力预测维护中，主要对张拉设备、张拉环境、拉索特性进行仿真，建立张拉过程的几何模型、物理模型、行为模型和规则模型。通过对张拉环境的设置，模拟预测拉索的索力水平，由设计限值通过调整张拉设备进行精确维护。

孪生模型的高保真度是精确预测维护的重要基础。为了提高张拉预应力状态反映和仿真模拟的精度，需要进行实际的实验来获得实际的张拉结果（实验结果），同时，基于多维多尺度孪生模型的仿真也将获得仿真张拉结果（仿真结果）。模型中的所有参数（如材

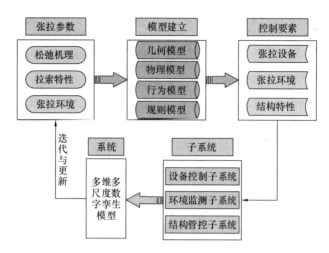

图 5.3.2-1 多维多尺度孪生模型的搭建

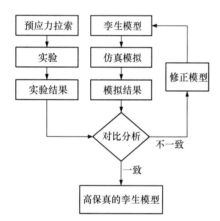

图 5.3.2-2 孪生模型的校正

料特性、张拉环境）应与实际参数相同。将实验结果和模拟结果进行对比以确定孪生仿真的可靠性，模型修正过程如图 5.3.2-2 所示。在此过程中孪生模型将被反复修改，直到仿真结果和实验结果之间的误差足够小。建立张拉孪生模型并进行仿真校正，将模型导出的数据用于融合型预测维护，可以提高融合方法的计算速度和预测精度。

2. 融合型方法实施流程

经过现场传感器的布置和孪生模型的建立，融合采集数据和仿真信息，建立了融合型的预测维护方法。由多数据融合算法，根据结构所承受的各类工况参数，可以精确预测拉索索力的水平，并通过索力量化评估标准判断索力水平是否超过限值。融合型预测方法的实施流程如图 5.3.2-3 所示。

在融合型方法的实施过程中，为全面评估多种因素对拉索索力的影响，需要多种传感器采集影响因素的信息（如构件长度、温度、松弛度等），针对同一因素，也需要对现场传感器采集和孪生模型仿真的数据进行融合。

提取同一因素的数据为同质信息，采集不同种因素的数据为异质信息。本融合方法采用 2 级信息融合：第 1 级为局部融合，对来自同质信息的多源数据进行融合，克服了单一信息采集结果的局限性；第 2 级为全局融合，对每类同质信息融合的结果进行异质信息融合，由工况信息参数最终对拉索索力的结果做出整体评价，并据此进行结构的安全性能评估。预应力拉索索力预测两级数据融合结构如图 5.3.2-4 所示。其中构件长度误差由长度传感器测得，温差由温度传感器测得，拉索松弛度由竖向位移测得。

由于影响拉索索力的因素较多且施工现场复杂，在分析影响拉索索力主要因素的前提下，针对构件长度误差、温度作用、拉索松弛进行研究分析。在预测过程中，做多组数据采集最终加权融合由工况信息参数对拉索索力进行评估。

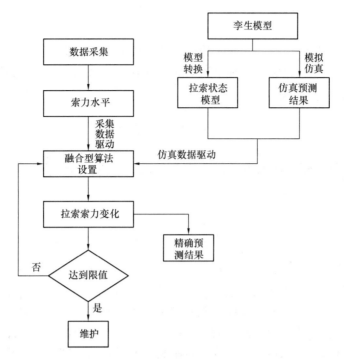

图 5.3.2-3 融合型预测方法的实施流程

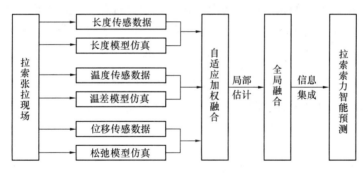

图 5.3.2-4 拉索索力预测两级数据融合结构

采用自适应加权融合算法实现各影响因素数据的局部融合[244]。自适应加权融合算法能够充分利用传感器采集和模型仿真的数据，融合数据的均方误差、测量精度等信息。与此同时，该算法能够抑制传感器的漂移和噪声，提高计算精度。当多个数据同时反映某一特征信号时，应加大数据误差小的权数，反之应减小权数。在总均方误差最小的这一最优条件下，把传感器测量和模型仿真得到的工况参数值按自适应方式寻找对应的加权值，使融合后的参数值达到最优[240]。本节将单渠道（传感器或模型）提取的数据分成 2 组，分别为：$x_{1i}, x_{2i}, \cdots x_{mi}$ 和 $y_{1i}, y_{2i}, \cdots y_{ni}$，2 组数据的平均值分别为 $\overline{x}_i, \overline{y}_i$，标准差 σ_{1i}, σ_{2i}。然后据此推导出分批数据融合的结果（$\hat{k}_i$）和方差（$\hat{\sigma}_i^2$）。

$$\hat{k}_i = \frac{\sigma_{1i}^2}{\sigma_{1i}^2 + \sigma_{2i}^2} \, \overline{x}_i + \frac{\sigma_{2i}^2}{\sigma_{1i}^2 + \sigma_{2i}^2} \, \overline{y}_i \tag{5-1}$$

$$\widehat{\sigma_i^2} = \frac{\sigma_{1i}^2 \, \sigma_{2i}^2}{\sigma_{1i}^2 + \sigma_{2i}^2} \tag{5-2}$$

利用式（5-1）和式（5-2）可得单渠道提取数据的局部决策值。假设最后参与全局信息融合的渠道数量为 p，则相应每种渠道局部决策值为 $\widehat{k_1}, \widehat{k_2}, \cdots \widehat{k_p}$，标准差为 $\widehat{\sigma_1}, \widehat{\sigma_2}, \cdots \widehat{\sigma_p}$，设每种渠道最终的融合值为 $\widehat{k}$，则

$$\widehat{k} = \sum_{i=1}^{p} \widehat{k_i} \omega_i \tag{5-3}$$

式中：k_i，ω_i，分别为第 i 种渠道的局部决策值及其加权因子，其中加权因子 ω 满足：$\sum_{i=1}^{p} \omega_i = 1$。

数据融合之后的精度为：$\widehat{\sigma} = \sqrt{\sum_{i=1}^{p} \omega_i^2 \, \widehat{\sigma_i^2}}$。

采用模糊集理论作为全局融合算法，然后根据设定条件，依据数据库、专业知识库及专家经验，对不同局部融合中心信息数据进行二级融合和关联[245]。首先建立因素集 M，由不同的渠道构成，即 $M = (M_1, M_2, M_3 \cdots M_n)$，其中 M_i 代表不同类型的信息。其次建立状态集，设预应力拉索索力分析结果安全等级从高到低依次为：a、b、c、d，则其状态结果的评语集 $U = (a, b, c, d) = $（安全系数很高，安全系数较高，安全系数较低，安全系数很低）。在多信息数据融合系统中，各类信息由于监测对象不同，因此其赋予权重也各有不同，对整个拉索索力的判断也不相同。在整个融合过程中，对影响拉索索力的三个主要因素进行全局融合，由工况的参数计算索力的状态具体表述为公式（5-4），进而由索力的变化量评估结构的安全性能。索力量化评估标准见表 5.3.2。

$$C_f = (L_e, T_e, C_s) \tag{5-4}$$

式中 L_e 表示拉索构件长度误差，T_e 表示温度作用，C_s 表示拉索的松弛度，C_f 表示拉索的索力。由此，可以通过融合后的工况参数直接预测拉索的索力。

索力量化评估标准   表 5.3.2

结构类型	构件类别	实测值与设计之比			
		a 级	b 级	c 级	d 级
索	重要、次要构件	≥1.00	≥0.93	≥0.90	<0.85
	一般构件	≥1.00	≥0.91	≥0.86	<0.81

5.4 预应力管钢结构智能安全评估方法

5.4.1 结构安全评估框架

根据预应力钢结构的结构特点和安全需求，提出了结构安全评估思路与方法，如图 5.4.1 所示。首先根据实体建筑构建预应力钢结构的虚拟模型，然后在实体建筑上布置传

感器，采集结构服役期间的索力位移等数据，经过串口通信传送至上位机，以此实现预应力钢结构服役过程相关数据的采集与交互。在结构使用过程中，物理层中结构的位移或索力变化数据会实时映射到虚拟层中；结构相关数据会存储在数据服务系统中；基于这些数据，对结构进行安全评估。另，结构的实测数据和数字模型以及评估结果可在网页端实时查看，实现可视化管理。

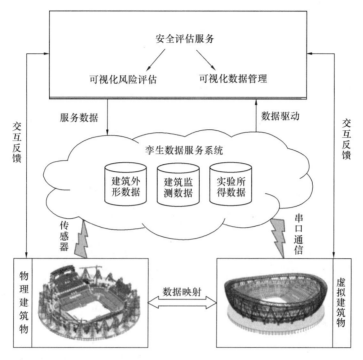

图 5.4.1 结构安全评估框架

5.4.2 数字孪生多维评估模型

安全风险评估（safety risk assessment）就是从风险管理角度，运用科学的方法和手段，系统地分析结构服役期间所面临的威胁及其存在的脆弱性，评估安全事件一旦发生可能造成的危害程度，提出有针对性地抵御威胁的防护对策和整改措施[246]-[248]。下面重点介绍基于数字孪生的安全风险评估方法，结合安全风险评估框架和数字孪生五维模型[249],[250]，本章提出了面向安全风险评估的多维模型，如式（5-5）所示：

$$M_{SDT} = (B_{PE}, B_{VE}, S_S, DD, OA, CN) \tag{5-5}$$

式（5-5）中：

M_{SDT} 代表安全风险评估的多维模型，B_{PE} 代表建筑物理结构，B_{VE} 代表建筑虚拟结构，S_S 代表对结构的安全风险评估服务，DD 代表与安全风险评估有关的数据，OA 代表处理数据的风险评估算法，CN 代表各个组成部分之间的连接。基于数字孪生的安全风险评估流程如图 5.4.2 所示。

在上述的评估模型中，B_{VE} 由几何模型（B_{GVE}）、物理模型（B_{PVE}）、行为模型（B_{BVE}）、规则模型（B_{RVE}）组成，其中 B_{GVE} 的建立是通过采用三维激光扫描技术进行三维建模，B_{GVE}

需得刻画 B_{PE} 中各个杆件的外形尺寸、安装位置关系等信息；再利用有限元软件对三维模型进行仿真分析，建立 B_{PVE}；B_{BVE} 刻画了在不同因素作用下结构索力位移等的实时变化；根据相关规范以及专家经验，对不同影响因素下的结构安全等级进行划分，得到 B_{RVE}。DD 包括由布置传感器得到的结构实测数据 DD_1 和历史相关数据 DD_2。OA 即是对 DD 的处理，由此得到预测结构安全等级的算法。

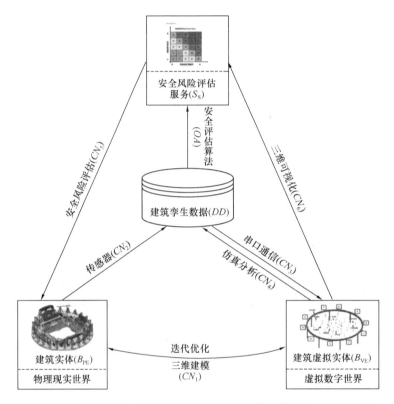

图 5.4.2　基于数字孪生的安全风险评估方法

5.4.3　支持向量机模型

支持向量机（Support Vector Machines，SVM）是一种小样本训练方法，可以用较少的数据样本产生较好的训练结果，可以很好地解决预应力钢结构数据样本难以收集的问题[251]。SVM 模型包括训练和识别阶段，首先根据实际问题选取输入和输出样本，利用现有数据对 SVM 进行训练，求解得到最大边距超平面，然后输入未知的样本，由 SVM 进行识别得到输出[252]。

SVM 模型建立采用台湾大学 Lin Chin-Jen 教授等开发的 LIBSVM 软件包[253]。LIBSVM 既包含源代码，又提供了可执行文件，其对于使用者十分友好，步骤简单容易操作。LIBSVM 被广泛用于处理分类回归问题以及分布估计[254]。使用 LIBSVM 的一般步骤如下：

（1）根据 LIBSVM 软件包的格式要求选取样本集；

（2）对样本集进行处理；

（3）选取合适的核函数；

（4）选取参数 C 与 g 的最优组合；

（5）用最优参数组合对整个训练集进行训练，得到 SVM 模型；

（6）运用获得的训练模型对测试样本进行预测。

5.4.4　基于数字孪生与 SVM 的安全评估方法

提出基于数字孪生和 SVM 的在役预应力钢结构安全风险评估方法，具体步骤包括：首先建立数字孪生多维模型（M_{SDT}），然后对采集到的数据（DD）对 SVM 进行训练，从而得到结构的安全风险评估模型。

具体的 SVM 方法步骤如下：

1. 数据选取和处理

样本数据来源于 B_{PE} 服役过程中的监测数据（DD_1）以及历史相关数据（DD_2）。为了避免过度拟合现象的出现，至少选择 DD_2 中百分之八十的数据作为输入量，用来进行 SVM 模型训练，其余数据用于检验模型的准确性，且样本数据需要随机打乱。训练样本集为 $\{x_i, y_i\}, i = 1, 2 \cdots n$。$x_i$ 的特征向量为影响 B_{PE} 结构安全的不同因素。

2. 选取核函数

在安全评估算法（OA）中，选取合适的核函数是较为重要的步骤。多项式核函数、径向基核函数等都是较为常见的核函数，其中径向基核函数无论在计算精度上还是其他性能上都优于其他核函数，因此本章选取径向基核函数作为首选核函数。

3. 选取 C 与 g 的最优参数组合

本章选用交叉验证法搜寻 C、g 最优组合。

4. 模型训练和检验

在整个安全评估服务过程（S_S）中，最核心的部分是模型的训练与检验。输入（2）中选取的训练样本，输出结构安全等级，以此对网络进行训练，剩余样本用于检验，从而建立 B_{PE} 安全风险评估 SVM 模型。检验样本通过训练模型得出的结构安全风险等级，与实际风险等级比较，准确度越高，模型的预测能力越强[255]。

5. 安全等级预测

选取 DD_1 中的数据作为测试样本，输入测试样本，输出结构安全等级，预测 B_{PE} 的安全风险等级，从而实现 B_{PE} 的安全风险评估服务（S_S）。其流程如图 5.4.4 所示。

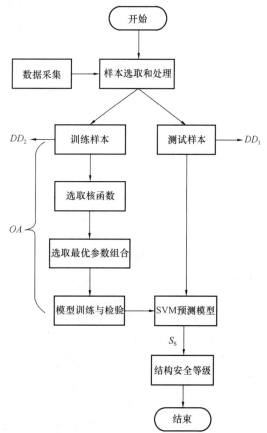

图 5.4.4　基于数字孪生和 SVM 的安全风险评估方法

5.5 预应力钢结构运维安全智能预测方法

5.5.1 运维管理理论

1. 建筑运维管理概述

建筑运维管理的概念最早出现在互联网行业中，具体指的是其硬件、数据和构架上的运营与维护[256]。在建筑行业中，各项目具有投入成本高、工程内容复杂、所涉领域广等特点，与互联网存在相似之处，都是一种多方参与、多人决策的项目管理工作。

在 2004 年，美国国家标准与技术协会（NIST）进行了一次调研，此次调研的对象是美国重要设施行业的能耗损失状况，调研结果显示，在运维管理工作中所消耗的成本占项目中成本的 2/3，一般来说，某一建筑在竣工后，在其之后的使用阶段所耗费的资金将占整个建筑生命周期费用的 1/2。据科学统计，如果一个建筑物的寿命超过 7 年，那么此后对该建筑物的维护成本将高于其原始造价。此后，这一成本所消耗的速度将以不稳定的速度持续上升。当一个建筑物的寿命超过 50 年，那么此后对该建筑物的维护成本至少高于原始造价的 9 倍。因此，良好的运维管理能够有效地降低工程成本，从而提高经济效益。

2. 传统建筑运维管理方式

1980 年，我国正处于计划经济阶段，当时的建筑大部分是平房、四合院，人们工作也基本在车间、厂房完成，属于传统的建筑业态，没有配置相应的物业管理人员。但是随着经济的发展与进步，近年来人口增长迅速，相应带来的建筑需求也越来越大，建筑中的配套设施逐渐完善，而配套设施的管理问题也逐渐受到重视，因此，物业管理的概念应运而生。起初，物业管理是由香港地区提出，之后被引入内地，到今天为止，物业管理依旧处在探索与进步的阶段。对于我国来说，物理管理有其固定的工作模式，物业服务费是由"成本＋酬金"或"固定报酬"计算而成，成本需要由业主本人独自负担，而酬金则是根据一定的比例分给物业公司，可以看出，物业管理公司的收入并不和工作成本有联系，从而导致了忽视运营成本的问题。传统的建筑管理方式较为单一，大量的数据、资料的计算和统计工作均要人工完成，需要耗费大量的人力、物力，运营成本较高。同时，尚不能对已经出现的问题进行及时分析与解决，缺少高效的工作方法[257]。此外，项目的安防、消防等部门的工作是各自分立的，每个部门都有自己的档案管理系统，各部门的运维管理人员尚不能对信息统一进行组织和关联。如设备设施清单、图片资料信息、维修保护记录等资料均独立于各自的系统中，查阅方式相互分离，这无疑加大了工程工作量，浪费了大量的时间与人力资源，造成成本高、收益低的问题。

从上述分析可以看出，传统建筑运维管理模式存在极大的问题，减少人工成本，提高智能化水平是当前建筑行业的首要任务。

传统的建筑运维管理模式已发展得较为成熟，当前，我国建筑多数仍采用此方法，但随着社会不断发展，这一方法的弊端也愈加明显。当今，人们的工作模式发生了变化，许多人已不愿拘束于传统、繁杂的工作形态中，冗杂的工作在一定程度上会影响员工的工作积极性，从而导致管理质量受到影响。在信息化的时代下，"互联网＋"的概念已逐渐渗透到各个行业中，追求信息与数据的实时交流、共享，充分利用信息与数据，最大程度地体现其价值才是当今行业的发展目标，而在建筑运维管理的工作中还未能看到。此外，各个部门在日常的工作中，不仅需要负责好自己的分内工作，还应该与其他部门保持良好的沟通与交流，相互协调，保证信息的完整性和准确性，从而帮助决策管理者在制定决策时可以对项目的潜在风险作出精准识别，这也是当前建筑运维管理中所缺乏的。

3. 基于数字孪生技术的建筑运维管理方式

在建筑全生命周期的各个阶段中，运维阶段不仅耗时长，而且成本高。并且，其时间和成本是随着项目的数量及复杂程度而变化的，但经验丰富的技术人员却越来越少，这就很容易导致工作人员不能通过其自身的能力去解决问题。因此，寻找一个高效的方法解决运维阶段的问题是很有研究意义和应用价值的。"数字孪生建筑"是将数字孪生使能技术应用于建筑科技的一种创新技术，简单来说就是在实体物理模型上使用传感器，对其进行全方位数据获取的仿真过程，在所构建的虚拟空间中完成映射，从而可以将实体建筑的全生命周期过程显现。基于数字孪生技术的建筑运维管理体系具有四大特点：精准映射、虚实交互、软件定义、智能干预。

（1）精准映射：通过数字孪生技术，传感器分布于建筑各个层面，可及时、准确掌握建筑物运行过程，并对其过程进行监测，及时发现异常，在信息维度上实现了虚拟建筑对实体建筑的精准映射。

（2）虚实交互：通过数字孪生技术，可在虚拟建筑中观察到实体建筑的痕迹，同时，还可以对信息及建筑物的活动进行搜索，共同为建筑发展引领新航程。

（3）软件定义：数字孪生建筑是以实体建筑为基础，通过一定技术得到一个相应的虚拟模型，并将实体建筑的相关行为以软件的方式呈现出来，再根据云端和边缘计算对建筑的电热能源调度等进行调节。

（4）智能干预：数字孪生建筑可以在虚拟场景中对实体建筑进行"规划"，以发现行为对建筑产生的不利因素及潜在威胁，及时做出警告，并针对其行为提出合理的改进措施。站在未来的视角对建筑的初始运行状况进行智能干预，从而合理地管理并服务于实体建筑中。

在数字孪生、BIM 技术和大数据的影响下，基于数字孪生技术的运维管理工作也会越来越受到社会的重视。未来的运维管理技术将会从以下三个方面提升：

（1）传统资料数字化。以往的图纸及设备相关资料都是以纸质版的方式呈现，在收集、查阅与保存上不够便利。纸质资料的数字化，在一定程度上实现了信息共享，便于各组织对相关信息进行及时更新与查阅，减少交流沟通成本，提高工作效率。

（2）数据收集模板化。建筑全生命周期中存在诸多阶段，各阶段的信息存在较大差异，在一定程度上不便于收集与管理。为解决这一问题，应当将各阶段的信息设立于一个标准模型中，这就需要对项目建立相应的数据库，将全生命周期各个阶段的数据及相关资料放入其中，便于下一阶段工作的顺利进行。

（3）系统平台统一化。在项目设计的过程中，传统方法是使用 CAD 出图后与施工单位进行交流，用 BIM 软件进行建模，呈现建筑效果图。但在实际工作中，这一方法存在一定的重叠，因此，将重叠部分进行整合后得到一套通用模型，并在这一模型上同步进行多个作业，可以在很大程度上改善工作模式，提高工作效率。

5.5.2　轮辐式索桁架有限元仿真与人工神经网络安全预测评估分析

索力监测是索桁架结构健康监测的重要组成部分。考虑到经济有效的问题，安全评估的准确性和质量在很大程度上取决于合理的索监控方案。人们已经提出了许多监测方法来设计这种结构。而有限元仿真与人工神经网络模型的出现提供了一种更好的选择，具有很强的预测能力。本章采用基于有限元模型与 ANN 分别对轮辐式索桁架拉索施工过程时的静力试验中下环索索力、预应力损失试验中的索力变化率和节点位移进行了估算。利用 ANSYS 和 MATLAB 工具对 243 例有限元模型数据进行了分析。

为了解轮辐式索桁架结构的静力力学性能，进行静力性能试验研究，本次静力试验具体包括以下六种工况：自重荷载、1/4 跨活荷载、半跨活荷载、3/4 跨活荷载、1.2 倍满跨活荷载、1.4 倍满跨活荷载。在进行试验时，将基于 BIM 与三维激光扫描的多维试验修正方法应该到本次静力试验中，通过试验值、模拟值与修正值的对比分析，验证本方法的有效性并研究轮辐式索桁架的静力性能。

1. 轮辐式索桁架有限元分析模型建立

根据实际工程模型确定模型试验的范围，本模型试验采用与工程完全缩尺的尺寸进行试验。外环钢结构构件截面确定的原则是，使其整体刚度与原工程外环结构的刚度达到相似，所有杆件的应力比均相同。模型试件按假设直径为 60m 结构以 1：10 进行缩尺，试验模型为轮辐式索桁架结构，直径为 6m，由 10 榀径向索，两道环索组成。模型三维图如图 5.5.2-1、图 5.5.2-2 所示。

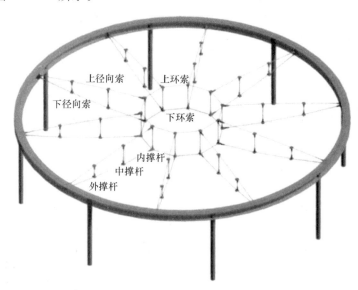

图 5.5.2-1　轮辐式索桁架模型三维图

根据模型受力及实际情况，拉索主要承受拉力，为了模拟损伤试验中长度误差等工况，分别在径向索索头、环索、撑杆中部设置调节套筒，调节量为 ±60mm，以便索预应力的施加及索长的调节，拉索构造如图 5.5.2-3 所示；撑杆主要承受压力，撑杆采用圆钢管，钢管选用 Q235B 钢材，撑杆构造如图 5.5.2-4 所示节点连接撑杆和拉索，节点板材料为强度等级 Q235 的钢板，边缘切割成弧形，保证各杆件之间在平面内铰接，其中关键节点为撑杆上、下节点，节点板三维图如图 5.5.2-5～图 5.5.2-7 所示。

图 5.5.2-2　轮辐式索桁架细部模型三维图

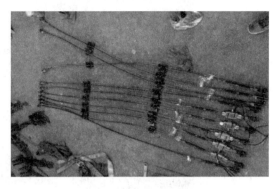

图 5.5.2-3　拉索构造图

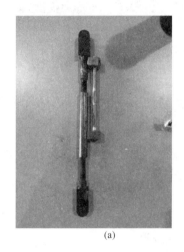

(a)

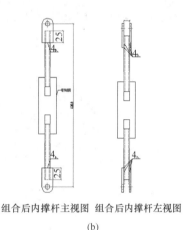

组合后内撑杆主视图　组合后内撑杆左视图

(b)

图 5.5.2-4　撑杆构造图

（a）实物图；（b）立面图

图 5.5.2-5　内撑杆上节点

图 5.5.2-6　内撑杆下节点

图 5.5.2-7　中、外撑杆节点

　　考虑到加工误差、安装误差、制造和运输问题而导致几何缺陷带来的误差等一些不可控因素，会导致试验数据与理论有限元分析数据有一定偏差，因此本试验引入修正模型，在轮辐式索桁架张拉完成后如图 5.5.2-8，采用三维激光扫描仪扫描获取实体试验模型，并根据三维扫描得到点云模型，点云模型如图 5.5.2-9 所示。通过点云模型获取对应理论模型的关键节点坐标，依据点云模型的节点坐标建立修正后有限元模型，修正模型考虑了张拉过程中的施工误差，排除施工误差对构件长度误差敏感性的影响，修正模型分析得到的数据更能反映实际试验模型的静力性能。

图 5.5.2-8　试验张拉成型后模型

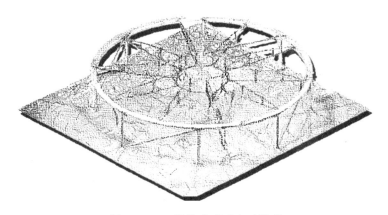

图 5.5.2-9　张拉成型后点云模型

拉索的索力测点位置为上、下径向索的 1、3、5、7、9 榀，共 10 个测点，另外上下环索各布置一个测点，索力测点总共为 12 个，测点位置如图 5.5.2-10 所示。

撑杆内力的监测点位置为索桁架第 2、7、8 榀的内撑杆、中撑杆、外撑杆，共 9 个测点，监测点如图 5.5.2-11 所示。

节点竖向位移监测点为所有撑杆的节点，使用全站仪对 1-10 榀撑杆的节点竖向位移进行测量。

为确保有限元数据库的可靠性，本小节先进行了 ANSYS 和 ABAQUS 两种有限元分析软件进行静力模拟并与静力试验进行数据对比分析。静力分析采用假定的计算模型，跨度为 6m，矢高为 200mm，内环直径为 1500mm。利用 ANSYS 软件中 APDL 语言建立模型，撑杆杆件采用 link8 单元，弹性模量为 $2.06 \times 10^{11} \text{N/m}^2$，屈服强度为 235N/mm^2；拉索采用 link10 单元，弹性模量为 $1.3 \times 10^{11} \text{N/m}^2$，屈服强度为 800N/mm^2 以施加初始应变的方法施加预应力；环梁采用 beam188 单元。ABAQUS 中材料属性设置与上述相同，单元类型选择梁单元 B31，共设置单元总数为 990。在进行三维激光扫描之后进行静力加载试验，并使用全站仪记录各个撑杆下节点坐标的变化，拉压传感器记录索力的变化。根据《建筑结构荷载设计规范》GB 50009—2012，活荷载为 $500\text{N}/\text{m}^2$，将面荷载转换成等效节点荷载，对荷载进行汇集组合，考虑 6 种荷载工况，如表 5.5.2-1 所示，具体加载情况如图 5.5.2-12 所示。

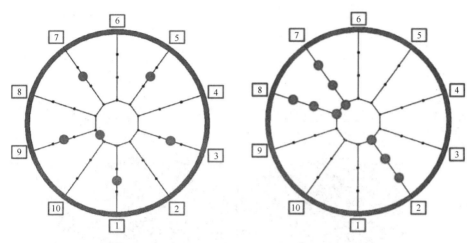

图 5.5.2-10　索力监测点图　　　　　图 5.5.2-11　撑杆轴力监测点

荷载组合情况　　　　　　　　　　　　　　　　表 5.5.2-1

工况一	1.0 满跨恒荷载	工况四	1.0 恒荷载+3/4 跨 1.0 活荷载
工况二	1.0 恒荷载+1/4 跨 1.0 活荷载	工况五	1.0 恒荷载+满跨 1.0 活荷载
工况三	1.0 恒荷载+1/2 跨 1.0 活荷载	工况六	1.2 恒荷载+满跨 1.4 活荷载

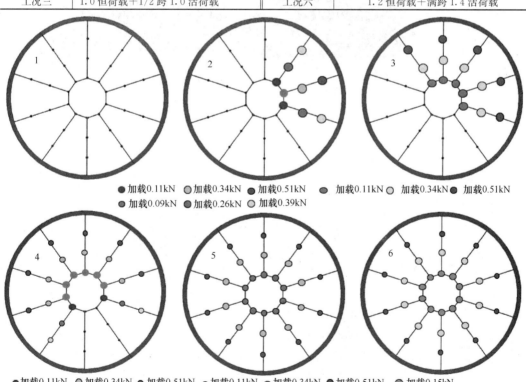

图 5.5.2-12　静力试验荷载工况 1-6

2. 有限元静力分析

ANSYS 计算位移结果如图 5.5.2-13 所示，ABAQUS 计算位移结果如图 5.5.2-14 所示，两者与试验实测数据从定性和定量上都较吻合，通过三维扫描获得自重状态下的修正模型，实测数据和修正数据对比，无论索力值还是位移值都吻合较好。这表明，采用合适的参数对轮辐式钢框架的有限元模型在今后的分析中用于预测构件内力与节点位移，具有很好的预测性。工况 5 的 ANSYS 模型内力图与位移图如图 5.5.2-15 所示，具体数值结果如表 5.5.2-2 所示。

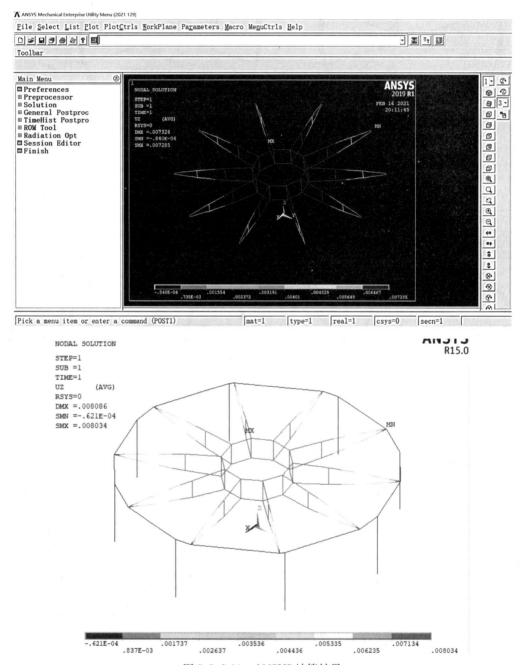

图 5.5.2-13 ANSYS 计算结果

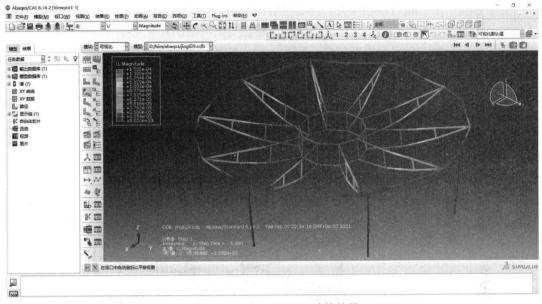

图 5.5.2-14 ABAQUS 计算结果

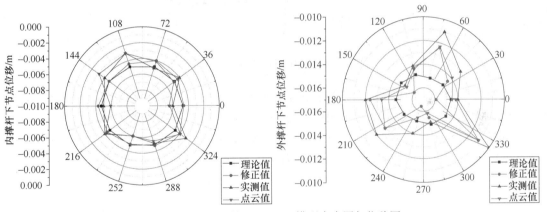

图 5.5.2-15 工况 5 ANSYS 模型内力图与位移图

工况 5 索力 ANSYS 值与试验值对比 表 5.5.2-2

构件单元号	ANSYS 值（N）	试验值（N）	构件单元号	ANSYS 值（N）	试验值（N）
上径向索 1	3760	3680	下径向索 5	6730	6690
上径向索 5	4010	3090	上环索	7030	6710
下径向索 1	6880	7000	下环索	11770	11170

3. 轮辐式索桁架静力试验的神经网络模型

1）BP 神经网络建立

本次主要为解决两类预应力钢结构运维阶段中可能会出现的问题，分别引入主要控制参数，第一类问题为预应力损失而引起的一些杆件内力增长，因此此时输入向量为不同构件剩余预应力百分比（%）；输出向量为不同构件索力变化率（%）以及节点位移（mm）。第二类问题为整体结构在雨雪作用下被不均匀受力而引起的构件内力变化，所以此时输入向量为不同节点加载的力（kN）；输出向量为不同构件索力值（kN）以及挠度值（mm）。

　　为了建立一个有效的神经网络，需要足够的数据来训练、验证和测试所开发的神经网络。为此，利用 ANSYS 对 196 个试件进行了轮辐式索框架的有限元静力分析。本分析采用验证试验中使用的有限元模型和模拟流程，输入参数（设计变量）如图 5.5.2-16 所示。ANN 的结构由三个主要部分组成，输入层（30 个输入神经元）、隐藏层（10 个隐藏神经元）和输出层（1 个输出神经元）。由试验和有限元模拟发现，如图 5.5.2-17 所示，下环索的受力一般比其他结构构件更大，因此将下环索作为主要研究对象，神经网络输出层参数为下环索索力。在这项研究中，训练采用的算法是 Levenberg Marquardt 网络（LM）。

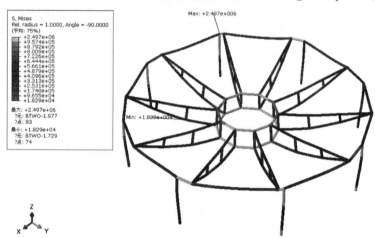

图 5.5.2-16　轮辐式索桁架受力情况

　　用第 2 节中给出的 ANSYS 模型获得的数据用于估计 ANN 模型的极限承载力。输入层中的 30 个参数为轮辐式索框架中每个撑杆节点，如图 5.5.2-18 所示，取值均为 Fn（0～1kN）。针对本章的目标问题，使用 MATLAB 软件开发了人工神经网络。分析中使用了 196 个数据，总数据划分如下：训练占 70%，验证占 15%，测试占 15%。

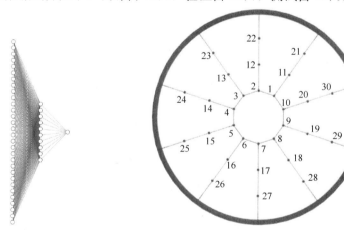

图 5.5.2-17　人工神经网络架构　　　　图 5.5.2-18　输入层节点编号

2）BP 神经网络评估

　　如图 5.5.2-19 所示，在训练阶段回归值 R 为 0.99414，测试阶段为 0.99503。说明此 ANN 模型具有较好的泛化能力，对于获得下环索索力是非常可行的。目标值（ANSYS 计算）和输出（ANN 预测值）悬索索力如图 5.5.2-20 所示，从中可以看出整体预测效果较好。此外，目标索力和输出索力之间的误差如图 5.5.2-21 所示，误差绝对值范围在 0～3kN 之间。经计算，ANN 在学习和测试方面都是成功的，整体正确率达到 93.9%。因此，ANN 的结果可用于估算不同荷载情况下下环向索的索力值。

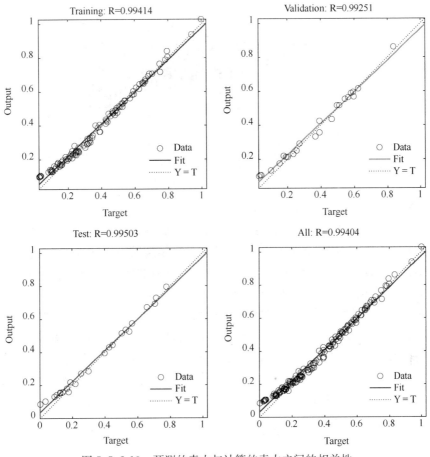

图 5.5.2-19　预测的索力与计算的索力之间的相关性

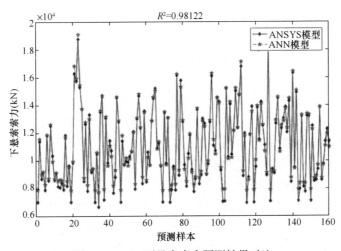

图 5.5.2-20　下悬索索力预测结果对比

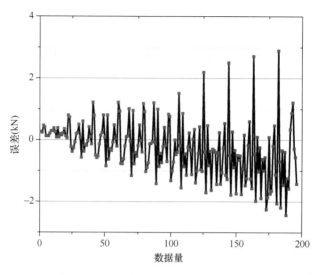

图 5.5.2-21　极限承载力预测误差分布

基于 ANN 的轮辐式索桁架拉索施工过程中针对不同工况下的各构件力学性能及位移情况的预测方法。建立有限元模型，开展了轮辐式钢框架的有限元分析，并进行了试验验证。两组试验仿真模拟后通过模拟分析提取神经网络的训练样本和测试样本，将神经网络的预测结果与有限元仿真和试验结果进行比较，选择性能较好（误差最小）的网络。在此基础上建立了 ANN 模型，以相关参数作为神经网络的输入，基于回归值（R2）评估了ANN 模型的性能，ANN 的预测结果与有限元仿真结果高度吻合，表明神经网络建立了输入变量与输出变量之间的可靠关系，同时具有较高的准确性和推广性。从而说明基于有限元仿真技术与人工智能技术的智能预测评估技术手段可为后文中数字孪生技术在结构服役期间的运维安全提供技术支撑。

5.5.3　基于数字孪生技术的预应力钢结构运维安全智能预测方法

1. 数字孪生驱动的结构健康预测框架

受当前信息化时代的影响，多数传统行业正在努力转型，数字孪生将在各行业的转型中发挥关键作用。Yang 等[258] 提出了一个数字孪生框架来跟踪航天器结构的寿命，并通过该框架量化航天器的结构寿命，可以以较低的成本最大化重复飞行的任务成功率。Leser 等[259] 侧重于在疲劳关键结构的健康管理中使用 DT，并且 DT 概念具有彻底改变系统及其组件的设计、管理、维护和操作方式的潜力，涉及从工程到医疗保健的众多领域。Mondoro 和 Grisso[260] 演示了应变仪数据与整体有限元模型和疲劳损伤评估模型的结合使用，为海军舰船结构的维护和生命周期决策提供了相关信息。但这一技术在结构运维方面尤其是预应力钢结构安全运维方向的研究应用较少。预应力钢结构运维过程中，其构件会发生变化，这使得确定荷载组合对整体结构各个组件的影响更加困难。基于数字孪生技术，通过少量传感器的数据记录和存储与分析，系统就可以实时提供运维过程整体结构的实时应力、应变以及安全状况，可以对运维阶段中的钢结构进行实时安全状态评估，智能预测钢结构中构件的疲劳情况和剩余寿命，从而实现预应力钢结构的状态维修。因此将数字孪生技术应用于结构状态监测，预测性维护和全生命周期管理是一个合理的经济高效的解决方法。

针对数字孪生模型的主要特性——使用户能够获得有关物理孪生的当前状态和未来行为的尽可能多的信息，本章建立了结构运维阶段数字孪生的功能层次。如图 5.5.3-1 所示，数字孪生目前有五个层次，从现实物理世界开始，到 1 级然后增加到 4 级，每个级别都包含了所有先前级别的功能。实际上，数字孪生的三个关键要求，即监督、学习和决策，分别由 2 到 4 级实现。

基于数字孪生的运营维护建立结构健康监测的数据库，支持多部门、多专业协同进行运营维护。Level1 是状态实时监测。数字孪生平台实时采集结构构件的工作温度、工作环境和应力分布等状态数据，并进行可视化呈现，保障设备状态监测可靠性。Level2 是故障诊断，根据实际值超出所设定的预警值进行诊断分析。level3 是预测，对历史积累的海量数据进行高效处理，生成基于智能算法的运维模型，诊断产品在不同使用条件下出现故障的概率和时间。Level4 是维修辅助决策，基于故障预测结果，辅助制定维修方案，远程指导工程师现场执行，有效避免信息传递缺失的问题。

数字孪生的关键区别特征（图 5.5.3-1 中 2 级和 3 级之间的分界线）在于其可用作预测工具。与物理空间维度配对后，监测系统层和数据分析层开始运作，同时保持从物理模型到数字模型的一对一的紧密映射，旨在问题发生之前及时发现并解决问题。

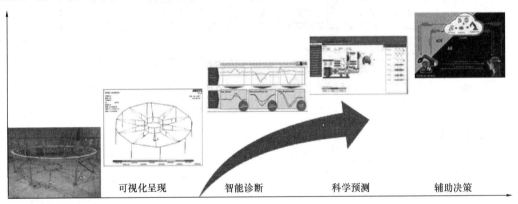

	可视化呈现	智能诊断	科学预测	辅助决策

物理世界　**Level 1 描述**　**Level 2 诊断**　**Level 3 预测**　**Level 4 决策**

通过感知设备采集到的数据，对物理实体各要素进行监测和动态描述。　分析历史数据，检查功能、性能变化的原因。　揭示各类模式的关系，预测未来。　在分析过去和预测未来的基础上，对行为进行指导。

图 5.5.3-1　结构运维阶段数字孪生的功能层次

在预应力钢结构运维过程中，如果构件发生脆性疲劳破坏，可能会造成较大的人员伤亡与财产损失，维修工程也可能长达数月之久。为了有针对性地对预应力钢结构运维过程进行安全预测及风险控制研究，本章的基本假定是：预应力钢结构运维安全风险因素仅考虑运维全过程的空间内部各构件间的相互作用，重点从结构安全角度考虑安全风险因素，将外部辅助要素对系统的影响简化为常量。参照行业内技术标准、规范，通过数据分析提炼出运维阶段安全风险具有的共性和基础性的特征，全面地对存在安全风险因素的单元进行定义和分类记录，例如构件的位置、类型等。从监测数据、有限元仿真分析深入研究构件应力、节点位移等方面，找出引发安全风险的主要影响因素，然后进行关键风险因素分析，确定风险因素特性及其严重度等级，提炼出预应力钢结构运维阶段的安全风险因素评价指标体系。

针对结构面临的上述安全问题，传统的常规检查与预防性维护相结合的维护策略需要升级。因此，本章建立了一个基于数字孪生技术驱动的结构健康预测系统。其模型主要包括三部分：现实物理空间维度建模、数字虚拟空间维度建模以及同步数据驱动维度建模，概念与定义如图 5.5.3-2 所示，在物理空间维度中，结构运维全检测周期作为时间主线，将位移、应力、应变以及其他参数作为重要的提取特征，实现物理空间维度与数字虚拟空间维度的实时交互；在数字虚拟空间维度上，融合了结构运维过程中 BIM 模型、力学模型、运维仿真模型的初始数字模型，为现实物理空间维度提供了高保真映射。在数据驱动维度上，孪生数据是所有维度上数据的集合，实时提供可视化展示、安全风险预测及控制。通过 Socket、RPC 等数据接口，应用传感器、嵌入式系统、数据采集卡等方式，实现物理空间与虚拟空间之间双向的数据传输同步过程，并可基于神经网络算法进行迭代仿真、动态响应与预测；同时对原始数据和实时采集到的数据进行处理和优化，完成运维阶段监测预警系统的建立，为后面的安全风险耦合机理研究提供技术保障。

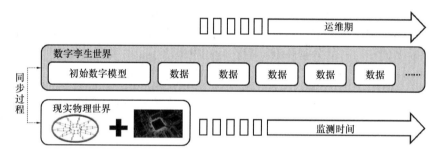

图 5.5.3-2　数字孪生的实现过程

2. 编码系统

在钢结构运维风险预测框架中，需要建立与物理模型实体和构件实体对应的 DTM。同时 DTM 需针对结构运维过程中安全风险预测的相关信息进行分别刻画并各自对应，进而对运维过程安全风险致因进行分析。本章创建了一个系统的数据库，其中的目标模型是按照创造性的基于对象的程序这个概念逐个元素地定义的。目标信息模型将通过使用每个元素的 ID 及其坐标和约束信息组装整个结构来生成。通过将相应的信息需求添加到库存系统中指定的对象 ID 中，形成了基于 BIM 的 3D 数字模型。包括与每个构件的名称、编号、物理属性、坐标等相关的所有信息。借助参数化建模技术的优势，输入信息将在结构健康全生命周期中被保存、更新和存储。

理论索桁架 BIM 模型以及理论有限元分析模型中各个构件的 ID 号以及空间三维坐标 x、y、z 与索桁架结构试验模型一一对应。在形式上将索桁架的构件号与三维坐标这四个维度用几何形式表示为：

$$ID = \{id_1, id_2, id_3 \cdots\cdots id_n\} \tag{5-6}$$

$$X = \{x_1, x_2, x_3 \cdots\cdots x_n\} \tag{5-7}$$

$$Y = \{y_1, y_2, y_3 \cdots\cdots y_n\} \tag{5-8}$$

$$Z = \{z_1, z_2, z_3 \cdots\cdots z_n\} \tag{5-9}$$

式中，id_1，id_2，id_3······id_n 表示索桁架各构件的 ID 号。x_1，x_2，x_3······x_n 表示各节点的 X 方向坐标，y_1，y_2，y_3······y_n 表示各节点的 Y 向坐标，z_1，z_2，z_3······z_n 表示各节点的 Z 向坐标，在下文的分析中各参数含义相同。

在现场进行模型试验时，由于加工误差、安装误差等因素，导致理论 BIM 模型、理论有限元分析模型与索桁架结构试验模型有一定的差异，引入 BIM、三维激光扫描技术，进行模型修正。三维激光扫描技术又称为"实景复制"技术，因此经三维扫描得出的实测模型具有时间维度，同样将三维激光扫描的实测模型用矩阵形式表示得：

$$S = \begin{vmatrix} ID_s \\ X_s \\ Y_s \\ Z_s \\ T_s \end{vmatrix} = \begin{vmatrix} id_{s1}, id_{s2}, id_{s3}, \cdots\cdots id_{sn} \\ X_{s1}, X_{s2}, X_{s3}, \cdots\cdots X_{sn} \\ y_{s1}, y_{s2}, y_{s3}, \cdots\cdots y_{sn} \\ z_{s1}, z_{s2}, z_{s3}, \cdots\cdots z_{sn} \\ t_{s1}, t_{s2}, t_{s3}, \cdots\cdots t_{sn} \end{vmatrix} \tag{5-10}$$

式中，T 表示扫描的时间，可用来反映结构正常使用过程的状态。其他符号含义同上。

此时 B、F、R、S 称为轮辐式索桁架试验模型的多元、多维度矩阵表达。经过三维激光扫描后将结构实体试验模型 R 转化成三维激光扫描的实测模型 S，随后以三维激光扫描的实测模型为修正因子，将理论 BIM 模型 B 添加时间维度，如下式所示：

$$B' = B \cdot S = \begin{vmatrix} ID_{B'} \\ X_{B'} \\ Y_{B'} \\ Z_{B'} \\ T_{B'} \end{vmatrix} = \begin{vmatrix} id_{b'1}, id_{b'2}, id_{b'3}, \cdots\cdots id_{b'i} \\ x_{b'1}, x_{b'2}, x_{b'3}, \cdots\cdots x_{b'n} \\ y_{b'1}, y_{b'2}, y_{b'3}, \cdots\cdots y_{b'n} \\ z_{b'1}, z_{b'2}, z_{b'3}, \cdots\cdots z_{b'n} \\ t_{b'1}, t_{b'2}, t_{b'3}, \cdots\cdots t_{b'n} \end{vmatrix} \tag{5-11}$$

其中 B 为修正 BIM 模型，B' 为添加时间维度的五维 BIM 模型。在五维模型基础上，以修正后的 BIM 模型为基础，又添加了运维安全智能预测的两个重要因素，即共包含轮辐式索桁架的构件 ID 号、X 坐标、Y 坐标、Z 坐标，监测时间 T，预警程度（Alert）以及剩余使用寿命 R（Remaining Useful Life）七个维度。得到修正有限元七维分析模型即：

$$F' = \begin{vmatrix} ID_{F'} \\ X_{F'} \\ Y_{F'} \\ Z_{F'} \\ T_{F'} \\ A_{F'} \\ R_{F'} \end{vmatrix} = \begin{vmatrix} id_{f'1}, id_{f'2}, id_{f'3}, \cdots\cdots id_{f'n} \\ x_{f'1}, x_{f'2}, x_{f'3}, \cdots\cdots x_{f'n} \\ y_{f'1}, y_{f'2}, y_{f'3}, \cdots\cdots y_{f'n} \\ z_{f'1}, z_{f'2}, z_{f'3}, \cdots\cdots z_{f'n} \\ t_{f'1}, t_{f'2}, t_{f'3}, \cdots\cdots t_{f'n} \\ a_{f'1}, a_{f'2}, a_{f'3}, \cdots\cdots a_{f'n} \\ r_{f'1}, r_{f'2}, r_{f'3}, \cdots\cdots r_{f'n} \end{vmatrix} \tag{5-12}$$

3. 数字孪生模型建立

在上文的引导方法雏形中建立与预应力钢结构实际结构相符的数字孪生模型是建立预测和健康管理系统的核心。集合上述多源信息，对物理空间、虚拟空间进行虚实映射建模，建立拉索运维阶段安全风险数字孪生模型（包括现实物理空间维度、数字虚拟空间维度、数据验证服务）。具体的数字孪生六维模型如图 5.5.3-3 所示：

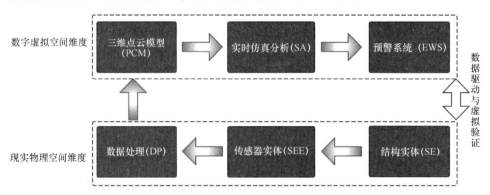

图 5.5.3-3　数字孪生驱动的结构健康预测系统框架

其中各部分关系可用公式总结为 DTM＝（SE，SEE，DP，PCM，SA，EWS）

式中：DTM 为数字孪生驱动的结构运维安全模型；SE 为建筑物物理实体；SEE 为传感器物理实体；DPE 为数据预处理模块；PCM 为三维点云模型；SA 为实时仿真分析；EWS 为预警系统。

在以轮辐式索桁架为例建立的数字孪生驱动的结构运维安全模型中，SE 模块即为上述编码系统中的试验模型-R，PCM 模块包含理论 BIM 模型-B 和三维激光扫描的实测模型-S，SA 模块即为理论有限元分析模型-F。SA 模块通过神经网络智能算法将预测的数据传到 EWS 模块中，并以上述构件 ID、三维坐标以及时间、预警级别、剩余使用寿命七个维度记录在编码系统中。

由此可以看出数字孪生驱动的设备故障预测与运维管理模式为传统模式带来以下新变化：（1）故障检测模式的变化，以动态实体和虚拟数字设备实时交互和多维度的状态比较来替代传统静态滞后的指标比较；（2）故障分析方式的变化，单纯依靠基于经验判断的建筑实体设备运行特征的分析方式，转变为结合了实体、虚拟数字设备运行的数字特征相互结合的分析方式；（3）维护决策模式的变化，从被动呼叫式的维护决策转变为主动维护的决策模式；（4）设备故障预测与健康管理功能执行模式的变化，从被动分配变为主动精确服务。

1）现实物理空间维度建模

现实物理空间维度包含结构实体（SE）、传感器实体（SEE）与数据预处理模块（DP）。首先，从现实物理空间维度的结构实体通过传感器记录数据，其中包含环境条件，包括温度、湿度、荷载历史和监测数据等运维阶段参数的基本属性，并根据需要反馈控制和调度命令进行数据预处理（启用监测和运维）。记录的数据（实时数据与历史数据）用于结构运维过程中力学模型、仿真模型、监测数据和安全管理信息的融合研究。

本模型试验采用与工程完全缩尺的尺寸进行试验，试验模型为轮辐式索桁架结构，直径为 6m，由 10 榀径向索，两道环索。模型三维图如图 5.5.3-4 所示。

根据上文结构模型进行计算分析和结构图纸设计的前提下，结合市场供应情况，模型选用的材料和规格如表 5.5.3-1 所示。根据计算分析，选择了结构模型试验的各种杆件，其中索级别为 1570 级。

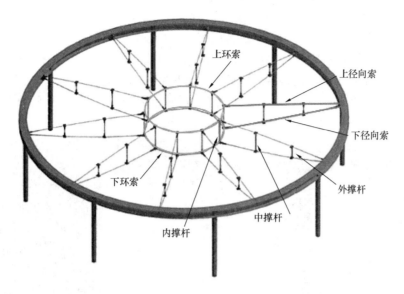

图 5.5.3-4　模型三维图

模型材料规格选用　　　　　　　　　　　　　　　　表 5.5.3-1

杆件	位置	模型规格	模型面积（mm²）
径向索	上	6 * 7φ8	24.6
	下	6 * 19φ10	33.3
环索	上圈	6 * 7φ8	24.6
	下圈	6 * 19φ12	49.1
撑杆	外圈	φ12 * 2	62.8
	中圈	φ12 * 2	62.8
	内圈	φ12 * 2	62.8
环梁（外）	外圈	150 * 150 * 10 * 10 工字型钢	4300

由《钢丝绳通用技术条件》GB/T 20118—2017 可知，上径向索与上环索最小破断拉力为 33.4kN，下径向索与下环索最小破断拉力分别为 51.8kN 和 74.6kN。许用应力与最小破断应力换算关系如下式所示。这里，换算系数分别取 0.88 和 0.85，安全系数统一为 4。

$$F_{许用} = F_{破断} * 换算系数 / 安全系数$$

计算后得出 F 许用（上径向索、上环索）为 7348N。F 许用（下径向索）为 11000N。F 许用（下环索）为 15850N。

2）数字虚拟空间维度建模

数字虚拟空间维度包含三维点云模型（PCM）、实时仿真分析模块（SA）、监测预警系统（EWS）。在数字建模过程中，最为关键的技术即是从现实物理空间到数字虚拟空间的准确对应。为此，本试验在运维阶段就已经在索结构的关键元件上安装了高精度传感器和测量设备。例如，在上下悬索以及上下环索安装了用于测量边界主索力的磁通量传感器。激光测量的反射目标已经分布在环形光束的耳板销孔上，以确保可以用激光全站仪自动测量这些销孔的坐标。这些高精度的传感器和测量设备可以以低成本构建预应力钢结构的 DT 模型。在实际试验中，会存在一定的误差，可能会影响实验所得数据，显示其与有限元分析所得数据存在一定的差异，因此，在这里需要引入修正模型来改善这一问题。在张拉后，使用三维激光扫描仪提取模型，之后得到点云模型，点云模型的误差报告如图 5.5.3-5 所示。

图 5.5.3-5　点云模型误差报告

通过点云模型获取对应理论模型的关键节点坐标，依据点云模型的节点坐标建立修正后的有限元模型，修正模型考虑了运维阶段中的局部误差，分析得到的数据可以更好地反映实际试验模型的静力性能。

考虑到 ANSYS 参数化设计语言（ANSYS Parametric Design Language）的强大编程能力，本章使用 APDL 构造预应力钢结构的 DT 模型。图 5.5.3-6 显示了预应力钢结构的整体有限元模型，其中撑杆杆件采用 link8 单元，拉索采用 link10 单元，以施加初始应变

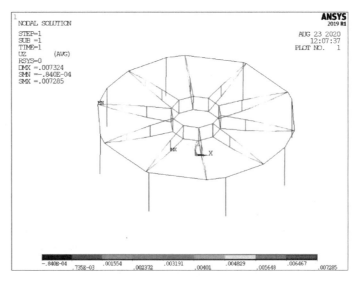

图 5.5.3-6　轮辐式索桁架整体有限元模型

的方法施加预应力；环梁采用 beam188 单元，反射板的实际重量以荷载的形式施加到交叉节点上。

通过 MATLAB 的 OPC 模块与 PLC 之间的数字通信，可以获得实时的反馈数据。通过这种方式，每轮数据的时间不到 1 秒。每次获取的新数据将存储在指定文件夹的 .txt 文件中，取代旧数据文件。因此，ANSYS 可以通过调用 .txt 文件进行实时仿真分析。

4. 基于数字孪生的轮辐式索桁架运维安全智能预测

1）运维阶段危险等级评价

本试验各指标预警评价时参照结构相关规范，根据《预应力钢结构技术规程》CECS 212：2006，双层索系最大挠度与跨度之比自初始预应力状态后不宜大于 1/250，本索桁架的最大挠度为 24mm。工程实践中，建议预应力态下的反拱值不宜大于跨度的 1/400，本索桁架建议最大挠度为 15mm。索结构节点的承载力和刚度应按现行国家标准《钢结构设计规范》GB 50017 的规定进行验算。索结构节点应满足其承载力设计值不小于拉索内力设计值 1.25～1.5 倍的要求。目前的研究中有基于神经网络进行位置是否损伤的检测，但是这样一种检测则是一种典型的 0-1 分类问题，并不能有效地识别损伤值并进行预警。因此，本章提出了一种合理的预警假设，具体如表 5.5.3-2 所示。

挠度、索力预警值		表 5.5.3-2
	挠度/mm	$F_索/F_{许用}$
正常	<15	<1.3
蓝色预警	15	1.3
橙色预警	19	1.4
红色预警	24	1.5

依据前人的界定，这里认为完整的结构健康监测应该包含以下五个阶段，即发现损伤、确定损伤位置、确定损伤类型、评价损伤程度和结构可靠度或剩余寿命估计，这种界定更能反映损伤识别的全寿命过程。应用 BP 神经网络对索网结构进行预警评估时必须把所有的数据按照一定的等级标准进行分类，分级标准参考表 5.5.3-2，为对评估结果更好地进行语言描述，本章将预警等级分为正常、蓝色预警、橙色预警和红色预警四个层次。而通过监测系统得到的预警层次将实时更新并记录编码系统中 AF'。

2）仿真试验验证

为了验证数字虚拟空间维度中三维点云模型到实时仿真分析的可行性，首先选取两组具有代表性的试验进行仿真分析：（1）1.0 恒荷载＋满跨 1.0 活荷载；（2）1.2 恒荷载＋满跨 1.4 活荷载，结果如图 5.5.3-7～图 5.5.3-9 所示。通过分析可以得出，ANSYS 仿真分析结果与物理试验结果较吻合：图 5.5.3-8（b）和图 5.5.3-9（b）分析中位移较大的构件全部在物理试验挠度结果图中深灰色与浅灰色预警区域出现；两种工况下所有拉索构件索力值均未达到许用应力，没有构成警戒情况。

因此，通过三维扫描获得自重状态下的修正模型数据导入有限元分析中，无论是从索力值还是从位移值都吻合较好，表明了从 PCM 到 SA 模块的可行性以及采用合适的参数对轮辐式钢框架的有限元模型在今后的分析中用于预测构件内力与节点位移，可以既保证了实测位移数据的准确性又具有良好的预测性。

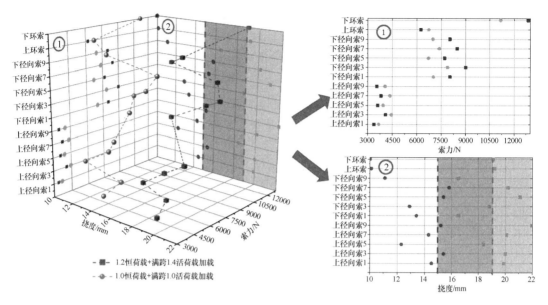

图 5.5.3-7 两组工况下物理试验结果

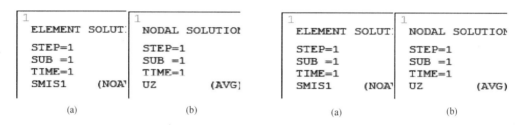

图 5.5.3-8 1.0 恒荷载＋满跨 1.0 活荷载实时　　图 5.5.3-9 1.2 恒荷载＋满跨 1.4 活荷载实时
　　　　　仿真分析图　　　　　　　　　　　　　　　　　仿真分析图
（a）模型内力图（N）；（b）模型位移图（m）　　（a）模型内力图（N）；（b）模型位移图（m）

3）数据集扩充

本结构中拉索构件施加了设计好的预应力值，在现实工程中将会存在操作误差、环境因素误差等，在一定程度上将会影响拉索的松弛度。结构体系中预应力是一个自平衡力系，如果出现预应力损失，会使力系达到新的平衡，从而引起一些构件的内力变化，可能对整体结构产生不良影响。为了进一步扩充用于监测预警系统进行机器学习的数据集，本试验利用建立的 BP 神经网络预测模型探索 47 组不同预应力损失情况下（12 个输入神经元：上径向索 1-5，下径向索 6-10 以及上、下环索的松弛剩余预应力百分比；10 个隐藏神经元，5 个输出神经元：上、下径向索，上、下环索的索力变化率以及内撑杆下节点最大位移）。工况的选择依据是按照有限元模拟中对单根上、下径向索；全部上、下径向索；上、下环索施加的预应力的 20%、40%、60%、80%、100% 进行松弛。部分工况如表 5.5.3-3 所示。

由图 5.5.3-10 和图 5.5.3-11 可以看出，基于轮辐式索桁架松弛试验的试验值与基于神经网络的预测值之间的整体误差波动在 8% 左右。其中测试集的 7 个数据如表 5.5.3-4 所示。结果表明，神经网络在学习和测试方面是成功的。因此该神经网络具有较高的仿真和学习能力。根据建立的 BP 模型分析得到在不同工况下内撑杆下节点最大位移的预测值以及相对误差值，如图 5.5.3-12 所示。从图 5.5.3-13 中可以看到，绝大部分预测值与试验实测值相差不大。误差绝对值基本在 0～1mm 之间，只有 3 组预测情况误差超出了 1mm。确定系数 R2 达到了 0.98 左右，表明整体位移结果预测效果良好。

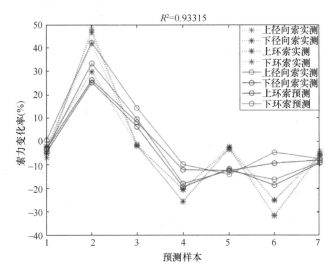

图 5.5.3-10　测试集极限承载力预测结果对比

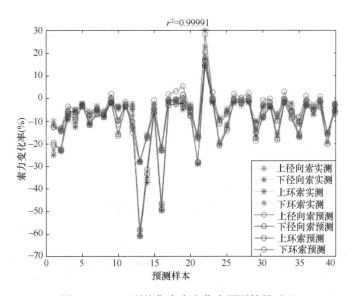

图 5.5.3-11　训练集索力变化率预测结果对比

在试验中，每个试验从调节套筒改变预应力到记录数据再到数据分析，平均需要用时 0.5h，总共需要 24 小时才能分析所有工况。而通过 BP 神经网络模型可以以 92.1% 的准确度预测结果，并且所需时间仅几秒钟。因此，ANN 是一种功能非常强大的预测工具，是解决一个复杂的问题（例如在案例中计算拉索松弛后各构件索力变化率及构件内力）的良好替代方法。

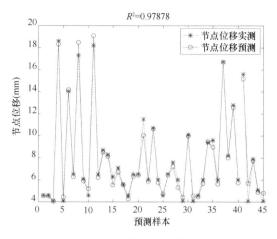

图 5.5.3-12　内撑杆下节点最大位移预测结果对比

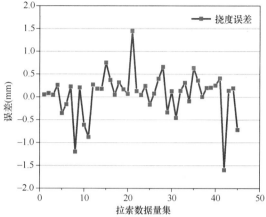

图 5.5.3-13　内撑杆下节点最大位移误差分布

索构件松弛剩余预应力百分比　　　　　　　　　　　　　表 5.5.3-3

工况	上径向索1	上径向索2	上径向索3	上径向索4	上径向索5	下径向索6	下径向索7	下径向索8	下径向索9	下径向索10	上环索11	下环索12
1	0.6	0.6	0.6	0.6	0.6	1	1	1	1	1	1	1
2	0.4	0.4	0.4	0.4	0.4	1	1	1	1	1	1	1
3	0.2	0.2	0.2	0.2	0.2	1	1	1	1	1	1	1
4	0	0	0	0	0	1	1	1	1	1	1	1
5	1	1	1	1	1	0.8	0.8	0.8	0.8	0.8	1	1
6	1	1	1	1	1	0.6	0.6	0.6	0.6	0.6	1	1
7	1	1	1	1	1	0.4	0.4	0.4	0.4	0.4	1	1
8	1	1	1	1	1	0.2	0.2	0.2	0.2	0.2	1	1
9	1	1	1	1	1	0	0	0	0	0	1	1
10	0.8	0.8	0.8	0.8	0.8	0.8	0.8	0.8	0.8	0.8	0.8	0.8
11	0.6	0.6	0.6	0.6	0.6	0.6	0.6	0.6	0.6	0.6	0.6	0.6
12	0.4	0.4	0.4	0.4	0.4	0.4	0.4	0.4	0.4	0.4	0.4	0.4
13	0.2	0.2	0.2	0.2	0.2	0.2	0.2	0.2	0.2	0.2	0.2	0.2
14	0	0	0	0	0	0	0	0	0	0	0	0
15	1.2	1.2	1.2	1.2	1.2	1.2	1.2	1.2	1.2	1.2	1.2	1.2
16	1.4	1.4	1.4	1.4	1.4	1.4	1.4	1.4	1.4	1.4	1.4	1.4

7 组工况下试验和预测之间的数据和误差　　　　　　　表 5.5.3-4

工况	下径向索试验	下径向索预测	差值（%）	上环索试验	上环索预测	差值（%）	下环索试验	下环索预测	差值（%）
9	−2.11	−4.53	−2.42	−4.85	−3.09	1.75	−2.35	−3.33	−0.98
15	29.9	25.31	−4.59	46.6	26.32	−20.28	41.8	33.32	−8.47
19	−1.78	6.21	7.98	−1.85	8.15	10.00	−1.76	9.55	11.31
28	−25.7	−19.48	6.21	−20.43	−12.09	8.34	−25.64	−18.08	7.55
39	−2.46	−11.75	−9.29	−3.42	−12.43	−9.01	−3.29	−12.55	−9.26
40	−31.72	−18.69	13.02	−25.1	−9.23	15.87	−31.66	−16.34	15.31
47	−6.11	−9.14	−3.03	−5.89	−7.91	−2.03	−5.28	−8.78	−3.5

4）预警系统验证

一般情况下预应力索网结构中下径向索比上径向索受力更大，本小节针对某一工况下下径向索进行时间和空间多角度监测，监测预警结果如图 5.5.3-14 所示。随着结构不断加载，下径向索的索力值与挠度值不断增大。在试验加载 640s 时，索力实测值达到了 15616N，系统进入图中①号区域所示的预警状态；在试验加载 665s 时，索力实测值达到了 16439N，即将达到图中②号区域所示的预警警戒线。挠度方面，试验加载 700s 时，下径向索挠度实测值达到了 15.59mm，进入图中 1 号区域所示的预警状态。为了防止结构受损，本试验决定在 700s 时停止加载。但从预警系统预测曲线可以看出，若继续加载，索力将在 880 秒达到图中③号区域所示的预警值；而挠度方面，下径向索挠度将会在 910s 时达到 19mm，进入图中 2 号区域所示的预警状态。此时更新后的有限元分析模型将实时更新记录 AF'、RF' 于编码系统中。

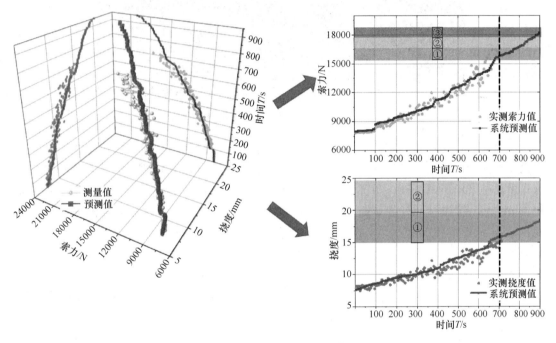

图 5.5.3-14 监测预警系统效果图

通过对该钢结构案例运维过程建立数字孪生模型，实现了对整个运维过程中数据的全面获取。对于数字孪生理念，结合智能算法梳理预应力钢结构不同构件尺寸、大小、形状、位置关系等几何信息；通过试验过程中监测应力、应变、挠度、损伤等物理信息；提出拉索运维安全风险主要诱发构件及未来可能会发生危险的预警信息，切实保证了运维过程中安全性。同时，证明了该建模方法的可行性和有效性，提高了钢结构运维系统的信息化和智能化水平。

5.6 案例研究

5.6.1 案例一 拉索索力智能预测

案例一搭建的试验模型是基于某轮辐式索桁架工程等比例缩小的试验模型，与实际工程相比，试验模型的缩尺比例为 1：10，试验结构成型状态如图 5.6.1-1 所示。

图 5.6.1-1 试验结构成型状态

本试验针对构件长度误差、温度作用和拉索松弛，通过设置融合五种施工工况进行预应力拉索索力的判断。工况 1：下环索发生 −1/400（−15mm）的误差，温度降低 55℃，下环索松弛 70%；工况 2：下环索发生 1/400（15mm）的误差，温度降低 55℃，下环索松弛 70%；工况 3：无外界影响；工况 4：下环索发生 −1/400（−15mm）的误差，温度上升 55℃，下环索松弛 70%；工况 5：下环索发生 1/400（15mm）的误差，温度上升55℃，下环索松弛 70%。

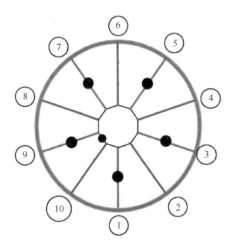

图 5.6.1-2 结构传感器的布置

1. 现实结构力学参数采集

对于轮辐式索桁架来说，不同的杆件所承担的作用不同，其中拉索的监测点位置为上、下径向索的 1、3、5、7、9 榀，有 10 个监测点，上下环索各布置一个监测点，监测点总共为 12 个，结构传感器位置如图 5.6.1-2 所示。

在结构上布置需要采集工况信息的传感器，可以直接感知结构所承受的外力。现场对长度、温度和拉索松弛度的采集为数据的融合提供了数据来源，为多数据融合的索力计算奠定了基础，由采集的数据和孪生模型的仿真数据可以融合计算出拉索的索力。为降低传感器数据采集的误差，本试验每隔 10 分钟采集一次数据，每种工况监测5 个小时。

2. 孪生模型的搭建

轮辐式索桁架结构的数字孪生模型应当实时、准确地反映物理空间中的结构实体，包括几何模型、物理模型、行为模型、规则模型。其中对结构进行有限元模型的创建是分析其结构力学性能的基础。由孪生模型的修正法则对有限元模型进行调整，定义 ε_t 为现实张拉过程中传感器测定的应变，由模型仿真模拟的拉索应变为 ε_m，则判定孪生模型保真度的指标为 e_ε，具体表述为：

$$e_\varepsilon = \frac{|\varepsilon_t - \varepsilon_m|}{\varepsilon_t} \times 100\%$$

(5-13)

本研究中，进行各类作用对结构力学性能影响的研究之前，通过调整拉索的截面面积进行有限元模型的修正。通过采集各节点在自重作用下的索力，考虑到构件的截面尺寸的变化会引起结构自重的变化，最终通过修改构件的截面面积提高有限元模型的保真度。修正后的有限元模型构件尺寸见表 5.6.1-1。

修正后的有限元模型构件尺寸 表 5.6.1-1

杆件类型	位置	截面面积（mm²）
径向索	上层	24.6
	下层	33.3
环索	上圈	24.6
	下圈	49.1
撑杆	外圈	62.8
	中圈	62.8
	内圈	62.8
环梁	外圈	4300

由此建立了高保真度的孪生模型，在有限元模型中，根据现实张拉信息通过设置工况实现了对张拉过程的以虚映实。修正后的高保真模型如图 5.6.1-3 所示。以拉索索力为研究对象，自重荷载下，修正前后的孪生模型的仿真能力对比如表 5.6.1-2 所示。

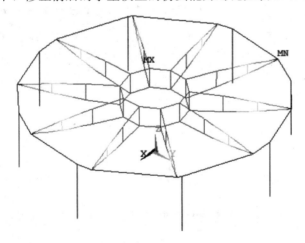

图 5.6.1-3 修正后的模型

模型修正前后对比 表 5.6.1-2

构件单元号	模拟值/N	修正值/N	试验值/N	模拟值误差/%	修正值误差/%
上径向索 1	5572	4771	4890	14	−2
上径向索 3	5563	5711	5850	−5	−2
上径向索 5	5570	5083	5150	8	−1
上径向索 7	5569	5774	5660	−2	2

构件单元号	模拟值/N	修正值/N	试验值/N	模拟值误差/%	修正值误差/%
上径向索 9	5573	5138	5140	8	0
下径向索 1	4481	4132	4260	5	−3
下径向索 3	4473	4853	4790	−7	1%
下径向索 5	4569	4132	4100	11	1
下径向索 7	4368	4657	4490	−3	2
下径向索 9	4481	4303	4210	6	2
上环索	8922	8686	8770	2	−1
下环索	7110	6900	6860	4	1

由模型修正前后的索力对比可以看出，修正后的模型误差控制在3%以内，实现了孪生模型的高保真度。由此，实现了对现实结构几何、物理、行为、规则的虚拟映射。在孪生模型中设置同现实对应的工况，提取结构所承受的各类作用的信息，为降低孪生模型的仿真误差，将对应工况进行调整，对于每种工况的模拟均扩大其参数范围，将对应参数的±3%以内的参数均认定为同一工况，融合传感器的采集数据可以计算出综合各类影响因素的拉索索力，为结构的安全评估提供了依据。

3. 多信息融合预测

以工况1为例，根据预应力钢结构张拉过程施工参数的采集，现场传感器数据采集如图 5.6.1-4 所示。现场传感器和有限元仿真的结果见表 5.6.1-3。表中展示了每隔一个小时所采集的参数，其中，为了实现数据的融合，将参数的来源分为了两类，1 表示现场传感器所采集的信息，2 表示有限元模型仿真得出的信息，由此形成了物理空间与虚拟空间的动态交互机制。

图 5.6.1-4　现场传感器数据采集

现场传感器和有限元仿真结果　　　　　　　　　　　　表 5.6.1-3

参数类型	来源	参数采集值				
构件长度误差	1	−14mm	−14mm	−16mm	−15mm	−13mm
	2	−15mm	−15mm	−15mm	−15mm	−15mm

参数类型	来源	参数采集值				
温度变化	1	−54.3℃	−54.7℃	−55.2℃	−55.6℃	−54.8℃
	2	−55℃	−55℃	−55℃	−55℃	−55℃
拉索松弛度	1	70.3%	69.4%	69.1%	68.9%	70.7%
	2	70%	70%	70%	70%	70%

融合现实结构的采集数据和孪生模型的仿真数据，根据前文局部融合和全局融合对影响拉索索力的三个因素进行融合计算，得出数据融合所需要的方差和融合值等系数。通过融合算法处理之后的结果能够更加真实地反映现场情况，从而计算出拉索索力值，由此判断拉索的安全性能。同理可以预测出其他各工况的索力值并判断结构的安全性能。结构在多因素影响下拉索的索力值见表 5.6.1-4。拉索索力变化值及变化率见表 5.6.1-5。

拉索索力值（单位：N） 表 5.6.1-4

	第一榀上径向索	第一榀下径向索	上环索	下环索
工况 1	6273	9633	10186	15553
工况 2	5904	9156	3079	2130
工况 3	3999	7832	6447	12645
工况 4	2358	6892	3739	11001
工况 5	1769	6198	2852	10013

拉索索力变化值及变化率 表 5.6.1-5

	第一榀上径向索 索力变化值（N）	第一榀上径向索 索力变化率	第一榀下径向索 索力变化值（N）	第一榀下径向索 索力变化率
工况 1	2278	53%	1801	23%
工况 2	1909	48%	1324	17%
工况 3	—	—	—	—
工况 4	−1638	−41%	−940	−12%
工况 5	−2227	−54%	−1635	−21%
	上环索索力 变化值（N）	上环索索力 变化率	下环索索力 变化值（N）	下环索索力 变化率
工况 1	3739	58%	2908	24%
工况 2	3079	45%	2130	13%
工况 3	—	—	—	—
工况 4	−2708	−42%	−1644	−13%
工况 5	−3595	−56%	−2632	−21%

在以上工况中，结构索力均有较大变化，上部索系索力比下部索系索力变化明显。根据索力量化评估标准，可以判定在工况 4 和 5 作用下，拉索安全等级低，需要对其进行加固维护。同时将维护后的结构信息再次导入有限元模型中，分析结构的安全性能，由此实

现了拉索索力的闭环控制。

由现实传感器采集的影响因素数据和孪生模型的仿真数据的融合提高了索力预测的精度，可以根据施工的工况参数智能化地判定预应力拉索的索力，通过索力的变化为结构的安全评估提供了依据。

5.6.2 案例二 安全评估

1. 模型介绍

轮辐式索桁架结构是预应力钢结构的一种重要形式，其几何形状与自行车车轮类似，常见于大型展览馆以及摩天轮等建筑。在结构使用过程中，由于温度变化、材料锈蚀、复杂荷载以及预应力损失等因素的影响，轮辐式索桁架的整体结构或局部构件有不同程度的损伤，导致其使用周期缩短，对人民的生命和财产安全造成不利影响。因此，对在役轮辐式索桁架的安全评估就显得十分重要了。本章以搭建轮辐式索桁架结构的等比例缩小模型为例进行研究。

案例二搭建的实验模型 B_{PE} 是基于某轮辐式索桁架工程等比例缩小的试验模型。本次试验结构的安装及施工过程如下：

（1）钢柱以及外环梁的安装：通过全站仪将索桁架下部的钢柱进行定位并安装，随后利用螺栓将外环梁与钢柱进行连接。

（2）上环索与上径向索安装：将上径向索与上环索在地面上进行拼装，根据坐标将十根上径向索与上环索呈辐射状连接，连接完毕后安装上环索与上径向索索夹。

（3）上径向索张拉：利用捯链进行上径向索的张拉，当上径向索与地面的距离足够安装撑杆时，将内、中、外撑杆进行安装，并安装下环索与下径向索。利用捯链继续张拉上径向索，上径向索张拉到位之后，将上径向索索头与外环梁的耳板利用销轴进行连接。

（4）下径向索张拉：调节套筒，将下径向索长度调节成结构成形态，最终使得下径向索安装到位。

2. 安全评估方法应用框架

基于上文提出的方法，提出了一套安全风险评估理论，框架如图 5.6.2-1 所示。首先依据结构实体（B_{PE}）搭建虚拟模型（B_{VE}），然后在 B_{PE} 上合理布设传感器（CN_2），对结构的内力数据进行采集和存储。B_{PE} 使用过程中的索力变化会在 B_{VE} 中同步体现出来，以此实现物理空间和虚拟空间的动态同步。利用实验模型采集的数据（DD_2）来训练模型，然后基于监测数据（DD_1），利用训练好的 SVM 模型对物理层中的实体结构进行状态监测、功能性诊断以及安全性评估，以实现结构的风险预测服务（S_S）。另外，B_{VE} 以及传感器采集到的 DD 可在网页端实时呈现，相关人员也可在网页端查看最终的结构安全等级。本研究对这些功能进行了探究。

3. 基于数字孪生模型（B_{VE}）的安全评估应用

轮辐式索桁架结构的 B_{VE} 应当实时、准确地反映物理空间中的结构实体，数字孪生模型包括几何模型（B_{GVE}）、物理模型（B_{PVE}）、行为模型（B_{BVE}）、规则模型（B_{RVE}）。其中 B_{GVE} 的建立是通过采用三维激光扫描技术进行三维建模；再利用 ANSYS 对三维模型进行静力分析，建立 B_{PVE}；B_{BVE} 刻画了在不同因素作用下结构索力的实时变化；通过查询相关规范和征集专家经验，对不同影响因素下的拉索的安全等级进行划分，得到 B_{RVE}。

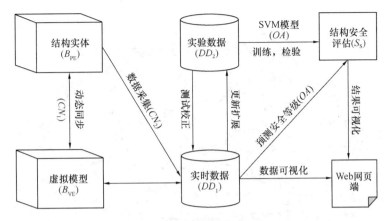

图 5.6.2-1　安全风险评估系统框架

（1）几何模型B_{GVE}：轮辐式索桁架的B_{GVE}建立过程如图 5.6.2-2 所示。构件设计时建立理论 BIM 模型，根据此模型进行构件出图、加工，同时从 BIM 模型中提取关键点坐标，建立理论有限元分析模型。根据分析结果将轮辐式索桁架进行张拉成形，即为轮辐式索桁架结构试验模型。此时为考虑时间对结构空间坐标的影响，引入三维激光扫描技术，三维激光扫描技术又称为"实景复制"技术。在试验模型搭建完毕后，利用三维激光扫描仪对模型进行扫描，得到结构的实测模型。获取点云数据后，由于机器本身存在误差以及人为因素和外界环境的影响，点云数据存在大量的离群点，需要进一步对点云数据进行去噪处理，经去噪、拼接完成的点云数据导入 BIM 软件中，提取索桁架结构的关键点，对理论 BIM 模型进行坐标修正，得到修正 BIM 模型（图 5.6.2-3）。从修正 BIM 模型中提取关键节点坐标从而对理论有限元分析模型进行修正，最终得到考虑时间维度的修正有限元分析模型，保证模拟分析的准确性。

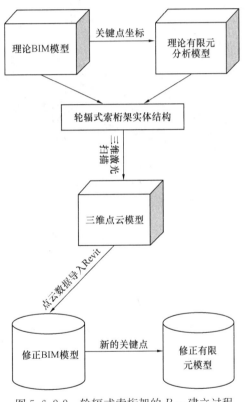

图 5.6.2-2　轮辐式索桁架的B_{GVE}建立过程

（2）物理模型B_{PVE}：轮辐式索桁架物理模型B_{PVE}建立过程如图 5.6.2-4 所示，开展多工况静力试验，研究轮辐式索桁架的静力性能。本章利用重力加载的方式对结构的静力荷载进行研究，具体施力方法为加载沙袋。根据《建筑结构荷载设计规范》GB 50009—2012，活荷载取 $0.5kN/m^2$，将面荷载转换成等效节点荷载，其中内撑杆上节点荷载为 154N，中撑杆上节点荷载为 476N，外撑杆上节点荷载为 714N。自重荷载下索力模拟值与实验值如表 5.6.2-1 所示，由表中数据可知，对于结构的索力模拟值与实验值误差较

149

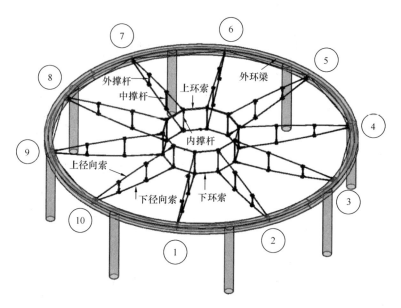

图 5.6.2-3　修正 BIM 模型

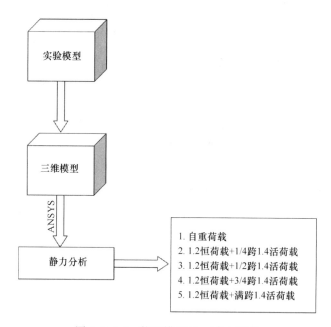

图 5.6.2-4　物理模型 B_{PVE} 建立过程

小，故而该 B_{PVE} 可以很好地用于结构的安全评估。

自重荷载下索力模拟值与试验值 　　　　　　　　表 5.6.2-1

构件单元号	模拟值	试验值	误差
上径向索 1	4695	4726	-1%
上径向索 3	5629	5821	-3%
上径向索 5	5017	5126	-2%

构件单元号	模拟值	试验值	误差
上径向索 7	5699	5592	2%
上径向索 9	5074	5034	1%
下径向索 1	5447	5545	−2%
下径向索 3	6353	6375	0
下径向索 5	5283	5170	2%
下径向索 7	5966	5722	4%
下径向索 9	5623	5463	3%
上环索	8580	8537	1%
下环索	9037	8846	2%

（3）行为模型 B_{BVE}：在轮辐式索桁架结构使用过程中，其索力在温度变化、材料锈蚀、复杂荷载以及预应力损失等因素的影响下，会产生相应的变化[218][219]。结构的 B_{BVE} 刻画了在不同因素作用下结构索力的实时变化，实现了与实体结构的动态同步。表5.6.2-2～表5.6.2-4 为结构发生温度变化、下环索发生松弛、下环索发生长度误差时上径向索索力变化情况。并且温度变化、拉索松弛、杆件误差这三种影响因素将作为后续训练 SVM 模型的主要评价指标。

结构发生温度变化上径向索索力（N） 表5.6.2-2

温度变化	第一榀	第三榀	第五榀	第七榀	第九榀
−55	6118	6102	6081	6125	6135
−25	4956	4943	4930	4961	4968
0	3996	3986	3978	3999	4005
25	3052	3046	3041	3054	3058
55	1962	1958	1956	1963	1965

下环索发生松弛上径向索索力（N） 表5.6.2-3

松弛程度	第一榀	第三榀	第五榀	第七榀	第九榀
0	3996	3986	3978	3999	4005
10%	3965	3956	3948	3969	3974
40%	3875	3866	3858	3878	3883
70%	3784	3776	3768	3787	3792

下环索发生长度误差上径向索索力（N） 表5.6.2-4

长度误差	第一榀	第三榀	第五榀	第七榀	第九榀
1/400	3387	3368	3351	3385	3396
1/700	3630	3616	3602	3630	3639

长度误差	第一榀	第三榀	第五榀	第七榀	第九榀
1/1000	3730	3717	3705	3731	3738
0	3996	3986	3978	3999	4005
−1/1000	4210	4200	4195	4212	4215
−1/700	4310	4306	4303	4317	4319
−1/400	4570	4573	4574	4583	4583

（4）规则模型 B_{RVE}：索桁架结构 B_{RVE} 是指基于有关规范和专家经验对结构进行安全等级的划分。根据轮辐式索桁架结构安全性评估指标体系所涉及的内容，将评估级别划分成四类，安全等级从高到低依次为：a、b、c、d。本研究以索为例，索力的量化评估标准如表 5.6.2-5 所示。

索力量化评估标准   表 5. 6. 2-5

结构类型	构件类别	实测值与设计之比			
		a 级	b 级	c 级	d 级
索	重要、次要构件	≥1.00	≥0.93	≥0.90	<0.85
	一般构件	≥1.00	≥0.91	≥0.86	<0.81

4. 孪生数据（DD）的采集

利用结构智能安全评估信息系统对采集的数据进行存储，进而在虚拟结构中分析结构的可靠性，从而采取相应的维修补救措施，是利用数字孪生模型对在役轮辐式索桁架进行安全风险评估的重要途径。本章采用布设物理传感器的方式对索桁架结构的索力信息进行采集，利用柱式拉压传感器对索力进行监测。对于轮辐式索桁架来说，不同的杆件所承担的作用不同，因此 DD 的采集情况也应该不完全相同。其中拉索索力的监测点位置为上、下径向索的 1、3、5、7、9 榀，有 10 个监测点，上下环索各布置一个监测点，索力监测点总共为 12 个，索力监测点如图 5.6.2-5 所示。

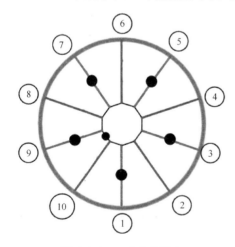

图 5.6.2-5　索力监测点

在实际使用过程中，用于安全风险评估的结构数据采集范围一般为数值型数据，其采集频率视安全评估需求而定。一般情况下，10 个工作日可以采集一次数据，特殊情况下，可以实现对结构数据的高频率采集。借助上述结构数据采集流程及数据采集方法，能够实现对轮辐式索桁架服役期间索力位移等数据的全面采集，从而为后续结构安全风险评估提供足够的数据基础。

5. 基于 SVM 算法的安全等级预测应用

本部分研究以轮辐式索桁架结构的索力变化为例，搭建了索桁架结构的数字孪生多维模型，并运用第二章描述的"基于数字孪生和支持向量机的安全评估方法"搭建 SVM 评估模型，并检验模型的准确度。

由上文可知，影响结构索力变化的因素主要有温度变化、预应力损失、杆件长度误差等，本研究从实验数据中选取上述三个因素的 200 组样本数据作为 SVM 输入量；采用前文中的索力安全评估等级作为期望输出，对模型进行训练；选取 20 组评估数值和索力评估等级作为检验样本，建立轮辐式索桁架结构安全 SVM 评估模型，检验结果如表 5.6.2-6 所示。可以看出，SVM 模型预测安全等级与实际安全等级相比，准确率为 85%；存在误差的样本中，其相应的安全等级间隔不超过 1 个安全等级。由此可知，SVM 评估模型能够较为准确地预测轮辐式索桁架在服役期间的结构安全等级。训练好的 SVM 评估模型的输入值以及输出值均可在网页端供用户实时查看。

检验结果 表 5.6.2-6

检验样本标号	实际风险等级	预测风险等级	检验样本标号	实际风险等级	预测风险等级
1	a	a	11	c	c
2	a	b	12	b	b
3	b	b	13	a	a
4	b	b	14	a	a
5	c	c	15	b	a
6	b	c	16	a	a
7	a	a	17	b	b
8	a	a	18	c	c
9	b	b	19	b	b
10	a	a	20	a	a

基于结构安全评估框架，建立结构的数字孪生多维模型，利用 SVM 算法对结构安全等级进行预测，最终建立实现结构的风险评估。以轮辐式索桁架为例，搭建几何模型、物理模型、行为模型和规则模型，基于 SVM 理论和相关数据构建了结构安全风险预测评估系统。数字孪生技术在预应力钢结构安全风险评估方面的应用和优势可以总结为以下几点：

数字孪生体能实现结构的自我感知、自我预测、自我评估，使结构在使用过程中的智能化程度和安全等级更高。

结构的虚拟模型可以在网页端实现与实体结构的动态同步，并且结构的相关数据以及安全等级也可以在网页端进行查看，使得整个评估流程更为直观简洁。

数字孪生多维模型整合实体结构、虚拟结构、相关数据、评估算法以及评估服务于一体，有利于快速评估结构并进行预测维修，为结构的安全评估提供了新的方法。

5.6.3 案例三 智能运维

1. 项目介绍

该体育场占地面积：46566m²，建筑面积：60570m²，建筑层数：5层，建筑高度：63.5m，内场地面积：21221.74m²。体育中心主场馆是全柔性空间预应力马鞍形索网结构，整个结构由外围钢框架、屋盖主索系和膜屋面三部分组成[261]，如图 5.6.3-1～图 5.6.3-4 所示。其中外围钢框架由两圈 X 形交叉钢管柱和自上至下的六圈环桁架组成[262]；屋盖主索系由环向索和径向索组成，环向索仅有内圈一道，径向索包括 144 道吊索、72 道脊索和 72 道谷索；膜面布置在环索和外围钢框架之间的环形区域，并跨越脊索和谷索形成波浪起伏的曲面造型—轮辐式马鞍形[261]。屋盖建筑平面呈椭圆环形，长轴方向最大尺寸约 267m，短轴方向最大尺寸约 234m，最大高度约 57m。

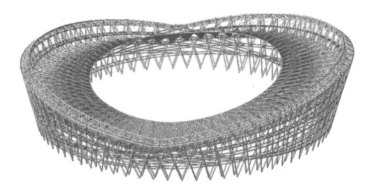

图 5.6.3-1　体育场整体模型图

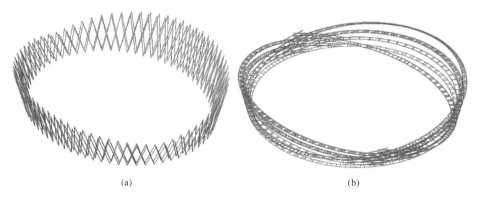

(a)　　　　　　　　　　　　　　　　　(b)

图 5.6.3-2　体育场外围钢框架图

（a）钢管柱；（b）6 圈环梁

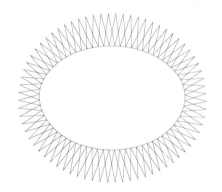
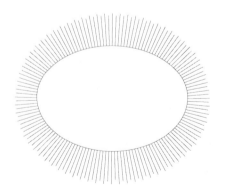

图 5.6.3-3　吊索、环索　　　　　　图 5.6.3-4　脊索、谷索及环索

环索采用 Z 型密封 Galfan 镀层高强度钢索，抗拉强度不小于 1570MPa，弹性模量（E）应不小于 1.6E5MPa，同时具备海边室外环境 50 年以上的索体和节点耐久性能要求和疲劳荷载作用下索体安全和节点安全性能。脊索、谷索、吊索和膜索均采用带 Galfan 镀锌防腐涂层高强度钢索，抗拉强度不小于 1670MPa，其他技术标准满足《预应力钢结构技术规程》CECS212：2006 及《建筑结构用索应用技术规程》DG/TJ 08-019-2005。

2. 运维平台整体架构

1) 传统运维管理系统存在的问题

传统的建筑运维管理是物业管理，由许多人进行值班和定期维护。一旦有用户报修，需要指派人员进行现场维修。现代智能建筑运维管理，结合数字信息和数字技术实现高效管理。基于数字孪生的运维平台可以实现自管理、自优化运维、自维护运维，并借助大数据下的人工智能，满足管理用户的个性化需求。因此，与传统运维管理相比，数字化运维管理在雇员人数、应急速度、工作效率、管理模式等方面都具有明显优势，但在前期投入资金方面要稍高一些。如表 5.6.3-1 所示：

数字化运维管理与传统运维管理的比较

表 5.6.3-1

	传统运维管理模式	基于数字孪生的运维管理模式
雇员人数	较多	很少
应急反应速度	慢	快
工作效率	较慢	很快
管理模式	落后	先进
前期资金投入	较低	较高

本项目针对项目特点，构建基于 BIM 技术与数字孪生理念的全生命期运维平台，对工程项目设计、运营进行全方位精细化管理，及达到"五节一环保"的目标。

结合工程项目特点，进行基于 BIM 技术与数字孪生理念的运维平台开发，首先应按照平台开发的流程，为本项目设计平台开发流程。

（1）根据体育场馆程项目特点，确定平台的功能，本项目以"运维""安全运维""高效运维"为目标，制定平台功能应围绕着这三个目标进行确定，并将平台的功能，设定在平台的界面里。保证界面简洁，平台易操作。

（2）确定了平台的界面，下一步需要进行体育场馆项目信息的收集，项目信息可以分为两部分，一部分来自工程数据，一部分来自 BIM 模型。

（3）BIM 模型信息需要对完成的最终运维 BIM 模型进行提取。利用软件建立体育场馆项目各专业模型，包括土建专业、结构专业、机电专业 BIM 模型，根据项目实施情况，对 BIM 模型进行调整，以及 BIM 模型深化，得到精准的 BIM 模型。对这些 BIM 模型进行轻量化技术处理，得到运维 BIM 模型。轻量化技术处理的模型，在保证模型信息没有缺失的情况下较之前的 BIM 模型体量、需要的存储空间小了很多。

（4）将数据导入网络中，包括一部分工程数据以及经过轻量化技术处理的运维 BIM 模型。平台的搭建具体流程如图 5.6.3-5 所示。

基于数字孪生技术运维平台的搭建，可以将项目的各个阶段信息加以集成，通过开发项目设计管理、运营管理模块，利用软件工程技术来实现建筑可视化、资源共享，操作简

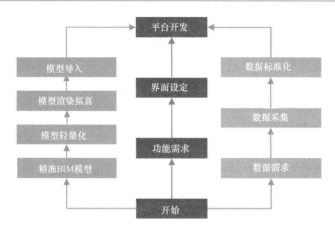

图 5.6.3-5　基于数字孪生技术运维平台搭建具体流程图

便高效，达到减少工程变更、方便运营维护管理的目的。

2）基于数字孪生技术运维平台功能开发路线

按照基于数字孪生技术运维平台开发的流程，确定平台开发的具体功能开发路线。首先对 BIM 模型进行轻量化处理，并将静态信息和运维阶段动态信息通过物联网实时采集到的动态信息集成到模型上，形成运维阶段数据模型[263]。再通过网络平台技术与预警算法的技术，创立了基于数字孪生技术的运维管理平台。将运维 BIM 模型导入到该平台中，完成平台。平台主要功能包括：在平台中进行本项目的场景漫游，包括整体漫游和局部漫游；在平台中进行数据可视化管理，对本项目的建筑物理环境信息、能耗信息、构件基本信息、构件力学信息、设备基本信息、空间使用信息等。通过对平台各项数据分析，实现平台应急预警、能耗预警、检修预警的功能。具体的基于数字孪生技术运维平台功能开发路线流程图，如图 5.6.3-6 所示。

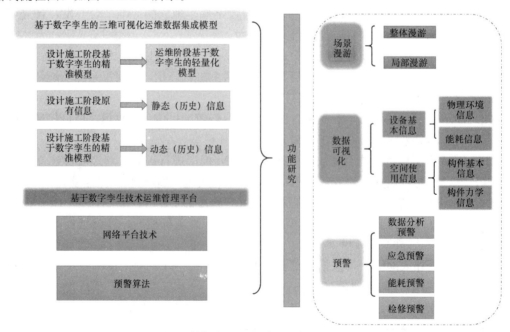

图 5.6.3-6　基于数字孪生技术运维平台功能开发路线流程图

3）基于数字孪生技术运维平台开发整体架构

建立运维平台应从实现运维、高效运维以及安全运维三大目标出发，按照功能层—平台层—数据层—虚拟模型层—物理层的顺序逆向设计各层细节，完成平台搭建，平台搭建完成后，按照平台功能层—感知层—虚拟模型层—传输层—数据层的顺序实现正向的数据传输，最终在平台层上进行展示，实现绿色运维、高效运维以及安全运维三大目标。图 5.6.3-7 为基于数字孪生技术运维平台的整体架构。系统架构中包含以下几个层：

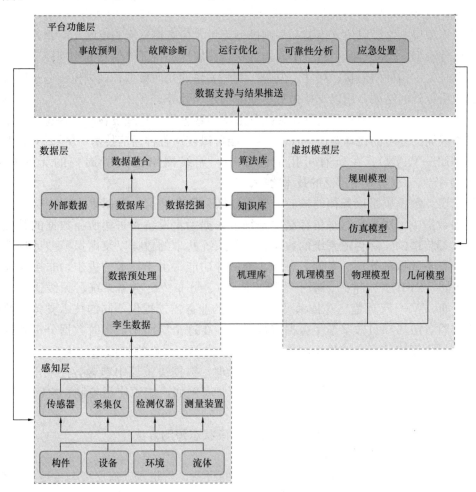

图 5.6.3-7　基于数字孪生技术运维平台整体架构

平台功能层：包含了各类分析决策系统，生产管理人员各类实际应用中以数字孪生计算、分析后的数据与结果作为分析与决策依据，形成信息和决策闭环。主要负责与终端用户进行交互，通过赋予不同用户权限，使用户在其规定权限内操作。管理人员可通过用户登录进行数据录入、查询、修改等操作。这一层主要在 Web 中实现。例如：传感器检测到本项目某一层梁承受的应力发生了变化，并记录在数据库中，如果应力发生较大的变化，超过了安全值范围以内，平台接入的结构检测系统就会提醒管理人员，需要进行结构加固或者维护了。管理人员登录平台以后，找到发生问题的地方，通过移动端将问题反馈给相应的人员，将问题解决。

感知层：包含实际管道系统中的各类物理实体以及配套检测装置等内容。实体端通过采集实际建筑系统的信息、运行参数、操作指令等，并准确传递给数据模型和机理模型。支持共享模型元素和专业模型元素的基础信息描述，其内容可被其他三层引用。感知层记录了整个信息模型的数据描述基础，主要描述了各专业应用中需要使用的基本信息。感知层包含着建筑物周围环境信息，如摄像头、温湿度、烟感等传感器记录的信息；建筑物实体的通用信息，如应力、应变等传感器记录的信息；检测设备信息，如水量、电量等检测设备信息；以及其他数据的采集。

虚拟模型层：主要以仿真模型和规则模型为主，仿真模型涵盖反映实际建筑系统客观规律的机理模型、反映实际中系统不同构件材料、属性、特征等信息的物理模型、反映实际建筑系统关键构件的形状、尺寸、位置、装配关系的几何模型；规则模型通过既有经验或数据分析得到的结果，用以支持仿真模型的构建和计算。

传输层：主要是将采集到的数据转换到上层。数据将从物理设备收集，这些设备连接到建筑物或周围环境的物理资产/空间。这一层可以使用各种通信技术，例如5G、低功耗广域网（LP—WAN）。在所有可用的技术中，无线网络是众所周知的无线局域网（WLAN）技术，也是应用广泛的技术之一。

数据层：数据层是该架构的核心，包含数据采集存储层、数据集成处理层与人工智能支持的数据决策层。数据采集存储层是每个数据采集设备和采集所需数据的基础。包含了实体端传递的实际管道系统的数据、外部系统共享的数据以及虚拟模型计算后的数据，并且具备数据的处理、存储、融合、分析等功能。由于技术的进步，非接触式数据采集（例如，RFID、二维码、基于图像的技术）、分布式传感器系统、无线通信、移动接入（例如，Wi—Fi环境）等技术可按照不同的业务需求提供不同的技术支持；数据集成处理层将各阶段项目数字孪生数据进行整合。在这个层面中，实时数据分析和处理功能将按原样更新建筑资产或环境的条件（包括工作单、最新维护信息、状态）。可视化数据和模型管理框架可以实现动态有效的数据管理。数据决策层中包含智能功能（例如人工智能、机器学习模块）提供操作高级决策管理（例如，能源使用控制、空间利用和工作场所设计）。

3. 数字孪生与机器学习融合驱动的结构健康状态预测方法

1）数字孪生模型运维管理目标

大型体育场馆具有复杂的建筑结构和大量的设备、管道等。有必要与专业人员合作，从技术、组织、管理和政策等方面确保体育场馆运营和维护管理的顺利运行。信息化和智能是精细运营和维护管理的基础。实现精细化运维管理就需要基于BIM技术与数字孪生技术的大型体育场馆运维管理。运维管理人员可以预先发现传统运维管理模式下无法发现的大量故障和隐患，进行维护或更新工作，确保建筑设施的可靠运行[260]。分析项目业主的运维需求和项目情况，制定运行维护管理目标：

（1）及时、准确并高效地维护建筑主体结构及附属结构，完善建筑在使用过程中的维修、监控的管理体系，保障建筑功能的正常发挥。

（2）高效利用整个建筑的能源，利用大数据分析能源使用情况并预测未来趋势，提出能源使用建议，减少运行过程中的能源浪费情况。

（3）设备设施代维服务，包括但不限于供配电系统、给水排水系统、消防系统、空调系统、电梯系统、智能化系统（即机房设备自动化系统）、保安自动化系统管理要求、供暖设备运行维护管理及弱电设备设施的日常巡检及应急处理。

（4）在安全管理方面，模拟极端灾害以及次生灾害的发生，建立灾害应急预警机制，做好应急准备。

（5）实现体育场馆的全面综合管理，储存建筑全部档案信息资料，以备后期使用。

2）BIM 模型的处理

在创建模型之前，熟悉本项目图纸，以项目的 CAD 图纸作为设计的依据。在建模前，还应确定 BIM 模型精度。BIM 模型精度等级一般用 LOD 表示，分为五个等级：LOD100、LOD200、LOD300、LOD400、LOD500。LOD 五个等级，从概念设计到竣工设计，来定义整个模型过程。LOD 等级具体含义如下：

LOD100 等级等同于概念设计，此阶段的模型通常为表现建筑整体类型分析的建筑体量，分析包括体积、建筑朝向、每平方造价等。

LOD400 等同于加工阶段，该阶段的模型可以用于模型单元的加工和安装，如被专门的承包商和制造商用于加工和制造项目构件。

LOD500 等级等同于竣工阶段，该阶段的模型表现了项目竣工的情形。模型将包含业主 BIM 提交说明里制定的完整的构件参数和属性。模型将作为中心数据库整合到建筑运营和维护系统中去。

根据 LOD 等级的说明，本项目模型需要提供的为竣工阶段的模型，所以模型精度应在 LOD400-500。

本项目模型复杂，专业多，在整个模型创建过程中，数据信息量巨大，需要通过创建工作集和中心文件来实现各个专业的分工合作。通过工作集共享到中心文件并建立中心模型，项目的工作集结构是对任务的细分，建模人员根据不同任务进行协同工作。

利用 Revit 软件创建模型，Revit 提供了一系列的结构工具，用于完成结构模型。结构运维 BIM 模型的搭建，应按桩—基础—垫层—结构柱—梁—结构墙—板—构造柱的顺序进行，应该一层一层进行绘制。

在结构面板中选择柱，根据本项目 CAD 图纸，本项目中结构柱类型为钢管混凝土柱，在 Revit 自带族库中选择钢管混凝土柱，并载入项目中。确认当前类型为"钢管混凝土柱"，复制出名称为"AKZ4"，本项目中柱的类型众多，需要复制生成多个类型。修改 b、h 的值，根据项目中柱的尺寸修改。如图 5.6.3-8 所示。

结构梁的创建过程和结构柱类似。项目中梁的种类众多，例如框梁、连梁、悬挑梁等，需要创建每个类型的梁。在结构面板中选择梁工具，确认当前类型为"混凝土—矩形梁"，复制出名称为"AKL1"的新类型，根据 CAD 图纸中，梁的尺寸，对 b、h 的值进行修改，如图 5.6.3-9 所示。根据项目中承台的形状，创建出相应的族，并将族载入到项目中，进行复制重命名。如图 5.6.3-10 所示。

创建完所有承台类型，根据导入的 CAD 图纸，在相应的位置放置承台。按照一层一层的顺序，放置构件，完成结构 BIM 模型。根据项目现场施工情况，BIM 结构模型需进行修改、完善，并得到最终的结构 BIM 模型。如图 5.6.3-11 所示。

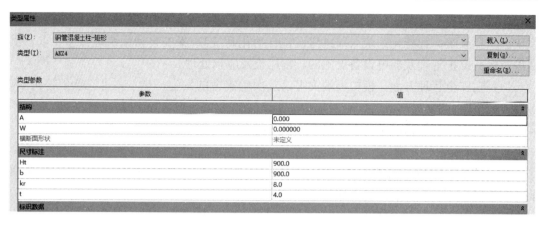

图 5.6.3-8　编辑柱类型

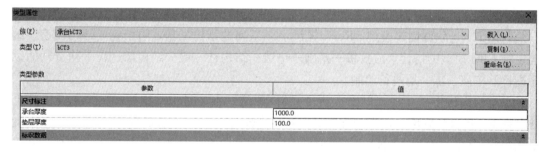

图 5.6.3-9　编辑梁类型

图 5.6.3-10　编辑承台类型

3）基于神经网络的运维状态模型的构建

由上文的分析可知，拉索在运维阶段受到多种影响因素的干扰。其中节点误差和由于拉力拉伸所引起的索长变化是必须考虑的影响因素。因此，在数字孪生驱动的结构健康预测框架中，通过智能算法对索构件运维过程中的内力与挠度进行预测，并将预测结果反馈给控制系统，对实现各个索网节点实时、动态、精准地控制是十分必要的。

对于索网结构加载这样的非线性过程，传统的数学模型方法，很难取得理想的预测效果，而人工神经网络（Artificial Neural Network）作为一种时下常用的数学建模方法，对大样本有自适应的能力，通过对历史数据的学习，可以找到输入和输出之间的映射关系，

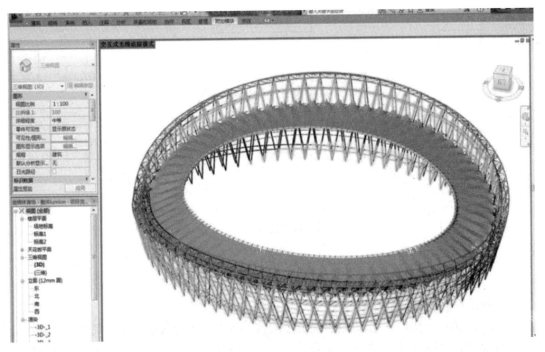

图 5.6.3-11　BIM 模型

并在学习过程中将这种映射关系提取并存储起来，在预测阶段，就可以根据网络的输入，得到下一个时段预测输出，在处理这些不确定的问题时通过大量的样本学习从而减少状态评估的误差，从而得出正确的结果。同时，神经网络具有存储和整理数据的能力和良好的泛化能力。因此，在已经收集了大量数据的生产环境中，ANN 可以作为数字孪生预测系统中的重要技术手段。

神经网络经过两个步骤，前馈步骤和反向传播步骤。首先，在前馈步骤中，隐藏神经元取每个连接的输入神经元的值并将其与其连接权重相乘，所有连接的输入神经元的加权和神经元的偏差值被放入所谓的激活函数（传递函数），该函数在数学上将该值转换为概率值（介于 0 和 1 之间），最后将其传递给输出层。在隐藏层和输出层之间再次重复相同的过程以计算输出预测，从而输入就会在整个网络中传播。逻辑 Sigmoid 激活函数如下式所示，因为在隐藏层和输出层中都采用了逻辑 Sigmoid 激活函数，因为它可以导致训练有素的过程。BP 人工神经元的结构及数学表示如图 5.6.3-12 所示，其数学模型如下所示：

$$f(sum) = \frac{1}{1 + e^{-sum}} \tag{5-14}$$

$$sum = \sum_{i=1}^{n} X_i W_i + B \tag{5-15}$$

其中 $f(sum)$ 是激活函数；sum 是加权和，X_i 是神经元 i 的输入，W_i 是两个神经元之间的连接权重，B 是偏差值。其次，反向传播（BP）步骤是用于训练 ANN 的众多算法之一。该算法连续向后传播误差，并将每个网络权重和偏差值（输出和隐藏层）调整到最小化网络输出误差的方向。使预测输出更接近目标输出，将整个网络误差减小到令人满意的水平。许多技术可以用在反向传播算法中，例如梯度下降法、拟牛顿法和 LM 法。

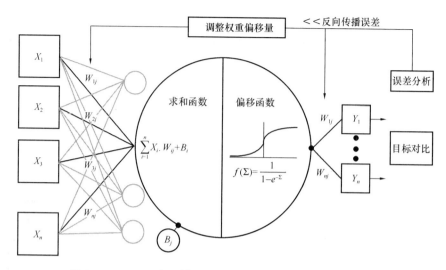

图 5.6.3-12　BP 人工神经元（隐神经元）的结构及数学表示

4）神经网络预测模型评估

在本研究中，使用了一个隐藏层，由于输入和输出参数的数量已知，找到一个神经网络的最优结构，只需计算隐含神经元的数量。通常情况下，若隐含层神经元太多可能使训练时间过长，出现过度训练导致过拟合的问题。隐含层神经元太少，可能不会充分预测数据。根据经验公式 $n=\sqrt{m+l}+a$，式中：n 为隐含层神经元数目，l 为输入层单元数，m 为输出层节点数，a 为 1～10 之间的调节常数。为此本小节研究了隐藏层中不同个数的神经元对 ANN 模型正确率的影响，在经验公式的基础上采用逐步增加隐含层单元数的变结构法，即开始放入比较少的隐含层单元数，学习一定次数后，通过不断增加隐含层单元数调试，一直达到比较理想的隐含层单元数为止。根据训练数据，确定隐含层单元数为 10。网络允许最大误差设为 0.001，学习速率为 0.01，进行网络训练。然后使用均方误差（MSE）、确定系数（R2）和平均绝对误差（MAE）对开发的模型进行统计评估，这些均方误差定义在下面的等式（5-16）～（5-18）中。值越小网络性能越好。R 衡量网络中产出和目标之间的相关性，$R=1$ 表示密切关系，相反 $R=0$ 表示随机关联。

$$MSE = \frac{1}{n}\sum_{i=1}^{n}(T_i - O_i)^2 \tag{5-16}$$

$$R^2 = 1 - \left(\frac{\sum_{i=1}^{n}(T_i - O_i)^2}{\sum_{i=1}^{n}(O_i)^2}\right) \tag{5-17}$$

$$MAE = \frac{1}{N}\sum_{i=1}^{N}|X_i - Y_i| \tag{5-18}$$

其中 n 是训练数据集的总数；T_i 和 O_i 分别是目标（训练样本值）和 ANN 输出值。

LM 网络训练、验证和测试阶段的均方误差变化如图 5.6.3-13 所示。均方误差值随迭代次数的增加而迅速降低。由于测试集误差和验证集误差具有相似的特征，因此 MSE 的结果是可以接受的。如表 5.6.3-2 所示，用于训练和测试输入数据的 MSE，MAE 的统

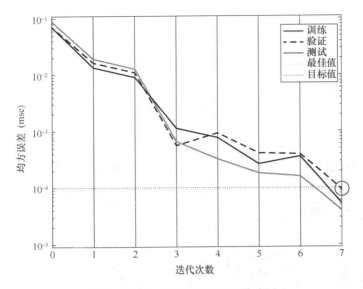

图 5.6.3-13　LM算法的性能曲线图

计值分别为 7.62×10^{-5}、0.0297 和 8.53×10^{-5}、0.0366，人工神经网络模型显示出预测值和测量值之间极好的相关性。此外，R2 的值较高，而 MSE 的值较低，这表明 ANN 模型预测能力和泛化性能较好。

神经网络模型的性能　　　　　　　　　　　　　　　　　　　　表 5.6.3-2

	MSE	R	MAE
训练集	7.62×10^{-5}	0.994	0.0297
验证集	9.81×10^{-5}	0.992	0.0334
测试集	8.53×10^{-5}	0.995	0.0366
所有数据	8.09×10^{-5}	0.994	0.0313

4. 面向建筑运维的数字孪生模型建立

1）建筑结构运维模型

该体育场的信息通常由多个报告来管理。体育场数据的积累、整理和使用需要按照数字化模型程序进行有效管理。其主要构件有钢管柱、环梁、吊索、脊索、谷索、环索和膜面布置等。基于模型的数据库系统与相关的三维数字模型相连接。

图 5.6.3-14 定义了体育场构件运维管理进程与数据库管理系统。数字模型是根据检验实践的要求制作的。数据库由每个构件的属性和提交文件的编码号组成。在体育场运行期间，额外的信息会累积在数据库中。模型和数据库通过定义的编码系统连接。编码系统在前文建立，可以执行精细化的数据管理，以便能够预测体育场馆整体结构全生命期的性能。

具有完整数据链的数字模型通过人工智能技术提供了创新的维护实践方式，如移动设备、增强现实设备、无人机扫描和自动损坏检测。体育场管理者需要考虑维护系统的主要功能来决定设备的使用。自体育场建立运维系统以来，积累了大量的检查数据。然而通常情况下，数据的收集过程缺少严格的控制，会导致数据出现异常值、缺失值等。同时数据

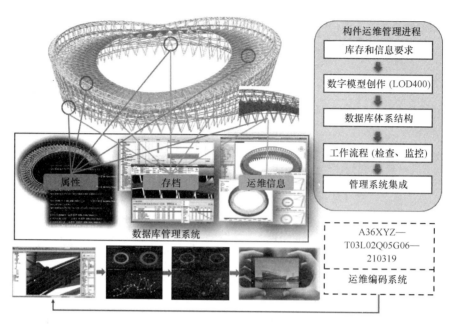

图 5.6.3-14　构件运维管理进程与数据库管理系统

在采集过程中，会受到外界环境的干扰导致采集的数据含有噪声，数据噪声可能会使得数据的分析结果出现偏差。因此，对于那些想要开发基于建筑构件性能的退化模型的研究人员来说是不可用的。为了解决目前的情况，本章提出了如图 5.6.3-15 所示的损伤编码系统。

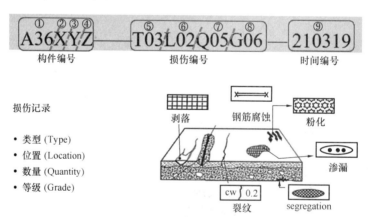

图 5.6.3-15　高强钢丝腐蚀损伤编码

要想了解体育场场馆结构构件以及场馆整体的损伤情况，需要依靠相关专家的经验，了解不同条件下的损伤成因，如图 5.6.3-15 所示。但是在现实状况中，许多体育场场馆的业务和咨询公司并无专业人士，无法对建筑整体进行专业评估，因此，对所检测的数据进行数字化处理可以有效解决这一问题。经过数字化处理后的数据可以与场馆 ID 相关联，从而找到具有损伤的结构构件，通过这一方法，研究人员就可以建立相应的数据库自动进行损伤检测（图 5.6.3-16）。

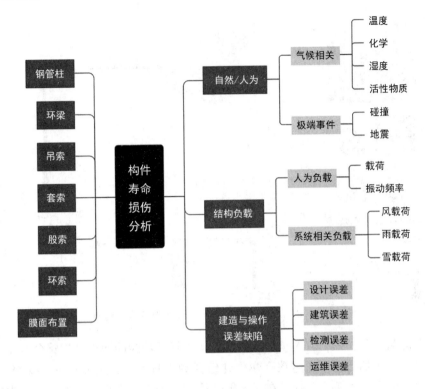

图 5.6.3-16　结构构件寿命损伤系统

2）建筑设备运维模型

故障预测与健康管理是利用传感器对数据进行收集并不断优化的方法，来对各建筑的健康状况进行分析评估，同时，可以针对其反映出来的运作状况计划出相应的维修保养方案，从而改善建筑设备的维护模式。

将 BIM 作为建筑运维管理系统基础的系统构架是依靠 BIM 模型数据和设备参数数据组合形成底层数据，与运行、运维过程中的数据相结合，共同生成建筑设备的数字孪生体。

基础数字孪生体系建立的设备故障预测与健康管理功能，已逐渐实现实体建筑与虚拟设备之间的实时同步传输与交互，可准确进行故障预测与健康管理，实体建筑设备的健康管理模式已迈入了新阶段，迅速感知故障并进行精准定位是其最大的优点。如图 5.6.3-17 所示，在数字孪生体系的指导下，实体建筑设备可以与虚拟孪生设备模型进行实时的信息传达与数据输送；虚拟数字设备和在数字孪生指导下的实体建筑设备同步运行，对实体建筑进行分析评估，故障检测以及维修验证，从而制定出一套完整的维修保养计划，确保实体建筑健康、稳定地运行。

3）建筑能耗运维模型

建筑能耗管理是指对大型体育场馆运行维护过程中的水、电、气、热等能源消耗进行监测、分析，同时对各种建筑设备系统的运行性能和完整的使用情况进行控制和优化。对建筑能耗进行精细化管理，确保低碳环保，降低建筑使用成本。建筑完工后，将不同的零散数据组合起来，收集到 BIM 模型中，对这些数据进行整理和分析，用 BIM 模型来展示

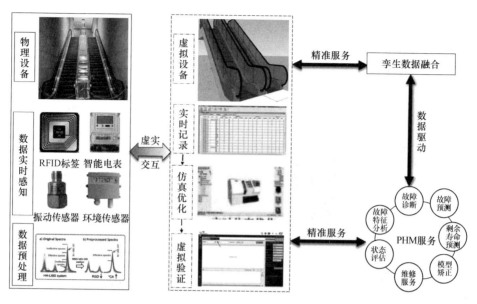

图 5.6.3-17　基于数字孪生的建筑设备运维模型

建筑的运维情况。在进一步引入建筑日常设备运维管理功能的同时，将整合所需的各种耗能设备参数。在此基础上，通过数字孪生建筑能源管理等方式采集传感器采集的能耗信息、设备运行情况、能耗信息等，在建筑能耗管理服务平台中真实反映建筑元素并把建筑孪生数据搭接到 BIM、IFC、XML 数据库中，对建筑物的物理能耗进行实时调整和迭代优化。图 5.6.3-18 显示了基于数字孪生的建筑能耗运维模型。

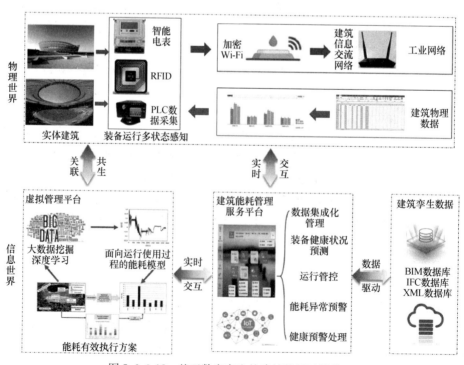

图 5.6.3-18　基于数字孪生的建筑能耗运维模型

与传统技术和方法相比，数字能源驱动的建筑能源管理具有以下特点：

（1）数据源从单一能耗数据转换为多种设备能耗，运行因素和使用行为的数据。数据源不仅包括实体建筑设备的多源异构传感数据，考虑到设备运行之间的相互影响，还包括虚拟管理平台的仿真演化数据。

（2）从纯数据的能耗分析发展为节能优化方案措施和优化使用建议。

（3）节能管理从传统的基于经验的管理模式转变为基于数字孪生的数字化管理模式。

本案例针对某大型体育场馆，提出基于数字孪生技术运维平台的开发过程，并介绍了其中运维模型的各组成部分功能与关键技术。实现力学仿真、决策与预警、可视化、数据管理等功能，并对案例应用效果进行分析，证明提出的基于数字孪生技术的运维安全智能预测方法的合理性与可行性。

6 超高层建筑智能监测方法与应用

6.1 研究概述

6.1.1 研究背景

1. 超高层建筑结构健康监测的发展

近几十年来，随着科技的不断发展、结构理论的不断完善，建筑结构呈现出多样性、复杂性的发展趋势，城市化进程的加速、人口密度的增大、城市用地资源的紧缺，高层建筑乃至超高层建筑的大量兴建已经成为当代建筑行业发展的重要方向。

随着施工技术和建筑材料的发展，20世纪初，采用钢框架结构，高度为381m（102层）的纽约帝国大厦建成，它的建成标志着超高层时代的到来。此后，高度更高，结构体系更复杂的超高层建筑在各地兴建，从高443m（109层）成束筒体系的芝加哥的Sears大厦，到110层外框筒核心筒体系的世贸中心双塔，再到800多米高的迪拜塔[265]，如图6.1.1-1所示，2020年前全世界高度前十的超高层建筑，高度屡创新高。超高层建筑的兴建已经伴随着城市的发展，成为不可或缺的一部分。

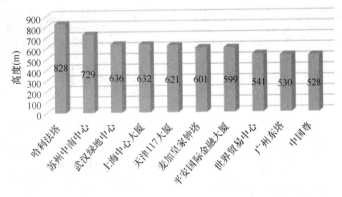

图 6.1.1-1　2020 年前封顶的全球十大高楼

由以上叙述不难看出，超高层建筑不仅为城市缓解了土地资源、人口集中的压力，而且已经成为城市的地标性建筑，它的存在是一种社会发展程度的象征，是一座城市实力的象征。

超高层建筑在受人瞩目的同时，也同样面临着一系列问题，如何保证结构施工安全、运营期间如何维护、遇到自然灾害或人为破坏怎样处理、光污染问题如何解决等，在这些问题中不可忽略的是结构的安全问题。

近年来，国内超高层建筑的高度和数量一次次被刷新。超高层建筑的结构体系也随着高度不断发展更新[266]。中国是全世界中拥有300m以上超高层建筑最多的国家，然而随着超高层建筑高度的增加，其安全性和适用性也不断受到挑战，对设计和施工都提出了更高的要求，见图6.1.1-2～图6.1.1-5。

全国建筑业规模庞大，在建工程数量持续保持在高位。但是随着大规模兴建，造成的安全问题也不容忽视。如图6.1.1-6、图6.1.1-7所示，虽然我国建筑行业事故和伤亡人数呈下降趋势，但相比其他行业，建筑行业的事故数量和伤亡数量仍然占有较高的比重

（图 6.1.1-8）。建筑业的安全生产形势仍然十分严峻，建筑工地的各类安全事故还频频发生，为促进建筑行业更加快速、高效地发展，建筑行业的安全问题仍然是十分值得关注的。

图 6.1.1-2　深圳平安金融中心

图 6.1.1-3　丽泽 SOHO

图 6.1.1-4　上海环球金融中心

图 6.1.1-5　中国尊

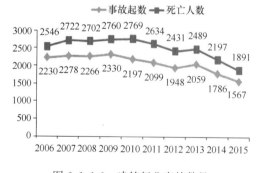

图 6.1.1-6　建筑行业事故数量

图 6.1.1-7　较大事故和伤亡情况

超高层建筑具有建筑面积大，施工周期长、难度大等特点，由于施工难度大，施工设备众多，容易引发安全事故，所以安全问题是超高层建筑在施工时不可忽视的问题。结构健康监测是保障超高层施工和运营维护安全的重要手段[267]。而超高层由于自身结构的特殊性，造成测点数量多、监测周期长、监测系统复杂等问题。所以，超高层结构健康监测对海量监测数据的分析、理解、管理和维护提出了更高的要求，有必要可视化监测数据；为密切监测结构安全，反映结构安全和性能的图片、文本、监

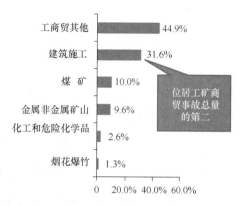

图 6.1.1-8　各类工矿商贸事故死亡人数

测数据和视频等多类型的安全信息，也应该作为结构安全监测和评估的有力依据在项目各参与方之间交流共享[268]；因此，给出高效便捷的协同工作平台，项目各参与方可协同解决结构行为异常，是实际工程中迫切需要解决的问题。

探索如何将 BIM 技术引入结构健康监测，实现结构智能监测，监测信息的智能管理显得尤为迫切，BIM 技术在建筑工程行业的发展和应用已经取得显著效益，成为未来建筑工程行业信息化发展的必然趋势。

2. 国内外研究现状

20 世纪 80 年代之后，在结构抗风、抗震的研究不断取得进展的情况下，研究人员逐渐把安全维修鉴定和可靠性评估结合起来开展结构健康监测的相关研究。在相关研究相继开展的情况下，结构健康监测在国内应用逐渐增多，但是由于结构健康监测系统集成技术非常复杂、费用高昂，我国的健康监测系统起初大多应用于大跨空间结构、桥梁等领域。一般采取的措施是在施工阶段安装传感器设备，然后分别在施工和运营阶段对结构进行实时监测[269]，超高层健康监测的主要流程如图 6.1.1-9 所示。

超高层建筑在我国的不断兴建，因其具有施工周期长，结构复杂等问题，超高层结构安全问题也受到越来越多的关注，在超高层建筑结构健康监测领域，国内专家和学者也进行了一系列研究，主要集中在超高层建筑模型模拟、现场监测系统部署和传感器优化布置等方面的研究。

在模型模拟方面，汪辉以深圳平安金融中心为案例，进行结构竖向变形施工模拟，结构内力变化施工模拟分析，并在关键部位布设传感器，采集应力应变数据进行对比，分析了施工荷载和收缩徐变对结构的影响，并借助数值分析手段对结构竖向变形进行扩展研究，为设计施工维护提供了建议和依据。

周康[2]以深圳平安金融中心为案例，介绍超高层建筑 MIDAS 模型的详细建立过程，基于有限元模型，完成结构施工模拟，分析施工速度对结构变形的影响，同时完成了结构稳定性分析。

Liu 等[265],[266]针对钢筋混凝土结构在施工阶段的安全性进行了一系列研究，通过建立一种三维的有限元计算模型，评估基础刚性、柱轴向刚度、楼板的长宽比以及支撑的刚度分布的变化对支撑荷载和楼板弯矩的影响，进而评估支撑楼板的安全性。

Pan 等[270]提出了一种基于增量叠加法的预测高层钢筋混凝土结构长期轴向变形的

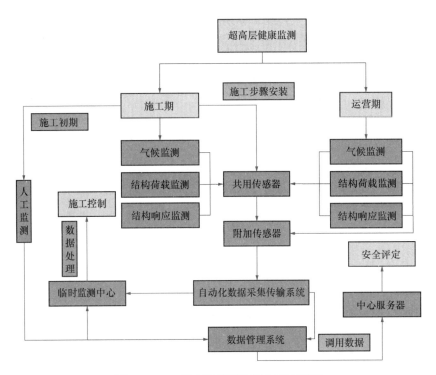

图 6.1.1-9 超高层健康监测主要流程图

方法，其将柱的竖向变形分为瞬时弹性变形和收缩徐变变形。该方法的思想是将结构的荷载和混凝土徐变和收缩离散化，然后分段分析得出结构的变形和内力。通过与实际工程的监测结果对比表明该方法能够较为精确地对高层建筑结构框架柱的竖向变形进行预测。

王宇[271]对超高层建筑伸臂桁架、腰桁架等传递水平应力的结构构件进行了细致的应力分析，并且对超高层建筑主要结构的抗风性能进行了对比。结合具体项目，根据超高层建筑结构在施工期、运营期的计算分析，给出了运营期建筑结构健康监测系统的总体框架、功能模块和布点设置。

徐安[272]对超高层建筑风效应的几个关键问题开展现场实测与风洞试验研究，研究了高层建筑风洞试验的尺度效应、超高层建筑结构风致振动的阻尼特性、高频底座测力天平（High-frequency Force Balance，HFFB）风洞试验中模型—天平系统的动力参数识别方法，提出了一种基于 HFFB 风洞试验的等效静风荷载计算方法。

Tewart[273]主要分析了施工荷载对结构可靠度的影响，分别从持续荷载及活荷载等考虑因素来进行分析，结果表明，考虑施工期的施工荷载对结构可靠度有影响，会增加建筑结构的可靠度。

Epaarachchi 等[274]介绍了施工期间多层混凝土结构的性能变化，分析了施工工艺、施工周期、混凝土强度等级等各种因素影响因素，结果表明，与其他因素相比，施工工艺对结构的影响更大，在分析结构的受力时，须考虑施工荷载的影响。

王光远[22]建议将时变结构力学分为快速、慢速以及超慢速时变结构力学三大领域。快速时变结构力学主要针对因结构本身急剧变化而引发的剧烈振动的力学分析及控制进行研究；慢速时变结构力学主要对施工力学方面的问题研究，将结构的最不利工作状态冻结并按时不变结构分析；超慢速时变结构力学主要针对结构服役期间的变化及安全度问题。

尧国皇和于清[276]采用结构分析软件 SAP2000 中的非线性分析模块，并结合实际结构为混合结构的项目，研究高层钢管混凝土框架—混凝土核心筒混合结构施工过程和使用过程中的竖向变形差。

韩旭亮[277]以中国第二高建筑——深圳平安金融中心（599m）为工程背景。搭建了深圳平安金融中心结构健康监测系统，并在台风妮妲和台风海马期间进行了现场实测，根据两次台风期间结构的加速度响应，识别出结构的自振频率、阻尼比和振型等模态参数。

在传感器优化布置和数据收集和处理方面，徐一超[278]优化了监测传感器布设方式的相关理论和方法，通过对比常用位移角损伤指标，证明研究提出的指标更适用于高层建筑的健康状况监测。

李东升[279]详细分析了常见的传感器优化布置方法的优劣，重点讨论了有效独立法和模态动能法之间的关系，QR 分解法和 MinMAC 法之间的区别和联系，讨论了目前常用的五种传感器优化布置方法的评价准则。

Qiusheng Li[280]等介绍了 SHM 系统的体系结构，同时以深圳平安金融中心为例，介绍了在平安金融中心中安装结构健康监测系统的研究活动和选择结果，同时介绍了台风期间该系统代表性的监测结果。

3. 基于 BIM 的结构监测研究现状

如今国内外已经对 BIM 的研究有了足够的重视，在 BIM 技术发展的同时，BIM 相关的规范和协议也在不断完善。在结构健康监测及其可视化方面，国内外基于 BIM 技术的结构健康监测也做了一些研究，主要集中在监测信息的可视化表达、数据的集成和转化等方面。

罗尧治[281]等为实现监测数据可视化，以 Flash 为可视化平台，以 Action Script 语言脚本的方式将健康监测采集的信息加载到 Flash 可视化平台中，实现监测信息的可视化，但对于国家体育场这样的超大型公共建筑，在表达实际监测点布置情况是采取二维平面图的方式，不是很形象和直观。

王超[282]对研究基于 IFC 的监测信息表达与集成方法，建立监测信息模型，确定集成到 BIM 的监测数据成员及类型，实现监测信息直观提取，自动预警等效果。

Raiz[283]等人用无线传感器进行现场监测数据的实时采集，然后基于 Revit 软件进行二次开发，实现监测数据在 Revit 中的可视化，从而为施工安全提供指导。

郭海超[284]通过结合 BIM 技术提高了结构健康监测的信息化水平，结合 BIM 技术优化结构监测信息的显示方式，设计有针对性的数据处理模块，借助 Open GL 和 ANSYS 等工具，开发了集成监测数据、结构模型和结构有限元分析于一体的大型公共建筑监测数据可视化系统。

Park 等人[285]通过 Web 客户端，融合周边环境 Revit 模型，开发了基于 Web 客户端和 Revit 的环境监测系统，从而实现监测数据的可视化，实现快速提取监测数据和处理的方法。

Donghwan Lee[286]将 BIM 技术应用于建筑物能源监控领域，基于 BIM 技术，搭建了建筑物能源监测系统，实现能源消耗数据的可视化，为相关监测人员提供新思路，提高了运维阶段设备管理人员的工作效率。

田佩龙[287]对 BIM 进行了研究，利用 BIM 信息和机电设备数据监控的特点，实现了 BIM 数据与机电监控数据的相互传递和集成。实现机电监测数据的可视化表达和监测数据的查询功能。

Jianli Chen[288]基于 Revit 平台结合 IFC 数据交换格式存储功能开发插件，实现桥梁可以结合 IFC 数据交换格式存储功能，以 BIM 为开发平台，使监测数据可以在 Revit 软件中的实时存储和二维显示。

李锦华[289]针对桥梁健康监测信息无法标准化表达的问题，提出建立 IFC 数据模型与监测信息模型数据的链接关系，对 IFC 进行了扩展，融合了 IFC 信息与实际结构监测信息，从而实现了监测信息的可视化表达。并通过桥梁健康监测温度传感器监测数据模拟实验验证。

姜韶华[290]研究如何集成基于 BIM 的文本信息，最终实现了数据的提取、文档关联关系的添加等若干功能。

王文发[291]为实现住宅施工质量可视化监测方法，将 BIM 信息与住宅施工质量状态监测信息融合，利用 Multi-Quadric 径向基函数法对监测数据进行差值计算，组建信息模型，完成对住宅施工质量可视化动态监测。

陈武争[292]提出了基于 BIM 的港口危险品集装箱堆场危险可视化系统概念，并对系统的应用前景提出了建议。

贾宁霄[293]为实现以 EC 框架为基础的 BIM 模型信息扩展，基于 Microstation 平台，进行二次开发，也实现了外部数据库和 BIM 基础的图形元素信息集成。

陈静[294]以我国北方大型港口监测为案例，首先分析高桩码头的特点，对现场监测数据进行校验，完成监测安全预警和图纸生成等工作。为了实现监测系统的三维可视化，研发了监测系统和 BIM 模型的对接机制，提升了整个码头监测的信息化水平，提高了项目信息管理水平。

Maximilian Sternal[295]将监测信息分成全球信息和本地信息，将 BIM 通用标准格式文件 IFC 与算法、监测信息相结合，开发了无线传感器网络，实现了无线结构健康监测。

Ghang Lee[296]为帮助塔吊操作技术人员操作时提供多个观察的视角，开发了一套可视化系统，该系统结合建筑物的 BIM 信息模型及其周边环境的传感器监测数据、视频监测数据。

马飞[297]以南水北调工程为具体案例，融合 BIM 与 SQL 数据库技术，建立一套南水北调工程的输水箱涵安全监测管理系统，该系统可实现监测数据和监测仪器的具体信息可视化。

Park 等[298]开发了基于 BIM 的在线环境监测系统，将环境监测数据在 Revit 中实现可视化，显著提高了数据的易读性。

Bai[299]开发了基于 BIM 的钢结构损伤自动识别系统，该系统综合运用了 BIM 技术、无线射频识别技术，能够自动识别结构损伤，并利用 Revit 模型定位损伤部位，显著提高监测系统的交互性和效率。

Raiz 等[300]将传感器技术和 BIM 结合，利用无线传感系统监测现场的含氧量和温度数据，并以 Revit 为平台，通过二次开发实现监测数据的实时可视化显示，很好地避免了突发状况给工人带来的危险。

Faraj 等[301] 和 Vanlande 等[302] 分别开发了基于 IFC 的工程信息集成和共享平台，实现了工程数据在项目各方之间的共享。

国内外学者的研究实现了监测数据的可视化，在监测数据的集成、转换、管理方面有了较多的研究，但是大部分研究基于 IFC 标准和 Revit 二次开发来实现，在可视化信息方面，仅考虑采集到的监测信息的可视化[303]-[310]，而结构安全信息的图片、视频、文本等多类型格式的结构安全文件以及传感器、监测构件的拓展信息却未考虑。同时在超高层监测领域，如何将 BIM 技术运用于超高层建筑结构监测的全过程，实现监测全过程智能化、信息化，相关研究较少。

6.1.2 研究意义

综合上述，虽然健康监测研究较为成熟，但是在监测全过程信息化应用方面，还是比较欠缺，还是难以满足超高层越来越精细化的结构实时安全监测需求，在结构模型信息承载量、数据库大数据处理能力以及系统可视化的实时评估和智能预警方面亟待完善。BIM 技术的发展为超高层建筑健康监测系统完善，监测方法创新提供了一个新的契机。

研究如何将 BIM 技术在超高层建筑健康监测全周期中深入应用，探讨如何通过融合建筑 BIM 模型和监测数据，实现超高层健康监测信息提取可视化、监测过程信息化，通过融合结构有限元信息和结构 BIM 信息，实现 BIM 4D 模型的动态预警功能，如何将 BIM 模型与 Web 系统相结合促进互联网与工程的实际应用，对推广 BIM 技术在超高层结构健康监测中的应用与发展具有积极作用。

基于 BIM 技术的超高层监测手段，使超高层建筑在施工和运维阶段结构的健康监测数据得到直观地展现，提高了超高层建筑监测工作的便利性与监测效率，有效地降低了监测过程中的人为影响，为超高层监测的信息化发展提供了平台。

6.1.3 研究内容

（1）总结了超高层建筑结构健康监测以及 BIM 技术与结构监测结合的发展现状，分析目前已有研究的不足之处，明确研究的目的。

（2）研究超高层监测过程中涉及的多源信息种类及其特点，总结现有信息融合理论，介绍超高层智能监测系统中传感器信息、监测信息、有限元分析信息的集成方法。

（3）通过对系统用户需求和功能需求的分析，明确基于 BIM 技术的超高层结构健康智能监测系统的具体需求，根据装配式建筑施工管理的特点，提出了基于 BIM 的 B/S 架构下的超高层智能监测系统主体架构，说明了系统各层级间的逻辑关系，对框架进行了概念设计。同时根据需求分析设计了监测数据三维可视化为主要目标的系统功能模块。

（4）研究 Revit 模型和 MIDAS 模型的转换方法，利用结构 BIM 模型实现结构有限元分析，完成超高层结构施工模拟，结构竖向变形，桁架应力分析、风载和温度作用下的结构变形分析。

（5）结合实际案例，分析基于 BIM 的考虑多源信息的超高层建筑结构健康监测方法的可行性，对基于 BIM 的 B/S 架构下的超高层智能监测系统主体架构进行验证，实现基于 BIM 的超高层建筑结构健康监测方法。

　　通过文献研究和实际项目相结合，对基于 BIM 的考虑多源信息的超高层建筑结构健康监测系统全流程进行分析和设计，技术路线如图 6.1.3 所示：

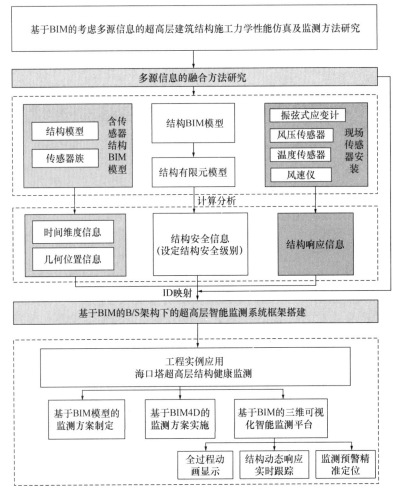

图 6.1.3　技术路线图

6.2　结构监测多源信息集成方法研究

　　结构监测信息和结构安全状态信息是反映结构实际状态是否安全的重要依据，结构 BIM 信息可提供结构的几何位置关系，辅助完成对比分析，三者结合可实现结构监测、实时可视化预警。基于 BIM 的结构监测平台是以 BIM 模型为核心集成结构安全信息和结构响应信息，是实现结构安全信息智能化监测的重要途径。研究分析超高层监测信息的分类及其特点，分析常见的多源信息融合理论，然后利用 Revit 软件创建结构 BIM 模型、传感器模型，给出结构构件的命名与编码规则，并拓展结构监测构件的参数信息，拓展传感器的参数信息，从而实现结构安全信息和结构响应信息的对应。

6.2.1 结构监测多源信息分类及特点

超高层监测涉及多个渠道信息，包括结构化信息和非结构化数据信息，主要信息分类如图6.2.1所示，呈现出信息量大，管理难度较大等特点。其中结构化信息指结构在设计模型下，进行有限元分析，得到的结构安全信息，可为结构监测数据分析提供理论依据。非结构化信息指结构的安全响应信息，指多种类型结构传感器通过实际监测，获取到的结构实时状态响应信息。结构 BIM 模型可以提供时间维度信息和几何位置关系信息，在结构健康监测过程中提供三维可视化的指导。多源信息各自独立工作，会造成信息的丢失和沟通不畅。而将结构化和非结构化数据信息进行融合，同时发挥 BIM 平台的信息共享、可以实时可视化等特性，实现基于 BIM 平台对超高层结构健康监测信息的实时获取、大数据分析、实时评估和智能预警决策，提升超高层建筑健康监测信息化和智能化水平。

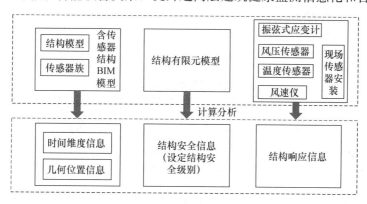

图 6.2.1　超高层监测信息分类

6.2.2 结构 BIM 信息及拓展信息的集成方法

1. 构件模型的集成

1）构件的类型属性和实例属性

BIM 模型中，项目是由各个图元组成的，每个图元相当于一个构件，构件的属性分为类型属性和实例属性，类型属性就是和该图元类型相同的所有构件具有的共同属性，构件的类型属性用来定义同一类型构件的共同属性，主要包括构件截面定义、几何参数和标识数据信息。实例属性定义每一个具体构件的特有属性，主要包括构件的约束、几何图形位置、构造、材质、标高定位和尺寸标注信息。类型属性和实例属性为结构安全监测提供了构件的基本参数，添加类型属性和实例属性的方法是：基于 Revit 建模方法，创建结构模型，在生成结构构件的过程中，调用类型属性编辑器，打开类型属性编辑框，输入构件的类型属性，为同类型构件添加共有的参数信息，同类型构件可以共享并调用该信息，提高信息的利用效率。然后，打开实例属性编辑框，在对应的属性条目中添加实例属性，满足具体不同构件的特有信息[268]。

2）构件的命名与编码方法

以实现基于 BIM 结构施工过程结构健康监测为目标，为解决结构安全监测中关键受力构件在繁杂的模型构件中快速定位和识别、结构安全预警发生时结构异常构件的准确定位，以及开展结构施工建造模拟中施工段的划分和结构施工任务的创建，本章提出结构模型构件的命名与编码方法：构件名称定位编码，即 B—A。其中，构件名称即当前的几何图元所构成的工程实体构件的名称；定位编码由构件所在的轴网和标高组成，或者根据具体实际项目的特点，给定构件的定位标识，作用是确定构件的准确位置；构件名称与定位编码相结合，作用是支持结构模型构件的布置与设计。

2. 构件拓展信息的集成

结构监测构件的拓展信息内容可以由 I_1、I_2、I_3、I_4、I_5、……I_n 这 n 个参数及其对应的参数值表示（表 6.2.2）。其中，I_1、I_2、I_3，是三项必需的参数，分别为图元构件 ID、族类型和测点编号；I_5、……I_n，是根据实际项目需要自定义的参数，如结构构件材料的屈服强度、抗拉强度、密度、伸长率和等参数信息。图元构件 ID 是为了解决结构监测构件 ID 与安装在此构件测点的传感器 ID 形成映射关系，对应关联传感器所监测的结构响应信息。将上述构件拓展信息保存为常用的 ＊.xls 格式或者 ＊.txt 格式文件，导入结构安全拓展信息数据库，或者直接利用 SQL 语言在数据库中输入、存储拓展信息。其中，以行的形式存放构件拓展信息的性能参数，在性能参数行的下一行对应输入参数值。

构件拓展信息示例 表 6.2.2

性能参数	测点编号	ID	族类型名称	创建阶段	屈服点
参数值	S_X09W	534565	Beam	构造	345MPa

6.2.3 结构响应信息及拓展信息的集成方法

结构响应信息的集成，即将传感器采集到的信息进行集成，利用 Revit 软件创建传感器模型，将传感器族模型载入结构 BIM 模型中，然后按照监测方案，将不同类型的传感器模型布置到相应的测点位置，实现传感器的集成，进而实现结构响应信息的集成，帮助检测人员和施工人员更好地理解监测方案和传感器的位置。

1. 传感器族类型的选择

传感器由于外形不同，种类较多，在 Revit 族库中不存在传感器族类型，无法直接使用族库中的族进行布置。根据 Revit 族中内建族和可载入族的特点，内建族只能用于项目中特定的对象，可载入族可以位于项目环境外，且具有 ＊.rfa 扩展名，本章选择采用可载入族类型创建传感器族模型。

2. 传感器族模型的设计

利用 Revit 进行族模型设计时，可选择软件自带的格式为 rft 族样板文件，因为传感器在模型中放置时是放置于构件的外表面，所以为了方便后期传感器族模型的放置，选择基于面的公制常规模型的族样板文件，在设计时，根据传感器的几何参数，设置工作平面和参照线。在不同的工作平面内，利用拉伸、融合、旋转、放样和放样融合等方法，创建振弦式应变计、温度传感器风压传感器等传感器模型。

3. 传感器模型的运用

基于族样板文件创建的传感器文件为具有 ＊.rfa 扩展名的文件类型，族文件可通过插入族文件目录加载到项目文件中，当不同的结构监测项目需要用到传感器模型时，可在构件目录下找到载入的传感器族模型，利用临时尺寸标注，基于面在监测点进行放置。创建好的模型可重复导入不同的项目文件重复利用。分别显示利用上述方法创建的风速传感器、风压传感器、加速度传感器以及应力传感器的集成，如图 6.2.3 所示。

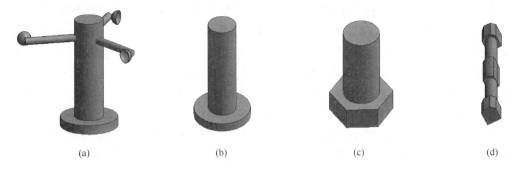

图 6.2.3　传感器模型

（a）风速传感器；（b）风压传感器；（c）加速度传感器；（d）应力传感器

传感器拓展信息指的是在创建好的传感器族模型的基础上，为实现结构预警，保证结构安全，为传感器增加参数信息。可以用 K_1、K_2······K_n，这 n 个参数及其对应的参数值表示传感器拓展信息。在这些参数中，K_1、K_2、K_3 是三项必需的参数，分别为传感器模型 ID、族类型和传感器编号；K_4、K_5······K_n 是根据实际项目需要自定义的参数，如传感器的量程、分辨率、精确度、使用年限、灵敏度和安装时间等参数，具体可见表6.2.3-1、表 6.2.3-2，这些参数在监测过程中作为查看的参数指标，保证传感器的正常运行。传感器模型 ID 是为了传感器模型与结构监测构件创建映射关系，用于具体工程项目中构件测点的识别、传感器的定位和安装，以及基于结构监测构件测点位置所安装传感器的结构响应信息显示。如结构在施工过程中可能出现的构件水平和竖向偏移即（ΔX，ΔY，ΔZ），可用下面公示 2-1、2-2、2-3 所示。

$$F_{外框柱}(\text{ID},x,y,z,t,\sigma,\varepsilon) \longrightarrow F_{外框柱}(\text{ID},x,y,z,t,\sigma,\varepsilon) \qquad (2\text{-}1)$$

$$F_{钢板墙}(\text{ID},x,y,z,t,\sigma,\varepsilon) \longrightarrow F_{钢板墙}(\text{ID},x,y,z,t,\sigma,\varepsilon) \qquad (2\text{-}2)$$

$$F_{连接钢梁}(\text{ID},x,y,z,t,\sigma,\varepsilon) \longrightarrow F_{连接钢梁}(\text{ID},x,y,z,t,\sigma,\varepsilon) \qquad (2\text{-}3)$$

上述的传感器拓展信息可保存为常用的 ∗.xls 格式文件，其中，以行的形式存放传感器拓展信息的性能参数，在参数行的下一行对应输入参数值。在此基础上，利用与结构构件拓展信息同样的集成方法，基于 BIM 平台集成传感器拓展信息。

感器拓展信息示例 A				表 6.2.3-1
性能参数	型号	ID	族类型名称	传感器编号	量程
参数值	GK-4100	548629	STRAINSENSOR	S3＿B34X	$300\mu\varepsilon$

感器拓展信息示例 B				表 6.2.3-2
性能参数	型号	ID	族类型名称	传感器编号	量程
参数值	GK-4100	312548	STRAINSENSOR	S2＿B13X	300
性能参数	非线性度	精度	长度	使用年限	分辨率
参数值	<0.5%FS	1%FS	50mm	20 年	0.5～$1\mu\varepsilon$

6.2.4 有限元信息及拓展信息集成方法

结构有限元信息指通过有限元分析软件分析得到的，可以反映超高层建筑在施工阶段和运营阶段的安全状态下结构的受力和变形信息。反映结构安全信息的文件类型包括施工过程有限元结构分析报告、现场施工视频、实际传感器安装和线路排布图等信息，反映结构在施工阶段和使用阶段的安全性态。多类型格式的结构安全文件包括文本、图片、视频类型格式的文件，所以有限元信息的集成，就是基于传感器拓展信息中的 ID 编号与结构监测构件 ID 编号和结构 BIM 几何信息相对应，将文本、图片等多类型格式的数据集成到平台中。

数据的存储和管理可采用在 SQL 数据库中存储文件的路径，实现多类型格式的结构安全文件信息的存储和管理，进而基于数据库支持 API 二次开发[278]，方便基于 BIM 的超高层智能监测平台可高效调用和查阅结构安全数据。通过结构构件的拓展信息中的 ID 编号，实现安全信息关联到结构构件。从而使结构施工过程中产生的多类型结构安全文件信息都能够基于 BIM 监测平台与结构模型构件相关联。

本节主要介绍了超高层监测的主要信息源及其特点，分析了目前多源信息的主要融合理论，一般主要有集中式结构、分布式结构、混合式结构。然后分析考虑多源信息的结构监测多源信息融合方法，最后从结构 BIM 信息、结构响应信息、结构有限元信息方面进行分析，研究基于 BIM 的 B/S 架构的超高层结构智能监测系统的信息融合方法，为系统框架搭建提供理论依据。

6.3 超高层智能监测系统框架搭建

框架设计是系统开发的核心，清晰的系统框架可以给系统开发人员提供具有逻辑性的开发思路，也能为使用者梳理系统应用流程。在建立系统之前，首先要对系统进行需求分析，需求分析是指通过分解系统在功能、非功能、用户等方面的需求来确定系统的目标。本节将完成基于 BIM 的 B/S 架构下的超高层智能监测系统框架设计，首先分析了系统的需求分析，然后根据第二节的多源信息融合理论，分析本系统的多源信息融合方式，设计了基于 BIM 的超高层建筑结构智能监测系统总体逻辑架构，明确了系统内部的逻辑关系，根据功能需求确定了系统的功能架构。

6.3.1 需求分析

需求分析即从系统希望实现的目标入手，分析系统需求；其次要了解系统的设计原则，一般系统所具有的特性在不同服务对象的定制系统中也要正确体现。需求分析各部分的关系如图 6.3.1-1 所示，设计原则也就是系统的非功能性需求，它是系统设计的支撑，系统所设计的内容都建立在设计原则之上；功能需求是系统应用时的具体功能性目标，它控制了系统的应用范围；用户需求则是系统的服务对象，系统的设计最终还是要回归到用户，提升系统的使用体验。

1. 设计原则

1）易用性

系统设计首先要考虑系统的易用性，友好的用户界面，易于理解的操作功能和简单的

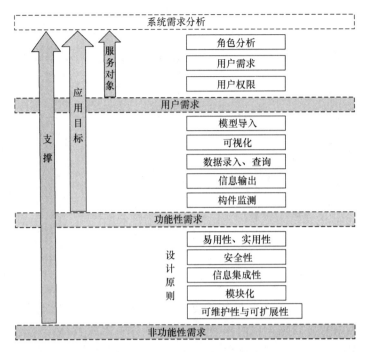

图 6.3.1-1 需求分析各部分关系

步骤，可以帮助用户快速启动。管理人员通过简单直接的操作系统和易于理解的界面语言，快速找到所需的功能菜单，易于理解的界面语言，避免含糊不清。

2）实用性原则

实用性原则是系统必须满足实际项目和用户的目标，即功能需求，这也是系统开发的主要因素，也是系统平台推广应用的基础。在系统设计之前，必须对系统的功能需求进行详细的分析，系统的开发必须以功能需求为基础。

3）信息集成原则

结构监测伴随着项目的整个进行过程，是一个动态过程，会产生大量的监测信息，结构监测系统需实现多源信息的集成，项目各参与方可直接从数据库中调用数据，所以系统需满足信息集成原则[311]。

4）模块化原则

监测系统功能较为复杂，在设计时需要将各部分功能模块独立分开，但是同时要提高各模块的内聚性，减少耦合性，从而保证各模块的独立性，保证系统的平稳可靠运行。

5）可维护性原则

可维护性是指在系统使用过程中一旦发现系统漏洞和设计缺陷，维护人员对系统进行维护和管理的难易程度，可维护性直接影响了系统的应用价值和使用体验，可维护性越高对系统的升级和完善越有利。

6）可扩展性原则

系统的设计需要考虑可扩展性和兼容性，即通过简单的处理系统可应用于不同的项目，系统的运行应当具有弹性。因此，设计应充分考虑系统数据库支持的数据格式和信息处理能力。

2. 用户需求分析

对于超高层建筑结构监测，根据施工业务操作以及日常管理，可将使用监测系统的用户分为四大类，分别是项目领导、监测人员、施工人员以及维修人员，他们在使用系统时的职责和需求如表 6.3.1 所示。

角色职责与需求 表 6.3.1

用户角色	职责	需求
项目领导	统筹总体施工，保证安全	简单快速了解结构安全状态
监测人员	完成监测传感器安装， 定时采集数据，出具监测报告	快速提取监测数据， 直观了解建筑物几何信息
施工人员	完成施工任务， 与监测人员反馈现场情况	监测数据实时反应施工进度， 为下一步施工安全提供指导
维修人员	维护系统程序，完善系统功能， 修改系统漏洞	系统需要为维修人员提供可后 台操作的平台，以便更好地完善系统

上述角色之间的关系以及系统使用程度如图 6.3.1-2 所示，施工人员由监测人员管理，监测人员由项目领导管理，项目领导阶段性地应用系统查看结构安全情况，监测人员和施工人员每天都需要通过监测系统对现场监测仪器和施工进度进行管理，而他们对系统有需求或是对系统有疑问时，就需要跟维修人员沟通，满足他们的需求。

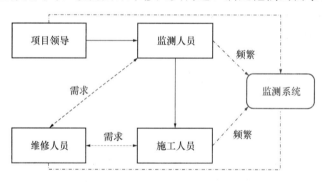

图 6.3.1-2　角色关系及系统使用程度

3. 系统功能需求分析

系统体验感的优劣体现在系统的功能设置上，而系统功能需求分析是设计功能架构的第一步。功能需求分析首先要明确系统的设计边界，也就是所需系统是为谁设计，为什么领域设计，明确系统边界才能对系统进行功能需求分析。目前，已经被大范围使用的比较主流的监测系统大多数以二维图表、曲线显示监测数据，通过在三维模型中点击传感器查看监测数据的系统较少，缺乏比较直观、动态的表达。基于 BIM 技术的超高层建筑结构健康监测智系统的研究是将 BIM 技术和结构健康监测有机结合，以现场传感器为主要管理对象，同时辅以有限元信息和传感器信息的管理。本书的监测系统框架围绕如何在 BIM 模型中查看监测的数据，预警构件快速定位等核心需求，为施工人员、监测人员提供一个可远程操控、实时查询、方便沟通的智能监测系统，系统主要功能需求及关系如图 6.3.1-3所示，基于实际工程应用需求，结构健康监测管理系统需实现以下功能：

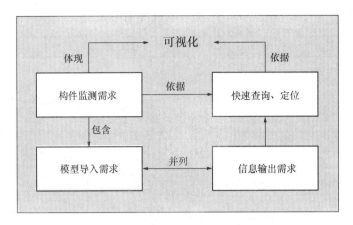

图 6.3.1-3 功能需求及关系

1) 模型导入需求

监测模型是现场实际情况的三维展示，所以平台可融合结构 Revit 模型，模型导入快速、便捷。同时在平台中，可对模型进行查看、编辑，平台中可实现模型旋转、筛选、隐藏等功能。

2) 监测装置模型的快速建立及布置

为了保证监测模型和现场实际情况一致，需将应变传感器、温度传感器、风压传感器等监测设备模型按照监测方案与结构 BIM 模型相融合，所以该系统需满足监测装置模型快速布置的需求。

3) 可视化需求

可视化需求即实现监测信息三维实时展示和结构预警时的三维快速定位。现场的传感器采集信息通过无线网络传输，存储到系统数据库平台，在监测系统界面可点击传感器模型查看。同时依据导入的结构有限元分析数据，在结构响应信息超过结构安全状态阈值时，模型中相关构件高亮显示，监测人员和施工人员可快速定位，采取相应措施。该预警同时将预警信息以短信、邮件的形式发送给相关负责人。

4) 监测点及数据记录的快速查询、定位及导出

超高层监测过程中，传感器会产生大量的数据，对于数据的整理和查询是一项非常繁琐的工作，可以实现监测数据的快速查询、定位及导出是超高层监测系统的重要功能。

5) 信息输出需求

监测系统可以输出监测报告，同时可以输出标准的 IFC 格式文件，可周期性地对结构安全状况提供监测报告[311]。

6.3.2 系统总体框架设计

1. 架构选择分析

目前，主流软件体系结构主要有两种：一种是 C/S 结构，即客户机/服务器（Client/Server）结构，另一种是 B/S 结构，即浏览器/服务器（Browser/Server）结构。B/S 体系结构主要是由浏览器、Web 应用服务器以及数据库服务器构成，如图 6.3.2-1 所示。常见的 C/S 结构，比如 QQ，通过在 Client 端和 Server 端进行任务的合理分配，从而降低

系统的通信开销。B/S 结构，是 Web 兴起后的一种网络结构模式。

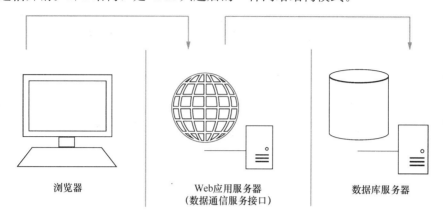

图 6.3.2-1 B/S 体系结构图

B/S 模式和 C/S 模式相比，在业务的处理逻辑上有较大的差别，造成二者在可维护性、用户界面等方面各有优劣，表 6.3.2-1 是 B/S 架构和 C/S 架构对比，表 6.3.2-2 是 C/S 架构与 B/S 架构优缺点比较。

B/S 架构和 C/S 架构对比   表 6.3.2-1

比较内容	C/S	B/S
可维护性	较差	好
用户界面	各不相同	统一
代码复用	较差	好
移植性	困难	好
支持用户量	少	多
网络环境	局域网	广域网
安全性	好	差

C/S 架构与 B/S 架构优缺点比较   表 6.3.2-2

	C/S 架构	B/S 架构
客户端	胖客户端	瘦客户端
跨平台性	不同操作系统需要开发不同版本	与操作系统平台无关
安装和部署	需要在使用者 PC 上安装软件	易于部署，只需要在服务器上安装
维护和升级方式	每一个客户端都需要升级，工作量大	只需将服务器的软件升级到最新版本
投入成本	后期的维护成本会增大	较低

2. 系统总体框架

根据超高层智能监测系统的功能需求以及设计原则[213][214]，基于 Revit 模型和 B/S 架构，利用 WebGL 技术，进行超高层结构健康监测系统整体架构设计，从逻辑上将系统框架分为采集层、数据层、平台层及应用层，系统框架如图 6.3.2-2 所示。BIM 平台与结构监测系统信息融合的硬件系统框架如图 6.3.2-3 所示。

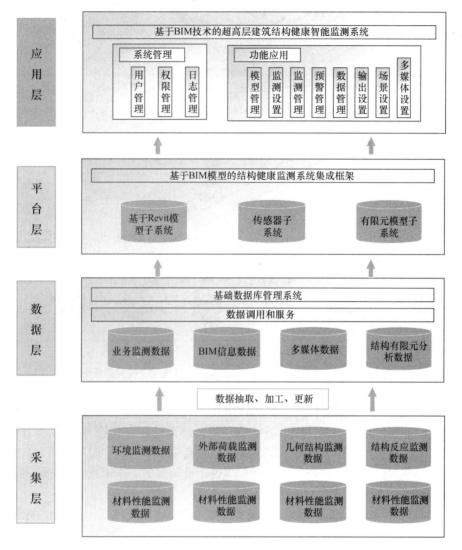

图 6.3.2-2 系统框架

1）采集层

采集层的主要功能是采集施工现场反映结构健康状态的监测数据，主要包括结构响应数据，如伸臂桁架、环桁架等关键部位的应变值；结构几何数据，如结构竖向位移，水平位移等数据；环境监测数据，如风速、风压、温度、地震等监测，同时还有现场多媒体数据。主要的采集手段有传感器采集和人工采集，传感器数据集成到采集仪再通过 4G 网络接入系统，人工采集数据可人工录入系统数据库存储。

2）数据层

数据层是实现监测数据的管理。其中主要包含监测数据、BIM 模型、监控装置模型数据、现场图片、结构有限元分析数据等。

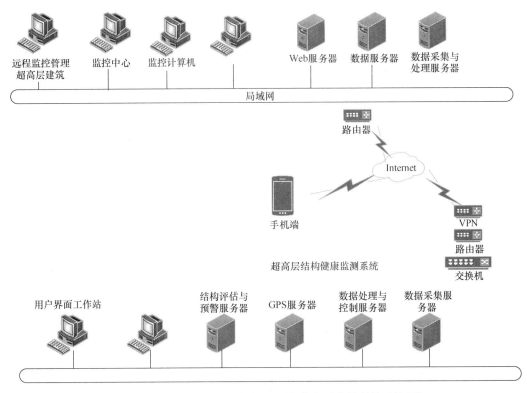

图 6.3.2-3　BIM 平台与结构监测系统信息融合的硬件系统框架

3）平台层

系统平台基于 Revit 模型和 B/S 架构，依托 BIM 模型的高效性和共享性，为超高层三维可视化智能监测平台的开发提供可能性，平台层通过融合结构 BIM 模型和传感器模型、结构有限元分析数据，可创建三维可视化的健康监测平台。同时平台层集成结构有限元分析的结果数据，为结构预警提供依据，实现预警构件的三维可视化定位。

4）应用层

应用层是实现系统功能的平台，是用户使用监测系统最直观的感受和操作的接口平台，应用层实现终端用户与系统的交互。

3. 系统访问流程

系统总体架构确定之后，对于系统应用有着基本的访问流程，用户可通过用户层所述的不同媒介根据不同身份角色来使用系统，进入后如果没有账号则需注册自己的账号，系统会识别用户信息是否被注册，注册后即可登录系统，如果已经有账号可直接登录，同时系统会判断密码是否正确，正常登录后用户即可使用系统各功能模块，同时系统会通过识别用户身份信息判断用户使用系统的权限，从而为用户提供相应的功能模块，具体的系统访问流程如图 6.3.2-4 所示。

6.3.3　功能模块设计

依据超高层智能监测平台的需求分析，系统的功能模块可分为系统管理、模型管理、监测设置、监测管理、预警管理、数据管理、附属功能（输出设置、场景设置和多媒体设置）七个模块。系统功能模块设计如图 6.3.3-1 所示。

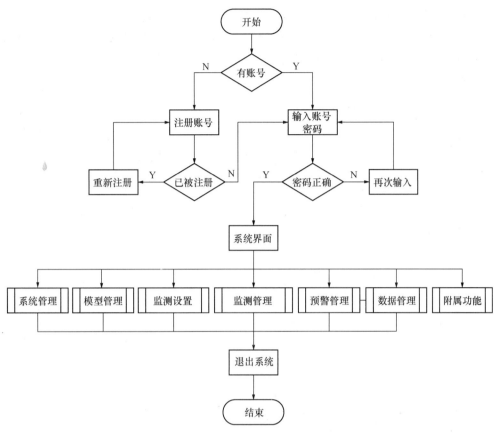

图 6.3.2-4 系统访问流程

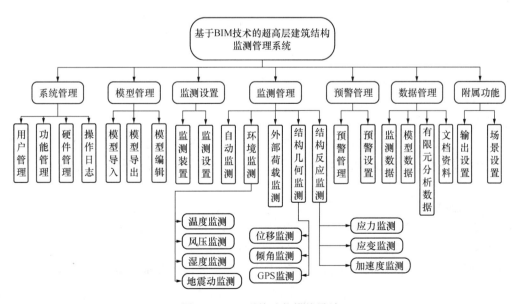

图 6.3.3-1 系统功能模块设计

1）系统管理模块

系统管理是对系统的整体管控，包括用户管理、权限管理、日志管理，此功能模块作为维修人员对系统进行后台管理的功能模块，不涉及具体的结构健康监测内容，其中用户管理可供任何用户角色使用，而功能管理、硬件管理和操作日志的使用权限只对维修人员开放，系统管理模块用例图如图 6.3.3-2 所示。

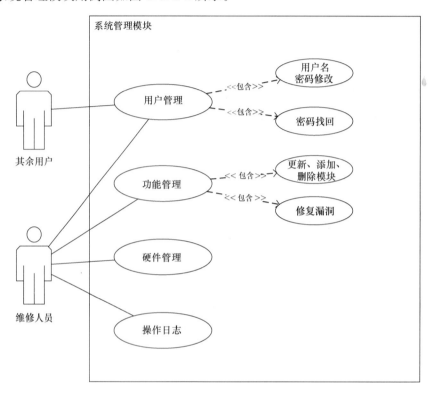

图 6.3.3-2　系统管理模块用例图

（1）用户管理

对于维修人员来说，用户管理的主要功能是维护系统使用人员的账号信息，以及系统内所有与结构监测有关的信息，保障信息的安全性。同时在其他使用人员登陆或注册遇到问题时提供技术支持。

对于项目领导、监测人员和施工人员来说，用户管理的功能是编辑各自的账号信息，根据使用者的身份对自己的账号和使用权限进行管理和选择，提供账号信息修改、密码找回等功能。

（2）功能管理

随着系统在开发、应用过程中新的思路和想法，维修人员可以更新、添加或删除相应功能模块，使系统功能具有更强的适用性。其他人员虽然不能对系统进行操作，但如果使用过程中发现漏洞或有新的功能需求可以向维修人员提议及时对系统功能进行修复和更新。

（3）硬件管理

现场数据采集仪和各传感器在应用过程中必然会出现设备问题，当系统硬件配置或是采集终端出现损坏情况时，硬件管理提供统计损坏或有问题的硬件信息的功能，维修人员定期查看并及时对硬件进行检查、维修或更换。

（4）操作日志

在各类人员使用系统时，每个人的操作都会留下操作痕迹，当系统信息与实际信息有出入时，操作日志便能给维修人员提供信息的来源，系统提供操作日志的功能，记录了每条信息的来源，包括信息操作的用户账号信息、IP 地址、时间等必要信息，实现系统信息的可查性。

2）模型管理模块

模型管理模块主要涉及 BIM 模型、传感器模型的导入、导出及编辑。基于 Revit 平台，可以很好地实现模型的导入导出功能；同时，可以实现与其他系统平台的数据文件共享。

3）监测设置模块

本模块根据监测功能需要建立了监测装置模型（该装置通过 Revit 族建立实现），见图 6.3.3-3，监测设置模块主要实现监测装置布置，如振弦式应变计、温度传感器等模型的布置，在模型中实现监测装置和现场监测的一致性。同时，监测设置功能主要实现监测相关设置，比如监测数据和数据曲线显示等。

图 6.3.3-3　监测装置 BIM 模型

4）监测管理模块

监测管理模块是该智能监测平台运转的核心功能模块，主要包括自动监测、环境监测、外部荷载监测、结构几何监测、结构反应监测五个主要部分及超高层监测相关的详细监测项目。

自动监测模块可以设置现场应变传感器采集数据的周期，外部荷载监测可以设置温度、风压、地震等监测传感器的采集时间和频率。其他的监测功能可以依据具体的监测项目进行选择，如针对超高层建筑不均匀沉降、竖向变形、水平位移等监测。

5）预警管理模块

预警管理模块是基于监测管理采集的数据和外部导入的结构有限元分析数据进行的预警管理，包括预警管理和预警设置两部分功能，预警设置功能块主要是实现构件发生较大变形时，相关的显示设置，如高亮显示的颜色等。预警管理主要希望实现对预警构件的快速定位和数据查看，并且通过邮件和短信的形式通知监测人员和施工人员，实现快速预警，采取相关的施工方案，以规避潜在的风险。

该平台预警设置功能模块对监测参数设置阈值，如监测到的数据超过阈值，则发出预警信号。本系统根据《建筑工程施工过程结构分析与监测技术规范》JGJ/T 302—2013，设置结构为三级预警状态。应力及变形预警指标阈值及对应提醒颜色如表6.3.3-1所示：应力预警值取构件承载力设计值对应监测值的50%（一级），70%（二级），90%（三级）。变形预警值分别取规范限值的50%（一级），70%（二级），90%（三级）。其余指标阈值则根据工程情况由各方协商确定。

应力及变形预警指标阈值及对应提醒颜色　　　　　　　　　　　表6.3.3-1

预警阈值	颜色
50%	一级
70%	二级
90%	三级

6）数据管理模块

数据管理模块主要实现监测数据、模型数据、有限元数据、多媒体数据及文档资料的管理。超高层建筑施工过程中会产生大量的监测信息，系统的数据主要为采集仪采集的各传感器监测到的数据，除了构件本身的基本信息外还包括构件应力、应变以及倾角信息，结构几何监测产生的竖向变形和水平位移，还有录入的结构有限元分析结果，因此数据管理模块主要提供上述信息的查询功能，包括构件基本信息、传感器数据、结构响应、结构安全状态信息，同时为避免由于客观因素导致数据丢失，系统设置数据备份功能。此功能模块主要为监测人员使用，为监测人员提供管理依据[288]，项目领导若想查看数据，可令监测人员将信息导出整理后上交供领导查看，数据管理模块用例如图6.3.3-4所示，系统中传感器信息数据也可通过表格形式统计，如表6.3.3-2所示。

传感器信息数据表　　　　　　　　　　　　　　　　表6.3.3-2

序号	构件编号（ID）	点位名称	数值	设备编号	时间
1					
2					
3					
...					

7）附属功能模块

附属功能模块包括输出设置模块、场景设置模块和多媒体设置模块。输出设置模块可以实现监测数据的文本输出；场景设置模块是对监测现场浏览模式的设置，可以选择二维浏览和三维浏览或者飞行视角，也可以通过设置路径实现手动场景漫游；多媒体设置模块主要针对现场的视频、图片及文档资料进行管理[289]。

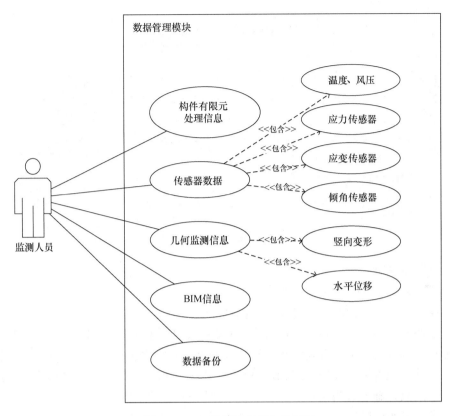

图 6.3.3-4　数据管理模块用例图

设计了 BIM 的 B/S 架构下的超高层智能监测系统框架，首先分析了需求，从设计原则、用户需求和系统功能三个方面进行分析，确定系统需求，然后设计了系统总体架构，分为了采集层、数据层、平台层、应用层四个层级，阐述了各层级之间的逻辑关系，明确了系统的访问流程；然后设计了系统的七个功能模块，给出了部分功能模块的用例图；本章研究的一部分重要目的就是为基于 BIM 的 B/S 架构下的超高层智能监测系统框架开发提供框架设计，作为一个系统搭建的有力支撑，为后面的系统开发奠定基础，并且使监测过程中产生的信息能够集成化、数据化、直观化，为结构健康监测数据管理提供一种新的模式。

6.4　案例研究

6.4.1　基于 BIM 模型和有限元分析的结构监测流程

结构健康监测伴随着项目的进行，从方案制定到传感器安装、数据采集、数据管理、分析监测报告，伴随着整个项目。在工程各专业的交流过程中，二维图纸难以将不同专业的信息完全体现出来，造成沟通不畅，导致现场传感器损坏、监测线路破坏、监测线路排布不合理等情况发生，应用 BIM 对施工流程进行可视化仿真和"预演"，能够很大程度上降低因施工安排沟通不畅对结构健康监测的影响[312]-[317]。基于 BIM 模型和有限元分析的结构监测流程如图 6.4.1-1 所示。

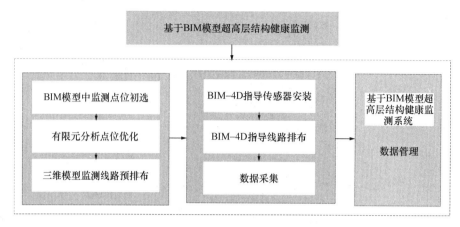

图 6.4.1-1 基于 BIM 模型和有限元分析的结构监测流程

1. 监测方案制定

1）基于 BIM 模型的监测点位初选

超高层建筑在施工阶段中经受荷载、风载、偶然荷载等因素影响容易发生位移形变，位移形变监测是超高层建筑施工过程监测的关键。由于结构复杂，图纸繁多，用二维图纸进行监测点位选取会耗费较多人力和时间，且如果不考虑空间问题，会造成选取的监测点无法安装传感器或者架设仪器的问题，可根据 BIM 模型和所需要监测的物理量，进行监测点的初步选取，确定监测楼层以及各个监测楼层的大致测点位置。

以本项目不均匀监测为例，在进行监测前，需要考虑全站仪架设位置和监测点的选取问题，根据结构 BIM 模型的几何信息，可确定将全站仪架设于核心筒和外框柱的中间位置，如图 6.4.1-2 所示，可以同时监测核心筒和外框柱的竖向变形。

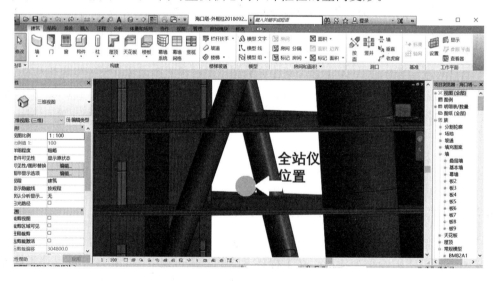

图 6.4.1-2 全站仪监测点位初选

2）基于有限元分析的超高层监测方案优化

结构监测点位通过 BIM 模型的几个信息可初步确定监测传感器和监测仪器安装和架设

的可能性，结构监测点位的必要性需要通过结构有限元分析来确定，见图 6.4.1-3。以结构不均匀沉降监测为例，在确定监测仪器设于核心筒和外框柱的中间位置后，为体现结构在施工时楼层的不均匀沉降，需要在核心筒和外框架变形位置差值较大的楼层进行不均匀沉降点的布设。

根据某超高层结构施工数值模拟及收缩徐变分析报告显示，在施工过程中框架柱在 51 层处的总竖向变形达到峰值，核心筒总竖向变形在 46 层达到峰值，核心筒与外框柱竖向位移的最大差值出现在 62 层左右（12.23mm），如图 6.4.1-4 所示，竖向位移的次大差值出现在结构的中部楼层 28 层左右（10.04mm），因此在 62 层进行不均匀沉降监测，监测优化的位置见图 6.4.1-5 所示，外框架的四个测点布置在相应外框柱的表面，核心筒测点大致在核心筒的中间位置，具体的布置需要现场勘查。但为了更好地反映该结构的不均匀沉降，需要在基础层、首层、28 层、51 层、46 层进行布点，布点位置参考第 62 层。

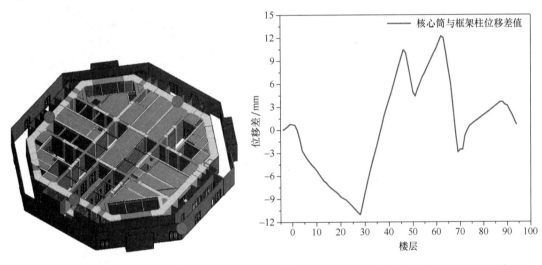

图 6.4.1-3　传感器监测点位初选　　　图 6.4.1-4　核心筒与外框柱总竖向变形差值

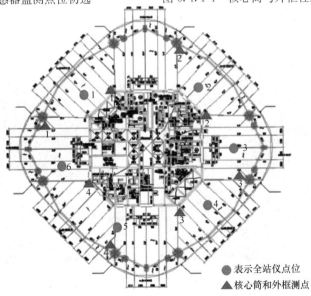

图 6.4.1-5　不均匀沉降监测优化后方案

193

本项目结构健康监测包含关键部位应变监测、温度监测、风压监测、加速度监测等结构响应监测和荷载监测。首先基于 BIM 模型在结构柱、伸臂桁架、环桁架、巨型斜撑等各部位进行传感器安装位置初选，如图 6.4.1-6 所示，保证传感器安装的可行性，在对结构进行施工模拟等有限元分析，选择应力、应变较大的位置，完成传感器位置优化，优化后本项目结构健康监测传感器详细信息见表 6.4.1。

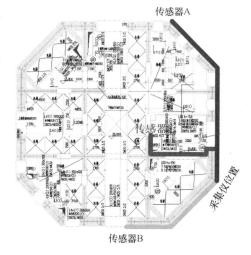

图 6.4.1-6　二维图纸监测线路排布

	传感器信息		表 6.4.1	
楼层	应变 传感器	温度 传感器	风压 传感器	加速度 传感器
9	9	0	0	2
16	7	8	0	0
25	9	0	0	0
41	7	0	0	0
48	9	0	4	0
50	7	8	0	2
64	9	0	0	0
66	7	0	4	0
73	9	0	0	2
88	7	8	4	0

2. 基于 BIM 模型的监测线路预排布

基于 BIM 技术的监测仪器以及监测线路的提前布设实现手段为，通过相关三维建模软件建立监测仪器以及监测线路的实体模型，并且嵌入到上述 BIM 模型中，其中重点对监测线路的布设进行提前安排。避开施工时容易对线路造成破坏的危险地方，如图 6.4.1-7、图 6.4.1-8 所示，三维模型中，对监测线路的表述更加直观，从而尽量避免因施工过程造成的监测线破坏。

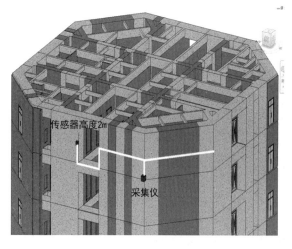

图 6.4.1-7　BIM 模型中监测线路预排布

图 6.4.1-8　现场监测线路排布

3. 基于 BIM 4D 的监测方案实施

选取 Autodesk Revit 系列软件建立超高层 BIM 3D 施工模型。完成模型后，用 Microsoft Project 编制施工进度计划，最后通过 Navisworks 软件进行 BIM 3D 施工模型和施工进度信息关联，最终形成 BIM 4D 施工模型如图 6.4.1-9～图 6.4.1-11 所示，从而直观、准确地了解超高层结构施工计划[302]。

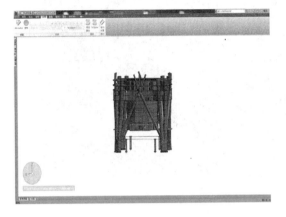

图 6.4.1-9　施工模拟至 10 层

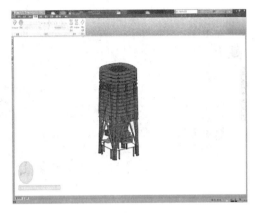

图 6.4.1-10　施工模拟至 15 层

在本项目结构监测过程中，需对钢板墙进行监测，传感器安装如图 6.4.1-12 所示，结构监测过程中，容易错过传感器安装时间，通过施工模拟，了解结构施工次序，从而保证及时准确安装传感器。

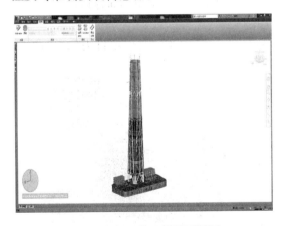

图 6.4.1-11　施工模拟至顶层

图 6.4.1-12　传感器安装

6.4.2　基于 BIM 的三维可视化智能监测平台

1. 监测平台功能实现

如前所述，本监测平台该实现功能：监测对象模型的快速导入、查看及编辑、监测装置模型的快速建立及布置、为了实现与远程实际监测状态的一致可视化监测信息实时展示、监测点及数据记录的快速查询、定位及导出系统输出功能，系统应能输出标准的 IFC 格式文件，因此，在平台上开发了相应的七个功能模块，如图 6.4.2-1 所示。

图 6.4.2-1　监测系统界面

2. 监测数据管理

在系统该功能模块中，可实现的主要功能是监测数据的三维可视化查看和监测多媒体数据的查看。当用户点击传感器模型时，系统会自动连接数据库，查询并读取选定传感器对应的监测数据，并进行显示，其界面如图 6.4.2-2 所示，在进行结构有限元分析数据表格的查看时，发出指令后，系统首先链接到相应的数据库，然后定位到保存该位置数据的文件，对相应数据进行处理，就可以读取文件中的全部数据。

介绍了基于 BIM 模型和有限元分析的结构监测流程，以某超高层项目为例进行案例

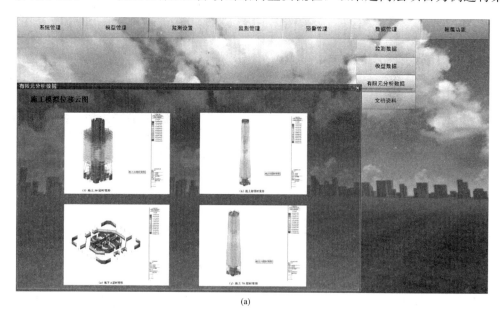

(a)

图 6.4.2-2　数据界面（一）

（a）结构有限元分析数据

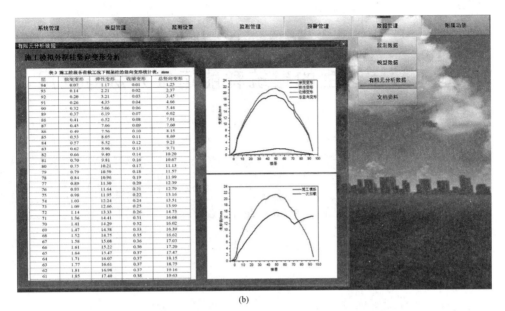

(b)

(c)

图 6.4.2-2 数据界面（二）

（b）结构有限元分析数据；（c）结构监测数据

分析，以不均匀沉降监测为例，给出了基于 BIM 模型监测点位选取方法，通过结构有限元模拟，对监测点位进行优化，对该项目基于 BIM 模型的监测线路预排布进行介绍。然后通过 Navisworks 完成结构施工模拟，并阐述了平台功能模块设置和各功能的实现方式。以案例分析的形式验证所提出的方法及框架，证明了基于 BIM 的 B/S 架构下的超高层智能监测系统的可行性，并可为后续研究提供参考。

7 基于数字孪生的建筑智能运维方法与应用

7.1 研究概述

7.1.1 研究背景

2022年北京冬奥会是我国举行的重大标志性活动,是彰显大国形象、振奋民族精神、促进国家发展的重要契机。随着2022年北京冬季奥运会场馆的正常运行,冬奥场馆的安全问题越来越多地得到重视。

冬奥会场馆建筑布局复杂,人员众多且密集,一旦有火灾、恐怖袭击、人员过度密集等危险事件发生,不仅会引起大量的生命财产损失,而且还可能引起严重的不良社会影响。为了提高冬奥会的科技和安全水平,实现"科技冬奥""安全办赛",利用新型信息技术为冬奥场馆的安全保障提供技术服务是十分必要的。

其中,BIM、物联网、大数据、人工智能等信息技术应用到大型场馆的设计、建造和运维全生命周期是提高场馆智慧化水平的重要技术手段[318]。安防作为建筑运维阶段重要的问题之一,也可以利用这些手段提高其智能化水平。

同时,21世纪正在进行着一场快速的数字革命,越来越多的信息技术被应用于人类居住空间,以提高其舒适性、节能性和安全性。智慧城市[319]、智能建筑[320]、智能家居[321]等概念越来越多地被人们所熟知。其中,环境、能源、安全等方面的问题是主要研究的问题[322]-[325]。其中,安防问题是建筑运维安全问题中的一项关键内容,如何借助各种技术来提高建筑安防能力和智能化水平是建筑运维阶段的重要课题。虽然中国的安防产业较西方发达国家起步较晚,但是随着中国在智能小区、智能建筑建设方面的不断发展,中国的安防市场规模日益扩大,其行业总收入额日益提高,而且一直保持着10%以上增长率,近年中国安防行业总收入情况如图7.1.1所示。

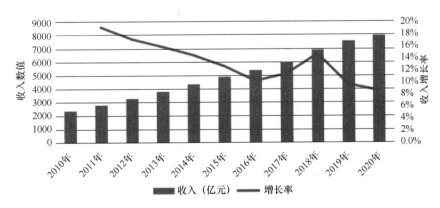

图 7.1.1 2010—2020年中国安防行业总收入情况
(数据来源:中商产业研究院、中国安全防范
产品行业协会整理,2020年为7950亿元)

随着高大复杂建筑物越来越多地出现在城市之中,体系复杂且功能综合的建筑物安防问题越来越多受到重视。伴随物联网、大数据、云计算等信息技术的进步,数字化、智能

化是未来建筑物安防的发展方向[326]-[328]。在这一背景下，越来越多的数字化安防系统涌现出来，从而产生了大量的信息和数据，如何合理地储存、高效地利用这些数据，为建筑实现更加智能的安防服务是亟待解决的新问题。

另一方面，作为传统行业的建筑行业，依然存在生产方式粗放、效率低下、资源浪费严重等问题，急需转型升级。随着以互联网、物联网等为代表的信息技术的进步与发展，越来越多的信息技术被应用于建筑行业，"智能建造"应运而生，同时也被认为是建筑行业的新发展方向[329]。智能建造涉及建筑、信息、材料、机械、电气等多学科交叉知识，并贯穿建筑的设计、施工、运维等全生命周期。其中运维阶段是生命周期中历时最长的，涉及的方面众多，安防是其中一个重要问题。所以综合利用多种技术提高建筑安防的智能化水平也是智能建造需要研究的重要课题。

近来，作为新兴信息技术的"数字孪生（Digital Twin）"概念越来越多地出现在人们的视野中。数字孪生是指把现实世界中的物理实体映射到虚拟数字世界中，在虚拟数字世界形成与现实物理实体对应的数字模型；而且数字模型和物理实体可以进行双向的信息交流融合和迭代优化，从而实现对物理系统的性能和表现改善。最早被运用在航空航天行业的数字孪生，现在已经被越来越多地应用在卫星/空间通信网络、船舶、车辆、医疗、制造车间、智慧城市等领域。近年来在建筑与土木工程行业的研究与应用也越来越多[330]。我国政府开始认识到"数字孪生城市"是"智慧城市"实现的必要手段和途径，并努力将雄安新区打造成为全球领先的数字城市[45]。上海市在《上海市推进新型基础设施建设行动方案（2020—2022 年）》中提出要在 2022 年把数字孪生等新技术全面融入城市的生产生活中。在数字孪生城市的智能城市服务功能中，公共安全服务被认为是十分重要的内容。所以，利用数字孪生模型解决建筑物安防问题必然是要考虑的全新重要问题。

BIM（Building Information Modeling，建筑信息模型）中包含与现实建筑物一致的建筑布局、结构、设备、管线等方方面面的数字信息，已经在建筑行业中广泛应用；物联网可以实现对现实物理世界的感知，并把它以数据的形式映到虚拟数字世界中；人工智能可以对虚拟数字世界中的大量数据进行准确高效地处理。研究如何综合利用 BIM、物联网、人工智能等技术建立面向建筑安防的数字孪生模型，并利用这一模型中的信息指导解决安防问题，为建筑物安防提供全新的解决方案，符合"智能建造""数字孪生城市"的发展方向，也是让 BIM 在运维阶段实现其价值的重要方面，是非常有意义的探索和研究。

7.1.2 国内外研究现状

1. 国内外建筑安防研究现状

利用各种手段使被保护对象避免危险和伤害，使其处于没有危险事故的安全状态是安防的基本内涵。所以安防是保证建筑运维安全的重要工作内容。传统的安防主要通过安防管理人员的巡查实现对建筑安全的保障。目前，随着物联网技术的发展，智能化的安防管理设施越来越多地出现在城市和建筑管理当中。利用物联网技术实现安防系统的智能化是一个重要的研究方向。刘宝礼等[331]针对安防监控子系统种类多、集成化程度低和协同处理能力不足的缺陷，设计了基于物联网的智能安防系统集成方案。Wang 等[332]利用物联网增强了建筑物对火焰和烟雾的感知，并使用 LoRa 低功耗无线通信实现了应急指示灯的自动更新。Li 等[333]基于物联网技术的感知、传输、智能、应用等特点，提出了构建轨道交通大客流物联网系统的构想。构建了具有轨道运营、监管和服务功能的轨道交通客流预警物联网系统。DU 等[334]将物联网应用在公共安全领域，搭建了城市公共安全应急管理系统，可以实现高效处置、准确预测和全方位监控的功能；并详细阐述了该系统的特点、结构和组成以及关键技术和技术研究路线。

另外，如何对物联网采集上来的数据进行深度挖掘，使其为安防服务也是一个重点研究内容。Martins 等[335]以 CityAction（城市行动）项目为背景，重点通过研究物联网、监测、驱动和数据显示之间的关系，对智慧城市的概念进行了研究；并根据从遍布城市的传感器收集的数据，优化资源、成本、生活和环境影响，认为这种机制可以提高城市对事件响应的效率、安全与生活水平。Zhou 和 Ding 提出了一种基于物联网（IoT）的安全屏障预警系统，以实现地下建筑场地的安全，重点是通过建立危害能量监测系统，利用物联网技术生成预警和报警，为地下建筑场地提供安全保障。Hsu 等[336]提出在物联网对室内环境信息进行获取的基础上，借助支持向量机（Support Vector Machine，SVM）对数据进行分类，实现室内安全的快速自动判断。从上面的研究可以看出，目前的安防管理系统多是只关注安防系统自身所采集的安防相关信息，很少能实现与建筑信息的融合，即使融合也是与建筑二维布局融合，不能与三维布局融合。而且，不同类别的安防系统之间是相对独立的，数据管理相对分散，不便对数据进行综合处理。当危险发生时，安防系统很少能根据现场实时情况对安全事故处理提供指导。

2. BIM 与物联网结合在运维阶段的国内外研究现状

BIM 技术已经被广泛地应用于建筑的设计、施工和运维管理之中。它不仅可以提供建筑物的直观三维可视化模型，而且可以实现对建筑全生命周期信息的储存和管理。所以，BIM 是一个可以实现三维场景化建筑安全管理的可靠工具。Wang 等[337]设计了一个建筑火灾安全管理模型，借助 BIM 技术实现了疏散路线的 3D 视频展示；王宇佳和王佳[338]利用 BIM 与 WebGL 技术，在 Web 端实现了安全疏散路径三维展示；赵晓华等[339]以寻路理论为基础，利用 BIM＋VR 技术对客运枢纽的安全指示标识系统进行了评估及优化；周鹏等[340]和高雪等[341]考虑起火点和过火点的位置进行蜀山路线规划，并利用 BIM 模型进行了三维路径展示；沈劲松等[342]在梁家湾大桥 BIM 模型的基础上建立起运营监测平台，快速掌握桥梁实际运营状态，保证桥梁安全；赵文凯等[343]把 BIM 技术应用到医疗建筑的运行管理中，并认为 BIM 模型对应急管理工作有巨大帮助；宋洋等[344]和吕希奎等[345]基于 BIM 模型使用 Pyrosim 软件对火灾危险进行了预先模拟，并推测了火灾危险的发展状态对人员疏散的影响；王培成等[346]把 BIM 技术引入大坝的安全监测中，使 Revit 和 SQL Server 相结合，实现 BIM 与监测数据的关联，实现对大坝安全的数据化管理；李芒原等[347]综合使用 BIM 和三维扫描技术对复杂深基坑的监测进行了研究分析，建立了以云平台为基础的深基坑安全监管平台，提高了基坑安全监管的时效性和及时性。

总体上来看，BIM 可以为建筑安全管理提供了一个信息核心，但是它是一个固定的核心，不能实现对建筑安全管理信息的实时自动更新。为了实现信息的实时更新，BIM与物联网结合是一个可行的解决办法。越来越多的研究使二者进行结合解决建筑与土木工程行业[348]中的问题。比如：Zhang 等[349]和 Chen 等[350]通过把室内定位系统和 BIM 结合，为处理火灾危险情况提供一种动态的三维可视化的方法，提高对建筑物的应急处理能力；Wu 等[351]通过把物联网和 BIM 结合，搭建了一套可视化的能源节约系统，来提高室内空间的舒适程度和节约能源的能力；Cheng 等[352]利用机器学习算法分析 BIM 中的数据和物联网采集的数据，对建筑设备的运行状态进行监测和预测，实现对设备运行故障的提前预警，以预见性地提出设备更换和维修方案；Li 等[353]把室内定位技术和 BIM 技术结合设计出了一种部署环境感知信标的算法，提高室内定位精度和减少部署所需的工作，提高紧急情况下建筑物内传感器网络的鲁棒性；Cheng 等[354]把 BIM 和无线传感器网络结合在一起集成了个人定位信息、基于蓝牙技术的疏散/救援路径优化信息、移动导航设备信息，创建了一个智能化、双向的火灾防灾系统框架；Cheun 等[355]将 BIM 和 WSN 结合一个系统，无线传感器结点被放置在一个地下建筑工地，收集有害气体水平和环境条件（温度和湿度）的数据，任何地区和异常状态检测，BIM 模型将警报，警报和通风机现场将自动启动预警和消除危害；Chen 等[350]提出了一种基于 BIM 的火灾救援可视化预警系统，并将温度、一氧化碳和能见度的模拟结果集成到 BIM 模型中，实现实时态势监测，提高消防救援的效率。由以上研究可见，将 BIM 和物联网结合应用于土木建筑领域运维阶段的研究已经有很多，但是将二者结合应用于建筑运维阶段安防管理中的研究还很少。

3. 数字孪生的研究现状

数字孪生概念最初被美国空军和美国国家航空航天局（NASA）应用在航天器的健康维护和剩余寿命预测[34]。数字孪生概念的提出开辟了实现现实和虚拟世界同步更新的全新方案，各种新兴技术的出现和发展使它在各个行业得到推广应用，包括航空、采矿、能源、交通、船舶等方面[356]-[360]。数字孪生作为一种践行 CPS 理念的使能技术和方法[361]，帮助各系统实现高水平的智能化和自动化[362]。为了推动数字孪生在相关领域的实践，陶飞等[27]在 Grieves 教授最初提出的数字孪生三维模型的基础上，提出了数字孪生五维模型及其十大应用领域，并认为其在建筑和安全领域也有应用潜力。Qi 等[362]为了促进数字孪生实现其潜力，帮助研究人员理清实现数字孪生应该使用的技术和工具，从数字孪生五维模型的角度，对数字孪生常用的技术和工具进行了总结和研究，认为物联网是认知和控制现实物理世界的重要工具。

目前，在建筑行业，数字孪生已被应用在智慧城市领域。阿里云在《城市大脑探索"数字孪生城市"白皮书》中提到：以大数据、人工智能、云计算、物联网等技术手段，建立数字孪生城市，实现现代城市运行的感知、决策、预测预警等，赋予城市"大脑"[363]。Calin 等[364]回顾了以前与 BIM 有关的研究文献，提出了走向语义建构的数字孪生以指导未来 AEC 行业的发展方向。Shim 等[365]基于数字孪生理论开发了预应力混凝土桥梁的养护系统，提出桥梁维修工作的详细框架来改善桥梁状态的评估。Ye 等[366]把数字孪生概念应用到桥梁的健康监测领域，提出并简要讨论了一种创建桥梁数字孪生模型的框架；Lu 等[185]以一种基于切片的对象拟合方法来实现利用扫描点云建立数字孪生模型，以实现从四种类型的标记点簇中获取现有钢筋混凝土桥的几何数字孪生模型。Kaewunruen 等[360]将 BIM 与数字孪生理论结合应用到铁路系统全生命周期管理中，提高管理效率，避免浪费。Chao 等[367]将数字孪生应用在智慧城市领域，通过数据采集和数据的集成分析提高对城市灾害的管理水平。刘占省等[330]、[189]将数字孪生应用于建筑土木领域，提出了室内动态消防疏散方法，并提出了将数字孪生应用于智能建造中的理论框架和在不同场景中的应用思路。但是，从总体上看，目前很少有将数字孪生理论应用于单一房屋建筑的研究，将数字孪生理论应用于安防行业中的研究也很少。

7.1.3　研究意义

从上面的研究可以看出，BIM 在解决土木与建筑行业运营维护阶段安全问题的应用很多，但是还很少有研究把 BIM 应用到建筑安防领域。另一方面，物联网已经够广泛应用于安防行业，将物联网和 BIM 结合应用到土木与建筑行业内安全问题的解决也有很多，但是将二者应用到建筑安防管理内的应用很少。

实现建筑物运营维护阶段的智能化，是在建筑全生命周期中实现智能建造的重要部分。其中，建筑物的室内安防管理是建筑运维阶段的重要内容。现代场馆建筑布局复杂，人员复杂且众多，对建筑物的室内安全进行高效的管理是十分复杂的工程。而当前的安防管理系统大多只关注安防系统自身采集的安防相关信息，不能实现与三维建筑物布局融合。对危险的定位只停留在文字或者二维图纸的层面，不能对危险所处的建筑环境进行直观展示。而且，各个安防系统之间的数据管理相对分散，不便实现数据的综合处理，也难以实现根据现场实时情况对安全事故的处理和指导。

为了解决这些问题，需要综合利用物联网、数字建模、人工智能等多种技术，数字孪生[362]借助多种新兴信息技术的集成一体化应用实现虚实交互，帮助各系统实现高水平的智能化和自动化[27]。这种虚实交互的技术体系可以为安防管理综合集成利用多种信息技术提供技术思路。而目前在这方面的研究还很少。

本章的研究旨在数字孪生技术体系的指引下，综合利用物联网、BIM、人工智能等技术提出智能安防管理的方法框架，并在该框架的指导下提出实现安防危险数据分析和警示与避险引导功能的具体方法，并以 2022 年冬季奥运会雪车雪橇场馆中某出发区建筑为对象，验证了上面方法的有效性。

7.2　建筑运维智能安防数字孪生管理框架搭建

经过对国内外研究现状的分析可以看出，数字孪生在建筑行业内的应用还很少，本章的主要任务是建立基于数字孪生的建筑安防管理框架，用以指导数字孪生在建筑安防场景下的应用。首先借鉴数字孪生在其他行业全生命周期管控的应用框架，提出数字孪生在建筑运维阶段的管理框架，为包括安防在内的建筑智能运维管理提供指导。然后以此为基础，提出基于数字孪生在建筑安防管理的框架，明确了借助数字孪生实现智能安防的思路框架。最后明确了本章重点研究的安防管理服务功能，为本研究指明了方向。

7.2.1　数字孪生理论

最早被应用于航天领域的数字孪生技术，越来越多地被应用于船舶、采矿、医疗等民用行业。它通过在虚拟数字世界中建立一个多维多尺度虚拟模型来仿真刻画现实物理实体在物理世界中的属性、行为、规则等，并通过对虚拟模型的分析实现对现实世界物理实体的性能优化。Grieves 教授率先在产品全生命周期管理课程中提出了数字孪生的概念，并提出了数字孪生三维模型的概念。他认为数字孪生模型主要包括实体产品和虚体产品以及二者之间的连接[368]。陶飞等[27]，[369] 为了推动数字孪生技术的广泛应用，在由 Grieves 教授的数字孪生三维模型的基础上进行了改进和提高，提出了数字孪生五维模型。在五维模型中主要包含物理实体（PE）、虚拟实体（VE）、连接（CN）、孪生数据（DD）和服务（Ss）五个维度，其之间的相互关系如图 7.2.1 所示。

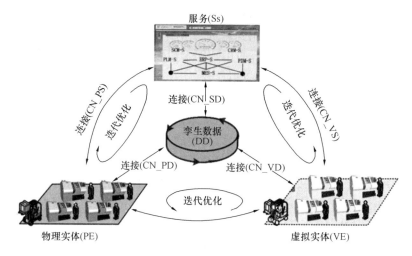

图 7.2.1　数字孪生五维概念模型

通过建模软件和物联网等工具，在虚拟世界中建立起虚拟实体（VE），虚拟实体中含有现实物理实体（PE）的各种信息，这些信息以孪生数据（DD）的形式存储在虚拟空间中。孪生数据既包括物理数据又包括信息数据，同时可以满足数据的实时性和同步性要求，可以实现物理实体在虚拟数字世界中的一致同步性刻画。以这些孪生数据为基础，通过仿真、算法等对数据的分析实现各领域的服务功能（Ss）。再通过移动端、软件、App 等形式实现给用户的服务功能。连接（CN）实现物理实体、虚拟实体、孪生数据、服务之间的互相联系与融合。为了给数字孪生的实施提供参考和指导，Qi 等[362] 从数字孪生五维模型的角度，对数字孪生常用的实现技术和工具进行了研究和总结，认为物联网是实现认知和控制现实物理世界的重要工具和手段，是连接现实和虚拟世界的重要纽带。Auto-CAD、3DMAX、SketchUP、Pycharm、Ansys、ABAQUS 等被认为是建立数字孪生虚体模型的重要工具。建模时应该遵循精准化、标准化、轻量化、可视化、可交互、可融合、可重构、可进化等原则[370]。

目前，越来越多的行业开始应用数字孪生理念实现其自身的智能化管理。丁华等[371] 为了实现采煤机健康状态的实时预测，首先建立了采煤机的数字孪生体，然后利用SVM、RNN、LSTM 和 GRU 等机器算法对孪生数据进行处理，实现自动对预测模型进行指标评价。李福兴等[372] 为了实现船舶的预测性维护，提出了基于数字孪生船舶预测性维护的步骤，并认为创建孪生体和训练预测模型及算法是船舶设备维护的重要步骤。张连超等[373] 在建立的数字孪生车间的基础上提出了物料准时配送的算法，提高卫星总装的配送效率。Wla 等[357] 为电池系统建立了数字孪生模型，提出了一种基于粒子群优化的电池健康状态估计算法对孪生数据进行计算，监测电池的老化过程和功率衰减过程。

从之前的研究可以看出，数字孪生要实现其服务功能，需要建立数字孪生模型和处理孪生数据的算法。通过算法对孪生数据的处理实现功能需求，达到对物理实体评估和提升的目的。虽然，目前数字孪生技术还很少应用于单体建筑物的安防管理中，但是上面的研究可以给数字孪生在建筑行业中的应用提供思路借鉴。本章重点借鉴数字孪生的五维模型理论和其在其他行业中的应用思路，提出数字孪生在建筑安防管理中的管理框架。

7.2.2　基于数字孪生的建筑运维安全管理框架

建筑物安防管理属于建筑物运维安全管理中的重要一部分，为了更好地指导数字孪生在建筑物安防管理中的应用，本书参考陶飞等[27]提出的一般数字孪生五维模型理论，及该理论在智慧城市及船舶全生命周期管控等领域提出的数字孪生应用方法框架，结合建筑运维安全管理的特点，首先提出了面向建筑运维安全管理的多维模型。具体如式（7-1）所示：

$$MOM=（B_{PE}，B_{VE}，B_{SS}，B_{DD}，B_{CN}，B_{OA}）\tag{7-1}$$

式中，MOM 为面向建筑物运维安全管理的数字孪生模型，B_{PE} 为建筑物物理实体，B_{VE} 为建筑物虚拟实体，B_{SS} 为运维安全管理孪生服务，B_{DD} 为运维安全管理孪生数据，B_{CN} 为各部分间的连接，B_{OA} 为处理数字孪生信息的运维安全管理算法。

为了更好地明确在运维阶段形成的面向建筑运维安全管理的多维模型，结合建筑物运维安全的应用特点，本章提出了基于数字孪生的建筑运维安全管理框架，如图 7.2.2 所示。在框架中，建筑物理实体与建筑虚拟实体间通过仿真数据和感知数据的双向流动实现信息交互。并在这一过程中形成孪生数据，利用危险分析算法和处置规则对数据进行智能化处理，实现运维数据管理、智能运维风险分析、智能运维危险处置等功能，进而达到对建筑物运维安全管理的智能化管理。每一部分的具体内涵如下：

1. 建筑物物理实体（B_{PE}）

建筑物理实体包括时间和种类维度两个方面的物理实体。从种类维度上是指任何与运维安全管理对象相关的物理元素都可以作为物理实体，它既包括建筑物本身的结构、空间等，又包括建筑物涉及的人员、机械设备、环境等。时间维度上是指各种类元素在运维阶段中任何时间上的数据都可以是建筑物物理实体。

2. 建筑物虚拟实体（B_{VE}）

建筑物虚拟实体具有多维度特点，主要包含信息、时间和种类三个维度；信息维度是指建筑物虚拟实体包含几何、物理、行为和规则模型[27]；时间维度是指建筑物虚拟实体包含设计阶段的理论设计模型、施工阶段建立的实际监测模型、运维阶段因加固而产生的修正模型；种类维度是指建筑物虚拟实体包括但不限于 BIM 模型、有限元模型、激光点云扫描模型、监测数据模型等形式。

3. 运维安全管理孪生服务（B_{SS}）

智能运维管理的孪生服务是数字孪生为运维阶段服务的功能目的，其他内容都是为该部分提供支持的。在运维阶段的安全管理服务内容包含智能化的运维数据管理、智能化的运维危险分析、智能化的风险处置等内容。基于运维安全管理的孪生服务，运维管理人员可以实现智能化管理。常见的形式即为各种形式的智能系统和服务平台，见图 7.2.2。

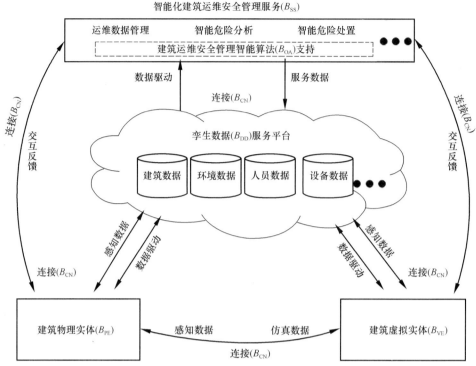

图 7.2.2　基于数字孪生的建筑运维智能系统和服务平台

4. 运维安全管理孪生数据（B_{DD}）

数据是基于数字孪生的智能运维安全管理的实现驱动。运维安全管理的孪生数据主要包括与物理运维实体安全相关的数据。由于建筑物体量大、建筑环境复杂，涉及的要素众多，运维阶段的时间长，所以数据具有体量巨大、类型多样的特点。数据主要包括实时和历史数据两大类：实时数据即是伴随着物理实体状态变化的实时更新的数据，主要用于刻画运维安全管理物理实体 B_{PE} 的实时状态；历史数据是指伴随着时间的推移而产生的储存下来的数据，用于给智能决策提供数据分析基础。

5. 各组分连接（B_{CN}）

各组分连接的主要功能是实现安全管理框架中各成分之间的互联互通。其中除了各种传感器、传输协议之外，面向建筑智能运维安全管理的数字孪生模型的各组分连接方式还应包括通过三维扫描采集点云模型、人工建立有限元模型与 BIM 模型等实现虚实映射的方式；利用数据借助智能机器人、智能通信设备等实现运维管理的智能化虚实互动，以实现对现实物理实体的提升和改进的方法。

6. 运维安全管理智能算法（B_{OA}）

运维安全管理智能算法主要负责综合处理孪生数据，由于数据是与现实世界同步的，所以算法可以实现对建筑运维信息的实时分析。通过采用不同的算法解决不同的服务内容，实现对建筑运维安全的服务功能支持。智能算法的选取应从服务功能出发，可以是通过挖掘数据的机器学习算法，也可以是既有的成熟算法，简单的逻辑判断也可以被列入智能算法的范畴之内。

7.2.3 基于数字孪生的建筑安防管理框架

本章重点研究建筑运维阶段中的安防管理问题，所以在基于数字孪生的建筑运维安全管理框架的基础上，本节结合室内安防的具体场景，进一步具体细化了面向建筑运维安全管理的数字孪生多维模型，形成了面向建筑安防的数字孪生多维模型，如式（7-2）所示。

$$MSDT=（E_{SPE}，E_{SVE}，P_{SPE}，P_{SVE}，B_{SPE}，B_{SVE}，B_{SSs}，B_{SCN}，B_{SDD}，B_{SOA}）\qquad(7\text{-}2)$$

式（7-2）中：MSDT 表示面向室内安防的数字孪生多维模型；E_{SPE} 和 E_{SVE} 分别表示室内安防环境物理实体和虚拟实体；P_{SPE} 和 P_{SVE} 分别表示人员物理实体和虚拟实体；B_{SPE} 和 B_{SVE} 分别表示建筑物的物理实体和虚拟实体；B_{SSs} 表示面向室内安防的服务；B_{SCN} 表示各组成成分之间的各种连接；B_{SDD} 表示与建筑室内安防相关的孪生数据；B_{SOA} 表示安防智能算法。根据式（7-2），本章提出了基于数字孪生的室内安防管理方法，如图 7.2.3 所示。基于数字孪生理念，该方法借助安防物联网系统采集室内安防状态数据，借助定位系统获取人员位置信息，并将以上信息与 BIM 模型相结合，形成面向室内安防需求的数字孪生模型。最后利用人工智能、路径规划、简单逻辑等算法对数字孪生模型中的信息进行综合处理，实现决策分析，借助报警设备和其他智能设备把对安防决策信息传达给安防管理人员和室内受困人员。实现安防数据场景化集成管理、安防危险分析及预警、人员避险引导等服务功能。

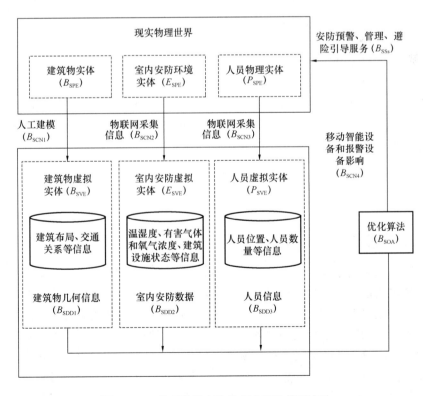

图 7.2.3　基于数字孪生的室内安防管理方法

7.2.4 基于数字孪生的建筑安防管理服务功能

根据上面提到的基于数字孪生的建筑安防管理框架，可以实现的智能安防管理内容很多，本章主要研究与安防数据集成分析和智能评估有关的几个功能实现方式：

1. 安防数据场景化集成管理

现在的安防数据管理主要结合不同安全问题独立进行数据的管理，并且在管理过程中不能实现与建筑物的布局融合，更不能实现与建筑物三维布局的融合。该方法融合物联网信息与 BIM 模型，使不同房间内的建筑漫游布局与安防数据相关联，同时把有关建筑安防的各种信息包括：温湿度、不同气体浓度等集成到同一系统内进行展示，实现对安防数据的场景化集成管理。

2. 安防危险智能分析评估及预警

目前的室内安防管理系统只对某一种类安防危险进行分析，不能实现对多种危险数据的综合分析和评估。基于面向安防管理需求的数字孪生模型，利用人工智能算法对各种信息进行综合集成分析，可以实现对复杂安防危险的快速分类和等级评定，节省时间和人力，提高安防危险的反应和掌控能力。

3. 安全避险引导

当危险发生时，建筑内的人员需要规避危险区域，实现人员的避险引导，但是目前的避险引导方式更多通过二维图纸进行引导，而且不能根据危险的发展态势实时动态地进行。数字孪生模型中的三维建筑模型可以提供直观的三维空间展示，可以协助三维的避险引导。同时可以实时动态地反映室内的危险和人员情况。动态的安防信息和自动化的避险路径规划算法，为动态的安全避险引导提供了可能。

本节主要通过借鉴数字孪生五维模型理论，首先构建基于数字孪生建筑运维安全管理的多维模型。基于该多维模型，搭建了基于数字孪生的建筑运维管理框架，并对每个构成要素的意义和相互之间的联系关系进行了阐述，用以指导建筑物运维的智能化数据管理、智能危险分析和智能危险处置等功能。为建筑运维阶段的安防管理提供了框架参考。然后，介绍了模型中各个元素之间的联系，以及在本章中主要实现的智能安防管理功能。

7.3 基于数字孪生的冬奥场馆安防数据分析评估与避险引导方法

7.3.1 问题的提出

安防危险的判断主要包括对危险种类的判断和危险等级的判断两个方面。目前对于安防危险的判断主要依赖于安防管理人员通过巡查、视频监控的方式人为进行判断，这对安防管理人员的经验要求较高，而且需要大量的人力投入，反应速度也较慢。虽然目前有门禁、火灾等可以自动进行安全报警的系统，但是各系统相互独立，无法对多种危险进行综合评判。建筑室内安防危险涉及的种类众多，包括非法入侵、人员密集、打架斗殴、火灾危险等数据。而且与安防相关的数据指标之间关系复杂，不容易找到比较可靠的数学关系公式对其进行综合评价和研判。机器学习方法可以根据一系列样本，通过暴力计算的方式找到自变量与因变量之间的复杂相关关系，实现较可靠的分类和回归。所以使用机器学习的方法来实现危险的种类划分和等级评定是可以考虑的方法之一。为了解决这些问题，本章尝试使用机器学习的方法自动对多源安防数据进行综合分析，达到摆脱人员依赖，智能化评判多种危险的目的。本节提出的安防数据分析评估方法拟实现三个功能：（1）安防危险种类的识别；（2）安防危险等级的评价；（3）实现三维状态的危险警示。

另一方面，当建筑物某区域被判断发生危险之后，如何在对危险进行规避的情况下引导人员快速脱离危险建筑也是十分重要的问题。数字孪生模型中拥有建筑避险引导所需的多种实时数据，如何通过建立规则对各种数据进行处理实现对人员的避险引导，也是本章要解决的问题。目前对人员行走路径的引导主要应用在室外人员路径的导航，在室内进行引导的还很少，而且目前的引导指示表达方式以二维为主。另外，室内的危险是实时变化的，在考虑危险实时变化的前提下，通过动态避险引导算法，实现对人员的三维可视化避险引导，是尚待解决的问题。数字孪生模型中包含判断室内安全状态的信息、建筑物的几何信息、人员的位置信息等。这些基础信息足以支撑室内人员的避险引导功能，但是缺少能够综合利用这些信息的算法，以实现避险引导的功能。

7.3.2 安防数据分析评估算法选取

1. 基于 SVM 的危险种类划分

支持向量机是一种通过实现结构风险最小化完成模型训练的机器学习算法，具有需要样本量少、泛化能力强、稳定性能好、容错能力强等优势[374]。支持向量机以结构风险最小原理和 VC 维理论为理论基础，其理论成熟，具体数学细节不在这里赘述。因此，SVM 被广泛地应用于建筑与土木领域的危险分类和预测问题的解决上。Zhou[177] 等提出了一种利用 SVM 对地铁深基坑工程施工中安全风险进行预测的新方法；苏婉君等[375] 使用 SVM 对地铁深基坑的施工风险进行等级分类预测，并得到了地铁施工风险的时空演化规律；Hsu 等[336] 提出在物联网对室内环境信息的采集进行的基础上，使用 SVM 对数据进行分类，实现对室内安全等级的自动快速判断；曹秀峰等[376] 使用 SVM 对高层建筑施工安全风险进行分类，并得到了较好的测试结果；Gui[377] 等提出了基于支持向量机的优化算法实现了数据驱动的支持向量机与优化技术结构健康监测和损伤检测。

为了实现对安防危险的自动分类和等级评估，使用 SVM 对孪生数据进行挖掘，训练得到成熟的 SVM 模型。利用这些模型实现对室内安防危险的自动分类。

SVM 算法起初只用于解决二值分类问题，因此需要对 SVM 进行合理地编排和修改后形成多类分类器才可以处理多分类问题。当前，利用 SVM 构造多类分类器的方法主要方法如下[378]。

1）直接法

把多种分类面的参数直接合并到同一个优化问题中，通过直接修改目标函数直接求解，实现多分类的功能。这种方法的优点是可以实现"一次性"的多分类目的，但是其计算复杂程度高，实现难度大，并未被广泛使用。

2）间接法

间接法包括"一对其余法""一对一分类法""有向循环无环图法""二叉树方法"等。这些方法通过把多分类问题转化成多个二分类问题间接实现多分类的。

（1）一对其余法（One versus rest，OVR），是针对 n 个种类构建 n 个二分类机，第

i 个二分类机用于将第 i 个种类与其他种类分开。训练时第 i 个二分类机设定第 i 个种类为正类，其余为负类。判别时，使输入信号分别经过 n 个二分类机，如果输出值 $fi(x)$ $=sgn(gi(x))$，如果只有一个二分类机输出＋1，则其对应类别即为输入信号所属类别；如果输出 0 个或者 2 个及以上＋1，则 $g(x)$ 的输出值最大者为对应类别即为输入信号所属类别。

（2）一对一分类法（One versus one，OVO），需要将所有 n 个不同类进行两两组合，需要建立 $N=n(n-1)/2$ 个二分类机，然后将输入信息分别输入 N 个二分类机中，分别进行单独判别。统计所有类别在所有二分类机中的判定得票数，其中得票数最多的类别即为输入信号所属类别。

（3）"二叉树方法"（Binary tree，BT），首先将全部类别划分为两类，然后将新的类别再分为两类，如此往复，直到划分出最终的类别，整个思路如图 7.3.2-1 所示。设有一个 8 分类问题，分类目标样本中集为 {1，2，3，4，5，6，7，8}。首先将其分成 {1，3，5，7} 与 {2，4，6，8} 两个子集，然后再分别对其继续逐级划分，得到最终划分目标为止。需要构建的二分类机个数为 $k-1$。

（4）DAGSVM 方法，针对 n 分类问题，需要构造 $n(n-1)/2$ 个二分类器，整个思路如图 7.3.2-2 所示。

以一个四分类问题为例，首先将目标集输入，每次判别排除可能性最低的一个类别，经过 $n-1$ 次判别之后，剩下的类别即为输入信号所属类别。

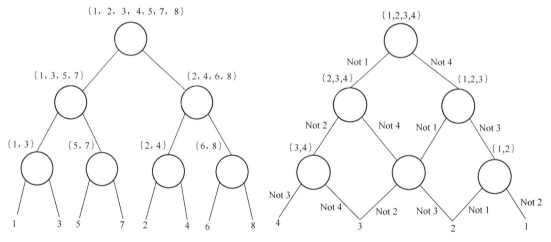

图 7.3.2-1　八分类问题的二叉树分类结构图　　图 7.3.2-2　四分类问题的 DAGSVM 分类结构图

本章拟以火灾、非法入侵、人员密集三类危险为研究目标对 SVM 的适用性进行研究，但是考虑到安全与两种和三种危险同时发生的情况，则需要划分的种类为 8 种。每种情况如表 7.3.2-1 所示。

按照上面的多分类方法最少需要建立 7 个二分类机，模型建立繁琐。虽然存在 8 种不同情况，但却是由三种危险排列组合以及安全情况组成的，所以本章所要解决的分类可以通过对每种危险进行单独的判断实现，这样只需要建立三个二分类机即可。即对火灾、非法入侵、人员密集中的每一个危险种类分别使用一个 SVM 进行危险是否发生的判断。

		不同种类发生情况		表 7.3.2-1
序号	安全	火灾	非法入侵	人员密集
1	√			
2		√		
3			√	
4				√
5		√	√	
6			√	√
7		√		√
8		√	√	√

注："√"表示对应情况发生的危险种类。

2. 基于 SVR 的危险等级评估

SVM 既可以解决分类问题，又可以解决回归问题，其中利用 SVM 解决回归问题的分支应用算法又叫支持向量回归模型。它以求得的超平面尽可能使所有的样本点离超平面的总偏差最小为目的，实现数据拟合。它可以通过学习大量样本数据，从中获得自变量和因变量的数据相关关系，从而实现输入自变量自动获得符合以前相关关系的因变量。该理论也十分成熟，具体数学细节不再赘述。利用 SVR 解决建筑与土木工程领域的预测问题也有很多研究。罗启崟等[379]利用 SVR、BPNN、CART 等算法对地铁站的能耗进行预测，发现 SVR 的预测更加准确。曹斐等[380]以 SVR 为基础，提出了一种基于马氏距离的加权型 SVR（MWSVR），实现了对混凝土强度的预测。Ahmad 等[381]利用 SVR 和人工神经网络对无侧限梁试件的拼装强度进行预测，并认为 SVR 比人工神经网络更加有效。林荣安等[382]利用 SVR 建立了粗糙集—支持向量回归 RS-SVR 对盾构施工引起的软硬不均底层的地表沉降进行预测。利用该模型实现对室内安防危险的等级评估。本研究拟采用危险系数 α 作为评判危险等级的依据。把安防数据与危险种类是否发生作为自变量，危险系数 α 作为因变量进行危险风险等级的评估。危险系数越大，表示危险程度越大。安全情况下，$0<\alpha\leq1$；存在潜在危险时，$1<\alpha\leq2$ 之间；危险时，$2<\alpha<4$。α 每增加 1 表示危险增加了一个等级，一般 α 不大于 3，特别危险的 α 可大于 3 但小于 4。不同危险程度下 α 的取值规则如表 7.3.2-2 所示。

	不同危险程度下 α 的取值规则		表 7.3.2-2
	安全	潜在危险	危险
α	$0<\alpha\leq1$	$1<\alpha\leq2$	$2\leq\alpha<4$

7.3.3 安防数据分析评估规则建立及效果验证

1. 危险数据模拟与预处理

为了验证 SVM 对安防数据分析评估的有效性，本章以雪车雪橇场馆中的某一房间为例，模拟室内非法入侵、人员过于密集、火灾和正常四种状态的室内情况特征数据。房间面积约为 $26m^2$，其中有一扇门和一扇窗。作为种类判断的 SVM 自变量参数包括：时间、

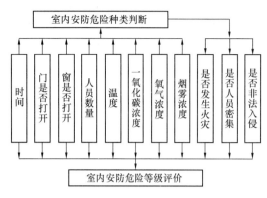

图 7.3.3-1 室内安防种类及危险等级影响因素

门和窗的开关、人员数量、一氧化碳浓度、氧气浓度、烟雾浓度，针对每一种危险状态都设置一个 SVM 模型进行预测训练，每个 SVM 模型都对一种危险是否发生进行判断，这样就会在危险发生时对每一种危险种类进行单独判断；当危险种类判断完成之后，把其中少数的错误判断进行修正。再把这些包括修正后的正确种类判断作为新的自变量，与前面的参数一起作为自变量来训练一个新的 SVM，用于评价室内安防的危险等级（如图 7.3.3-1 所示）。

数据按照以下的规则进行模拟而获得：

非法入侵：在 20 点到第二天的 7 点之前通过模拟窗户和门打开的数据，主要模拟的是"门是否打开"和"窗是否打开"这一变量，门窗打开即记为"1"，否则记为"0"，并把这段时间模拟的运维数据标记为"非法入侵"，并按表 7.3.2-2 的规则结合模拟当时的人数对该情况进行危险系数 α 打分。人员过于密集：模拟人员密集的情况，并结合房间的面积，判断人员的密度是否达到了人员密集的程度；如果达到了密集程度，把这段时间模拟的运维数据标记为"人员过于密集"，并按表 7.3.2-2 的规则对当时的情况进行危险系数 α 打分。

火灾：通过实际采集数据与文献检索获得火灾参数的范围，在该范围内随机模拟一氧化碳浓度、氧气浓度、烟雾浓度等在建筑室内的数值。把这段时间模拟的运维数据标记为"火灾"，并按表 7.3.2-2 的规则对模拟的情况进行危险系数 α 打分。

正常：其他没有进行危险模拟的运维数据标记为正常，并按表 7.3.2-2 的规则结合模拟的情况进行危险系数 α 打分。危险系数 α 打分基本遵循的规则如下：

（1）20 点到第二天的 7 点之前窗户或者门打开的数据为"1"时，定义为潜在危险或危险，一般时间越接近凌晨 1 点，危险系数越大，具体系数值由评价人员确定。

（2）人员过于密集时，根据房间大小划定人员密集的数量，人员越多，危险系数越大，具体系数值由评价人员确定。

（3）根据随机模拟一氧化碳浓度、氧气浓度、烟雾浓度等在建筑室内的数值，由人员综合评价得到危险系数，一般情况下，当温度、一氧化碳和烟雾浓度有一项高于正常值，即判定为火灾，当超标值越大，则危险系数越大，具体系数值由评价人员确定。

（4）当两种或三种危险发生时，则危险系数比单个危险发生时更大，具体系数值由评价人员确定。

共模拟了 15 天的数据，模拟火灾 10 次、非法入侵 13 次、人员密集 9 次。假设传感设备每 20s 更新一次数据，共模拟运维数据 64800 组，其中火灾的数据 566 组，非法入侵的数据 567 组，人员密集 241 组，其余为正常数据。

由于模拟的存在安防危险的样本数量远小于不存在安防危险的样本数量，利用这种数据进行训练会因数据偏斜影响 SVM 的训练效果，所以需要对样本信息进行预处理。通过对未发生危险的样本进行欠采样的方式提高训练效果。把存在危险的数据全部采集，从不存在安防危险的数据随机采集了 1300 组，共采集 2674 组样本。不同危险类别的样本数量如表 7.3.3-1 所示。

不同危险类别的样本数量   表 7.3.3-1

数量项目 ＼ 危险类别	火灾	非法入侵	人员密集	安全	合计
模拟的样本数量	566	567	241	63426	64800
使用的样本数量	566	567	241	1300	2674

2. 基于数字孪生的安防危险数据分析

安防危险智能分类和等级评估的具体步骤主要包括以下内容（如图 7.3.3-2 所示）：

（1）影响因素的数据收集：本部分采用的危险等级影响因素数据来源于 BIM 模型中的建筑信息和模拟物联网采集的历史安防运维数据。从 BIM 模型中主要采集房间面积、门窗数量和位置信息；模拟物联网采集的历史运维数据主要包括门窗的开关、温度、一氧化碳、氧气和烟雾浓度、人员数量等信息。

（2）数据量化处理：数据包括数值型和逻辑型数据。其中逻辑数据需要量化成数值型数据，用 0 代表"假"，用 1 代表"真"；时间型数据按照公式（7-3）转化成相应的数值型数据。

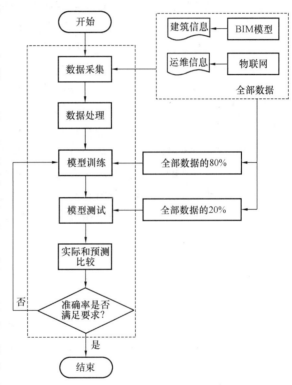

图 7.3.3-2　SVM 评估过程

$$时间＝小时/24＋分/1440＋秒/3600/24 \tag{7-3}$$

影响因素类型及量化结果如表 7.3.3-2 所示：

影响因素类型及量化结果   表 7.3.3-2

特征变量	数据类型	最大值	最小值	平均值	均方差
数值时间	数值型	0.99	0	0.24	0.40
温度（℃）	数值型	21.5	25	46.76	45.67
人员数量	数值型	23	0	3.33	4.57
氧气浓度（%）	数值型	23	20	21.52	1.11
一氧化碳浓度（ppm）	数值型	325	0	53.51	89.0
烟雾浓度（ppm）	数值型	4957	0	46.2	1078
门开关	逻辑型		0—关闭，1—打开		
窗开关	逻辑型		0—关闭，1—打开		

由于不同影响因素的量纲不同，转化后的数据数值差别也很大，本章使用离差标准化方法对所有转化后的数值数据进行归一化处理，转化公式如式 7-4 所示。

$$X = \frac{x - \min}{\max - \min} \qquad (7\text{-}4)$$

式中：min 表示数据中的最小值，max 表示数据中的最大值。

（3）训练集和测试集的选择：由于样本中发生安防危险的样本数远小于未发生安防危险的样本数量，直接利用这种数据进行训练会因数据偏斜影响 SVM 的训练效果。所以对样本信息进行预处理。本章通过对未发生危险的样本进行欠采样，缩小发生和未发生危险的样本数量差别[383]。然后将欠采样得到的未发生危险的样本和所有发生危险的数据样本随机打乱[384]，从中随机选择其中 80% 的样本数据作为训练集，剩余 20% 的样本用于测试[385]。

（4）模型训练：模型训练的关键是选择恰当的参数与核函数，本章选用径向基核函数（RBF）作为核函数，因为其他研究表明其精度和计算性能都优于其他核函数。

（5）测试与效果评价：

分类：测试使用步骤 3 中选定的测试集进行训练。在危险分类和危险系数的预测中，通过预测结果与实际危险分类进行比较，计算预测的准确率，准确率越高说明模型的预测效果越好。在危险分类预测中，运用混乱矩阵计算机器学习分类的精度、准确率和召回率是对分类效果进行评价的常见方法，这些指标数值越高表示分类效果越好。混乱矩阵如图 7.3.3-3 所示，准确率、精度和召回率的计算公式分别为式 7-5～式 7-7。

混乱矩阵		预测	
		正类	负类
实际	正类	TP	FN
	负类	FP	TN

图 7.3.3-3　混乱矩阵

$$准确率 = \frac{TP + TN}{TP + FN + FP + TN} \qquad (7\text{-}5)$$

$$精度 = \frac{TP}{TP + FP} \qquad (7\text{-}6)$$

$$召回率 = \frac{TP}{TP + FN} \qquad (7\text{-}7)$$

式 7-5～式 7-7 中，TP 为实际和预测都为正类的样本数量；TN 为实际和预测都为负类的样本数量；FP 为实际为正类且预测为负类的样本数量；FN 为实际为负类且预测为正类的样本数量。本研究将有危险的数据按照模拟场景时的危险程度，人为评价出危险系数 α，取值规则如表 7.3.2-2 所示。把预测的系数归入相应等级，与实际的系数所属等级进行比较，二者一致的表示预测正确。用预测的准确率来评价 SVM 模型的预测效果，准确率越高表示预测的效果越好。如果分类和等级划分的准确率较低，返回（4）对参数进行调整，直到达到较高准确率为止。

3. 危险种类和等级的评判效果

本研究的安防危险种类主要包括非法入侵、人员过度密集、火灾三种。本研究针对每种危险种类都分别训练了一个 SVM 模型。再分别按照上一节的方法，打乱样本的顺序，随机选用其中的 80% 对 SVM 进行训练，其余的 20% 样本用于测试。在多次进行评价的测试中，可得到评判效果较好的不同危险种类的测试混乱矩阵如图 7.3.3-4 所示，对该混乱矩阵的数据按照评价分类效果的指标进行评价的结果如表 7.3.3-3 所示。各项指标显示 SVM 对于安防危险种类的划分有较为可靠的效果。

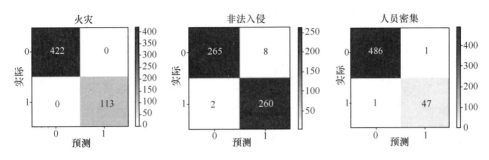

图 7.3.3-4 不同危险种类的测试混乱矩阵

利用 SVM 进行危险分类的评价指标 表 7.3.3-3

危险种类 评价指标	非法入侵	火灾	非法聚集
准确率	98.13%	100.00%	99.62%
精度	99.25%	100.00%	99.79%
召回率	97.07%	100.00%	99.79%

将有危险的数据按照模拟场景时的危险程度以危险系数 α 进行分级，并进行了记录。α 的取值规则如表 7.3.2-2。将以上 2674 组安防数据和每种危险种类的是否发生作为自变量，危险种类是否发生以逻辑型的数据形式作为自变量。1 表示对应危险发生，0 表示对应危险未发生（如表 7.3.3-4 所示）。

各危险种类是否发生的类型及量化结果 表 7.3.3-4

特征变量	数据类型	数值及其含义
是否发生非法入侵	逻辑型	0-未发生，1-发生
是否发生火灾	逻辑型	0-未发生，1-发生
是否发生非法聚集	逻辑型	0-未发生，1-发生

将记录的危险系数作为预测目标值，使用 SVR 进行训练和危险系数预测。其中 80% 用于 SVR 模型的训练，20% 用于训练好的 SVR 模型测试。在测试中安全系数的预测结果如图 7.3.3-5 所示。图中横轴数值为实际值，纵轴为预测值。落在图中斜线上的点为预测值与实际值相等。落在阴影部分的点为对危险等级的预测结果正确。在预测的数据中准确率可达 96% 以上。另外，在实际预测过程中，每一组新的历史数据都可以作为样本数据。

7.3.4 避险引导算法选取

为了减少安防危险造成的损失，在危险确定下来之后，需要引导室内人员快速避险，从最短路径问题的解决入手寻求合适的规则算法。求取最短路径是图论研究中的经典问题，其目的是寻求平面图中两结点间的最短路径。即在平面图中找出一个结点到另一结点众多路径中，路径最短的一条。目前对于最短路径的求取方法主要有 Dijkstra 算法、A* 算法、Bellman-Ford 算法、SPFA 算法等。其中 Dijkstra 算法是到目前为止被公认的求解

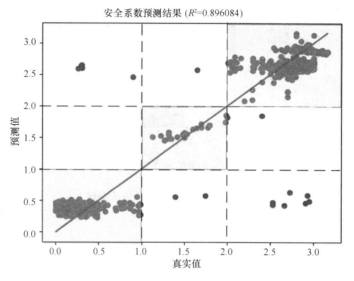

图 7.3.3-5　安全系数的预测结果

最短路径的较好方法[389]。它的基本算法如下：

（1）设存在无向图 F＝（T，S，D），其中 D 是该无向图中两结点间距离数的集合，T 和 S 是两个结点集合，若计算源点到某结点的最短路径已经求解完成，则把该结点储存于集合 S 中，其余未求解完成的结点储存于 T 中。

（2）对 T 中结点按离计算源点的距离远近进行排序，把距离最小的结点转存至集合 S 中，并记录下所有最短路径经过的结点，再把集合 T 中剩下的结点重新进行排序，选出其中距离最小的结点（不直接相连的两结点之间距离为∞）。

（3）当 T 不为空集时，重复步骤（2）；当 T 变为空集时，结束算法。由以上过程可以看到，Dijkstra 算法是以无向图为优化对象的，而且它是一个静态的最短路径求取方法，当地图中某点发生危险不可通行时，不能够自动规避危险进行路径规划。另外，传统的 Dijkstra 算法需要遍历源点与其他所有结点的最短路径。而对避险引导的需求来说，只需求得起点到出口的最短路径即可。

所以 Dijkstra 算法不能直接应用于该场景的最短路径求取。为了适应该场景的应用需求，本研究基于建立的数字孪生模型的几何信息，将建筑物进行拓扑抽象简化，同时改进传统的 Dijkstra 算法，建立避险引导规则。实现综合孪生模型中的人员位置信息和安防危险程度等信息进行动态避险引导。

7.3.5　避险引导算法建立及效果验证

1. 改进的 Dijkstra 算法

以交通布局规则模型为基础地图，对 Dijkstra 算法进行改进，以适应本研究的目标要求，改进的 Dijkstra 算法如下：

（1）首先输入按 4.4.2 中规则建立的拓扑结构，拓扑结构中每一层都是一个无向图，设结构中第 N 层对应的无向图为 FN，由这些无向图组成的集合为 f＝（F1，F2，F3…FN）。

（2）应根据人员位置进行无向图和计算源点的选取，以人员所在楼层对应的无向图为对象计算，人员所在空间所对应结点为计算源点；当人员所处结点 NXn 和所处楼层 N 发生改变时，则计算源点和无向图作出相应的改变。

（3）当某一空间区域的危险系数 $\alpha>2$ 时，直接与相应空间结点相连的距离数值更改为无穷大。

（4）退出机制：在算法处理某一层的无向图时，若结合 S 中有出口结点（如楼梯对应结点 NEn），该层算法的计算过程即停止，无需遍历所有结点；当人员位置在第一层中某出口 1En 位置时，整个避险引导算法计算结束。

2. 动态避险路径规划过程

首先运用前文述及的建筑交通关系拓扑结构简化方法，把建筑物的 BIM 模型简化成交通拓扑图；然后判断危险系数 α 是否大于 2，并根据危险系数对无法通行的区域所对应的拓扑图进行距离的相应修改。借助定位系统获取室内人员的位置，并以此位置对应的结点为计算源点，运用前文述及的改进算法对人员避险路径进行优化，直至人员成功抵达避险出口，规划结束。

具体步骤如下：

Input：f＝（F1，F2，F3，…，FN）；人员位置 NXn 和危险系数 α；出口结点集 E

Output："避险路径"为：与 NXn 距离最小经过的所有结点

initial 集合 S，T

whileN≥1

调取 FN

if 危险系数 $\alpha>2$

FN 中与该结点直接相连的所有距离修改为∞

whileS 与 E 无交集

对 T 中结点按照与 NXn 距离大小进行排序

把距离最小的结点转存至 S 中

记录下与 NXn 距离最小经过的结点

更新人员位置 NXn 和危险系数 α

ifNXn∈EandN＝1

break

3. 基于数字孪生的安全动态避险引导效果分析

本研究以冬季奥运会北京延庆赛区中雪车雪橇场馆的某建筑为例，使用"建筑交通关系的拓扑结构简化方法"对该建筑的结构进行了拓扑模型的简化，第二层的单层拓扑无向图如图 7.3.5-1 所示，整个建筑的拓扑结构如图 7.3.5-2 所示。

以不可通行的危险情况发生在 2E2 处为例，使用前文中改进的 Dijkstra 算法对避险路径进行规划。首先将拓扑结构中每层的拓扑无向图用矩阵表示，矩阵中的数字代表其列标结点与其行标结点之间的距离。第二层的部分结点拓扑矩阵如图 7.3.5-3 所示，各结点之间的连通距离用矩阵的形式表示，然后与 2E2 结点直接相连的距离改为无穷大，如图 7.3.5-3 所示，这样在用算法计算路径时，即可规避危险发生的位置。

将算法应用于不同的人员起点，将算法规则优化前后的路径距离进行比较，结果如图

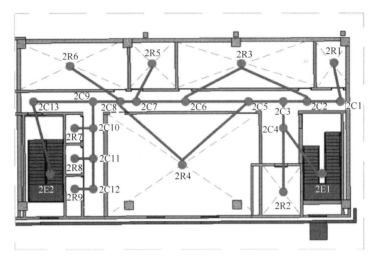

图 7.3.5-1 雪车雪橇场馆某建筑的二层部分单向拓扑无向拓扑图

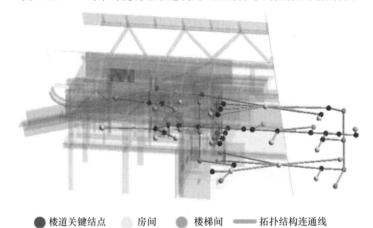

● 楼道关键结点　　房间　　● 楼梯间　　── 拓扑结构连通线

图 7.3.5-2 建筑物的拓扑结构图

	行房间节点号											
	2R1	2R2	2C6	2C7	2C8	2C9	2C10	2C11	2C12	2C13	2E1	2E2
2R1	0	∞	∞	∞	∞	∞	∞	∞	∞	∞	∞	∞
2R2	∞	0	∞	∞	∞	∞	∞	∞	∞	∞	∞	∞
2C6	∞	∞	0	3.6	∞	∞	∞	∞	∞	∞	∞	∞
2C7	∞	∞	3.6	0	1.5	∞	∞	∞	∞	∞	∞	∞
2C8	∞	∞	∞	1.5	0	2.2	∞	∞	∞	∞	∞	∞
2C9	∞	∞	∞	∞	2.2	0	2.2	∞	∞	4.6	∞	∞
2C10	∞	∞	∞	∞	∞	2.2	0	2.4	∞	∞	∞	∞
2C11	∞	∞	∞	∞	∞	∞	2.4	0	2.4	∞	∞	∞
2C12	∞	∞	∞	∞	∞	∞	∞	2.4	0	∞	∞	∞
2C13	∞	∞	∞	∞	∞	4.6	∞	∞	∞	0	∞	3
2E1	∞	∞	∞	∞	∞	∞	∞	∞	∞	∞	0	∞
2E2	∞	∞	∞	∞	∞	∞	∞	∞	3	∞	0

列房间结点号

图 7.3.5-3 第二层的部分结点拓扑矩阵

7.3.5-4 所示。由图 7.3.5-4 可见,大多数情况下优化效果不明显。本研究选人员在 2R4 和 2R5 房间为例,分别展示该优化算法的效果,结果如图 7.3.5-5 所示。

优化效果分析和路径如表 7.3.5 所示,三维路径比较情况如图 7.3.5-6 所示。

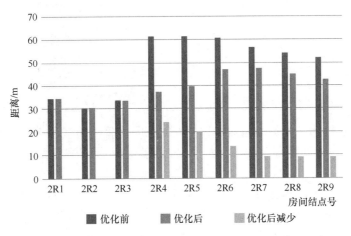

图 7.3.5-4 算法规则优化前后不同起点人员避险路径距离

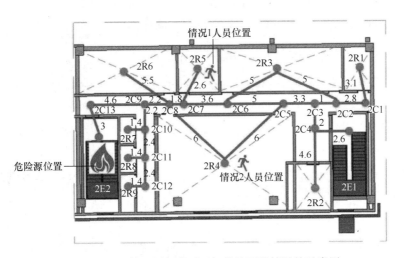

图 7.3.5-5 第二层部分平面拓扑及两种情况的示意图

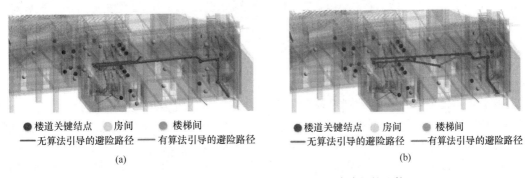

图 7.3.5-6 两种情况下有无算法引导避险路径的比较
(a) 情况 1;(b) 情况 2

219

算法规则优化前后路径和效果分析　　　　　　　　　　　　　　　表 7.3.5

情况序号	人员位置	危险位置	未经算法规则优化时的避险路径	经算法规则优化后的避险路径	优化后缩短的距离/m	优化后节约的时间/s
1	2R5	2E2	2R5→2C7→2C8→2C9→2C13→2C9→2C8→2C7→2C6→2C5→2C3→2C4→2E1→1E1→1E3	2R5→2C7→2C6→2C5→2C3 → 2C4 → 2E1 → 1E1 →1E3	17.2	8.6
2	2R4	2E2	2R4→2C8→2C9→2C13→2C9→2C8→2C7→2C6→2C5→2C3→2C4→2E1→1E1→1E3	2R4→2C5→2C3→2C4→2E1→1E1→1E3	24.0	12.0

设避险人员速度为 2m/s，在情况 1 中，算法优化后的路径可节省避险路程 24.0m，节约避险时间 12.0s；在情况 2 中，算法优化后的路径可节省避险路程 17.2m，节约避险时间 8.6s。由此可见，使用该算法规则可以有效减少安防受困人员的避险距离，减少避险时间，提高引导效率。当无算法规则引导时，受困人员会习惯性地就近寻找出口避险，在避险过程中发现危险时，又折返寻找其他出口，这个过程造成了避险时间的浪费。而该避险规则通过考虑对室内危险系数 α 是否大于 2，可以确定危险区域，避免人员通行。

在规划避险路径的时候，考虑了危险系数的因素，从而避免因不了解危险位置而造成的盲目避险。所以当人员起始位置处于靠近危险源的房间时，路径优化效果更明显。

7.3.6　基于数字孪生的危险提示和避险引导展示

使用训练好的 SVM 和 SVR 模型对实时的建筑运营状态进行评估，自动得到各房间的危险种类和危险系数，再把该评估信息与 BIM 模型结合，把危险发生的位置进行三维的展示，展示形式如图 7.3.6-1 所示。这种虚实对应的方式可以让安防管理人员很直观地综合了解危险发生位置的场景，进而可以结合室内布局对危险进行快速精准的处理。

图 7.3.6-1　BIM 三维展示室内安防状态和场景

为了能够更好地引导受困人员进行避险，本研究提出采用二维与三维相结合的方式，把避险引导路径展示在搭载于网页端的 BIM 模型中，效果直观，如图 7.3.6-2 所示。运用 WebGL 技术将 BIM 模型搭载在网页上[338]·[371]，实现跨平台查看的三维室内布局。这样就可以实现在智能手机、平板电脑等移动设备（即 BSCN4）上查看三维室内布局。安防管理人员可以通过 PC 端访问互联网、智能手机、平板电脑等快速直观地了解到室内危险周围的建筑布局。室内受困人员也可以通过智能手机、平板电脑等移动智能设备，通过互联网访问网页获得在线的避险引导，帮助其快速地脱离危险。

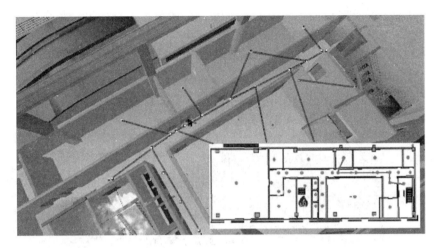

图 7.3.6-2 二维与三维同时在网页端避险引导的效果

介绍了基于数字孪生的室内安防危险数据分析评估与避险引导规则建立方法。主要包含以下几个方面的内容：借助 SVM 和 SVR 实现了对多维建筑安防信息的自动化处理，利用改进的 Dijkstra 算法实现避险引导。并把这些规则应用于冬奥雪车雪橇场馆中进行模拟实证，得到了较好的实验效果。为了提高危险警示和避险引导的直观性和有效性，本章还提出了基于数字孪生的危险提示和避险引导的展示方法，帮助安防管理人员快速了解室内危险状态，同时帮助室内人员更加直观地了解疏散引导路径，快速地脱离危险。

7.4 案例研究

7.4.1 冬奥雪车雪橇场馆高精度 BIM 建模

BIM 技术作为建筑信息化的重要技术手段，经被广泛应用在建筑行业之中。BIM 模型中包括建筑物的结构、设备等信息，可以涉及设计、施工、运维等全生命周期的建筑信息内容，是面向安防的数字孪生模型中建筑信息的主要来源。另外，以 BIM 作为信息基础容器，将多维信息进行融合集成是很常见的做法之一。所以，BIM 模型的建立工作是基于数字孪生智能安防管理的基础工作内容，是将现实物理世界中的建筑映射到虚拟世界的重要手段。模型的精细和信息完整程度也会影响到整个数字孪生模型的建筑精细化程度，进而影响整个安防管理的效果。重点对北京冬季奥运会雪车雪橇场馆的建模重难点、多专业协同建模方案、BIM 模型族库的构建、施工和运维信息收集与添加、地形信息和安防设备信息的添加方法进行了介绍。

1. 项目简介及 BIM 模型建立重难点

北京冬季奥运会雪车雪橇场馆位于北京市延庆区小海坨山区域，是 2022 年北京冬季奥运会新建项目中设计、施工难度最为复杂的比赛场馆之一，赛道依山势而建，全长约 2000m，垂直落差 120 多米，其中设计了 16 个倾斜度和角度都不同的弯道。赛道建成之后，成为国内第一条雪车雪橇赛道。它也是到目前为止，世界上难度最大的比赛场地之一。北京冬季奥运会期间，该场馆主要用于进行雪橇、雪车、钢架雪车三个比赛项目的比赛；赛后，该场馆可能将承担我国国家队训练、大型雪车雪橇赛事、大众参观体验等功能。雪车雪橇场馆的外观如图 7.4.1-1 所示。

图 7.4.1-1　雪车雪橇场馆外观

目前，BIM 技术在国内的应用已经十分成熟，已经被广泛应用在房屋建筑、桥梁、市政道路等领域。但是将 BIM 应用于雪车雪橇赛道的模型建立中还很少，所以本工程的 BIM 模型建立存在新的技术问题，本工程的实施可以为相关领域工程的建模提供较好的经验参考。相较于其他一般工程，本工程的建模难度主要包括以下几个方面：

1）工程体量大，涉及专业众多

北京冬奥会雪车雪橇场馆工程全长约 2000m，赛道落差达 120 多米，大约有 47 层楼层高度。整个赛道主要由主赛道、训练道和附属建筑构成。整个建模工作需要涉及建筑、结构、给水排水、暖通、地形等多个专业的模型建模。其中给水排水、暖通建模与一般的建筑物不同。由于赛道冰雪需要特殊降温处理，所以需要设置大量的制冷设备和系统保持赛道冰面的温度，并在赛道中敷设了很多制冷管道。所以除了需要对附属建筑的新风系统、给水排水系统等进行建模，还需要对赛道制冷设备和系统进行建模。由于其建设位置处于小海坨山南麓向阳面，为了防止阳光对雪车雪橇赛道的照射致使赛道冰雪融化情况，整个赛道都设计了遮阳棚对赛道进行保护。因此大量的遮阳棚建模，也是本赛道建模的一个重难点。

2）弯道众多，赛道形状不规则

为了满足比赛设计要求，北京雪车雪橇中心赛道设计了 16 个弯道，每个弯道的角度和倾斜程度都不同。为了提升赛道难度，其中还设计了回旋弯，使整个赛道成为亚洲唯一一条具有回旋弯的雪车雪橇赛道。赛道的弯曲设计使得每一段赛道都是不同的，需要对每一部分进行单独的处理。而且整个遮阳棚的弯曲是随赛道而变化的，所以赛道的不规则形状也使得遮阳棚的形状不规则。所以不规则的赛道设计为整个模型建立带来了新的建模困难。

3）模型精度要求高，数据量大

为了充分发挥 BIM 在全生命周期的价值，帮助其更好地在建筑运维管理阶段发挥作用，为智能化安防管理提供充实的数据基础。本工程建模精度要求达到 LOD500 级的高精度。高精度主要体现在两个方面：一方面是建筑信息模型需要和实际建筑物的参数信息保持一致，另一方面是 BIM 模型的信息中应该包含设计、施工、运维等全生命周期信息。所以整个建模过程需要伴随工程的设计、施工和运维阶段，建模周期长、数据量大。

2. 建模软件选用分析

BIM 建模软件是 BIM 技术涉及的众多软件中最基础的软件，是 BIM 技术实施的基础。BIM 建模软件的选用直接关系到整个项目推进的效率与建模的质量，并关系到模型被传递到运维阶段时是否可以很好地被利用。目前，国内外成熟的 BIM 建模软件有很多，每一种不同的软件都有其优势和特点。所以建模软件的选用需要综合比较各软件的特点，并与项目的特点进行结合考量。

美国 Autodesk 公司的 Revit 系列软件集建筑、结构及机电管道领域的建模功能于一身，包括有 Revit Architecture（建筑专业）、Revit Structure（结构专业）、Revit MEP（机电管道）等软件功能，而且其界面简洁，易于上手。同时它与 Autodesk 公司的其他产品如 Autodesk 3ds Max、Autodesk Navisworks、AutodeskACD 等软件有很好的兼容性，可以实现文件在不同软件之间的兼容识别。另外，Revit 可以通过建立族库的形式对构件进行参数化建模，可以提高建模的效率和系统性。而且，Revit 系列软件在国内拥有很广泛的应用，技术也比较成熟。Bentley 系列软件是由美国 Bentley 公司开发的一套 BIM 建模软件，产品包括 Bentley Architecture（建筑专业）、Bentley Structural（结构专业）、Bentley Building Mechanical Systems（暖通系统和给水排水）等产品，可以为建筑包括设计、建造、运营维护在内的全生命周期提供一套完整的解决方案，它在电力、石油化工、市政公路、桥梁等领域拥有较广泛的应用[390]，但是其在建筑领域的应用广泛程度不及 Revit。Tekla Structures 软件是由芬兰 Tekla 公司开发的一套 3D 立体建模设计软件。在软件中涉及钢结构全生命周期信息化解决方案，包含结构设计工程师、钢结构制造工厂以及运营单位所需要的专业功能模块。虽然其也可以实现混凝土结构等其他形式结构的建模，但是其主要应用是在钢结构建模中，其他结构形式更多的是为配合钢结构建模而设计。所以 Tekla 软件在国内更多是用于钢结构建模。ArchiCAD 是匈牙利 GraphiSoft 公司开发的用于三维模型设计的旗舰软件产品。它具有很完善的平、立、剖面施工图设计以及参数化计算等功能[391]，同时也支持多方专业协同设计建模工作。但是当工程项目比较庞大时，需要对项目进行分区作业和管理以解决结构比例的问题。

另外，近些年随着 BIM 在国内的不断发展，也涌现了一些国产 BIM 软件。如广联达系列软件、里正系列软件、PKPM-BIM 等。其中广联达在工程造价和管理方面有很广泛的应用，里正在基坑工程的施工方面应用较多，PKPM-BIM 推出的时间较晚，其被广泛应用和认可还需要一段时间。

冬奥雪车雪橇场馆的建模主要包括赛道和其附属建筑及配套设施，建筑结构以钢筋混凝土结构为最多，工程体量庞大。结合软件在我国建筑行业内的应用广泛程度和技术成熟程度，各公司软件的对比分析以及工程项目的特点，本研究决定使用 Revit 作为冬奥雪车雪橇场馆的基础建模软件。

3. 多专业协同 BIM 建模方案

由于雪车雪橇场馆建模工程量巨大，在建立模型时需要对建模工作进行多层级的划分，先从宏观角度将整个场馆按照建筑的功能类别划分成赛道、出发区一、出发区二、出发区三、结束区、运营及后勤综合区、训练道冰屋及团队车库、制冷机房等建筑单体。针对每个建筑单体分开建模，减少整体建立模型的工作量和设备负担。然后从中观角度对每个建筑物内各个专业进行划分，按照专业分配任务到每个专业建模的负责工程师。最后每个工程师从微观对各负责部分中的每个构件进行细致的工作建模规划，这样就形成了宏观一中观—微观层次分明的协作分工。

面对工程体量大、涉及专业众多的问题，本工程按照工作内容和专业的不同建立了分工合作的协同建模工作团队，团队组织结构如图 7.4.1 2 所示。该团队由一名 BIM 建模工作总指挥和多位专业建模工程师组成。其中 BIM 建模工作总指挥负责规划全面的建模工作，并负责与设计和施工单位进行沟通，其他专业工程师则根据其专业特长，负责不同的建模内容，各司其职。分别负责建筑结构专业、电气专业、暖通给水排水专业、赛道及遮阳棚建模、其他专业建模等。

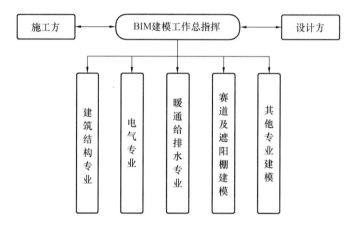

图 7.4.1-2　BIM 建模团队组织结构图

分工完成之后需要选择一种协同工作方式实现不同专业和工作部分的整合。目前主流的协同工作方式主要有"中心文件法"和"链接法"。其中，中心文件法需要建立中心文件，其他所有专业的人员都以此为基础进行模型建立，直接将自己的设计信息同步到中心文件当中，建模过程如图 7.4.1-3 所示。该方法的信息同步性好。但是，随着模型的建

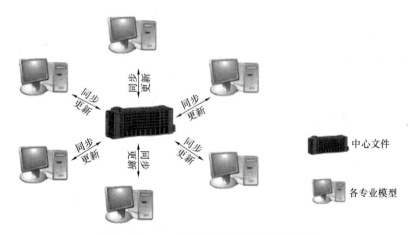

图 7.4.1-3　中心文件法模型建立过程示意

立，中心文件的体量会随之增大，使得中心文件变得卡顿，对计算机设备的配置要求较高，同时容易出现中心文件损坏的问题。由于冬奥雪车雪橇场馆的模型体量巨大，使用中心文件法对设备的要求会很高，中心文件法的弊端很容易显现。而链接法在模型建立时，各专业的模型相互独立，互不影响，每个专业的编辑和修改工作都在各自的模型中进行，最后统一将各专业的模型链接到同一个模型中，建模过程如图 7.4.1-4 所示。这样就避免了"中心文件法"中文件过大带来的弊端。所以本工程建立时采用了"链接法"进行建模。具体步骤如下：

（1）设立统一的项目基点；

（2）建立统一的轴网、标高等基准信息；

（3）各专业基于统一的基准信息进行建模；

（4）清理各专业的模型，为链接做准备；

（5）将各专业模型进行链接，合成模型，获得最终成果文件。

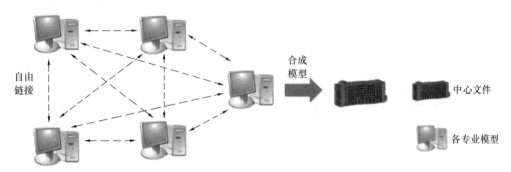

图 7.4.1-4 链接法模型建立过程示意

4. 参数化设计建模方案

参数化的概念是在 20 世纪 80 年代由美国的 Grossard 教授等提出的[392]，并且在机械领域得到了较早应用。同样，参数化也是 BIM 模型中比较核心的一个概念。简单地说就是通过对具有相似几何构造的特征进行参数化设置，通过赋予参数不同的数值即可实现对该类几何图形中不同尺寸的模型建立。Revit 中的参数化设计需要通过建立"族"来实现，主要是形状轮廓先于参数的形式进行建模。首先使用 Revit 软件的造型功能，按照操作步骤先确定好模型的大致形状轮廓，再根据参数添加的需要，给模型的合适位置添加参数，再把参数与模型的尺寸进行关联，实现模型的参数化。

在雪车雪橇场馆的赛道下面设置有大量的赛道支撑结构（如图 7.4.1-5 所示），各赛道支撑结构的外形大致相似，都是由两根立柱和一根梁托构成。其中，立柱的尺寸根据地

图 7.4.1-5 赛道支撑结构

势的变化而变化，梁托的轮廓尺寸根据赛道的倾斜程度和形状而变化，所以各支撑结构虽然形状相似，但是几何尺寸却不一致。为了避免重复建模，保证支撑结构的尺寸独特性，本章利用参数化建模的方式来建立赛道的支撑结构。

下面以赛道支撑结构为例介绍参数化建模过程，具体步骤如图 7.4.1-6～图 7.4.1-10 所示。

参数化步骤完成之后即可以直接通过修改图 7.4.1-8 中的参数项目数值完成对不同尺寸赛道底柱的建模，可以免去大量的重复性工作，提高建模的效率，同时提高了模型的规整和标准化程度。除了可以在构件中添加几何参数，还可以在图 7.4.1-8 界面中添加非几何参数，丰富模型各阶段的数据，提高模型的信息丰富程度。

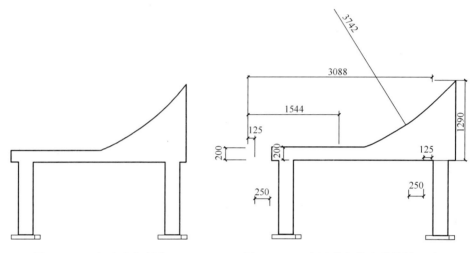

图 7.4.1-6　初步确定赛道　　　　图 7.4.1-7　标注外部轮廓的关键尺寸
支撑结构的外部轮廓

图 7.4.1-8　参数化设置

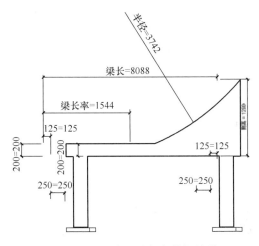

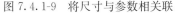

图 7.4.1-9 将尺寸与参数相关联   图 7.4.1-10 赛道支撑结构模型效果

5. 异形结构模型的建立方法

本项目中不规则的部分主要包括赛道及赛道遮阳棚两部分。赛道不规则的部位主要包括赛道的道面 U 形槽部分和随赛道弯曲变化的遮阳棚。由于赛道 U 形槽部分的形状弯曲，倾斜程度各异，遮阳棚也需要随着赛道的弯曲和倾斜而做出相应的形状变化，所以使用基本的建模工具不能达到建模的效果，需要使用体量进行建模。下面以部分赛道和遮阳棚为例介绍异形结构模型的建立方法。为了解决不规则图形的模型建立问题，本赛道的建模主要采用了族样板与体量两种建模方式。

1）族样板建模方法

为了满足赛道形状变化的需要，本章采用基于族样板的建模方法，建立模型。具体主要流程如图 7.4.1-11 所示。在对赛道进行建模时先把赛道阶段分成各个节段，然后针对各个节段进行参数化建模。通过调整赛道截面的参数实现对赛道道面的形状调整。赛道节段截面及其截面参数如图 7.4.1-12 所示。赛道节段的模型及多段模型组合成的赛道道面模型如图 7.4.1-13 所示。

2）体量方法

赛道的遮阳棚覆盖了赛道的全部，建模工作量巨大，其截面轮廓大致都相似，只是走向随赛道弯走向起伏弯曲。所以使用造型能力较强的体量建模功能进行屋顶模型的建立。其主要建模流程如图 7.4.1-14 所示。通过这一流程的模型建立而成的赛道遮阳棚模型如图 7.4.1-15 所示。

6. 高精度 BIM 信息收集与添加

建筑信息模型的细致程度一般使用模型的细度（LOD，level of detail）进行表示。目前对于模

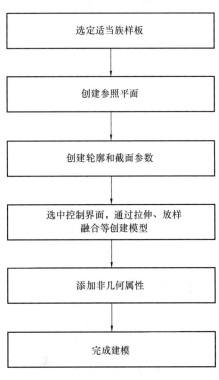

图 7.4.1-11 族样板建模主要流程

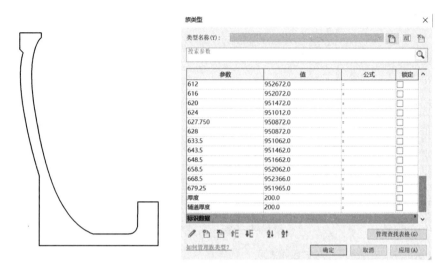

图 7.4.1-12　赛道节段截面及其截面参数

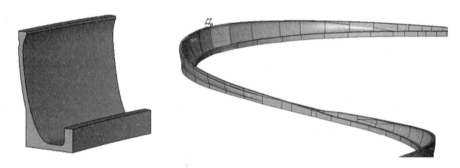

图 7.4.1-13　赛道节段的模型及多段模型组合成的赛道道面模型

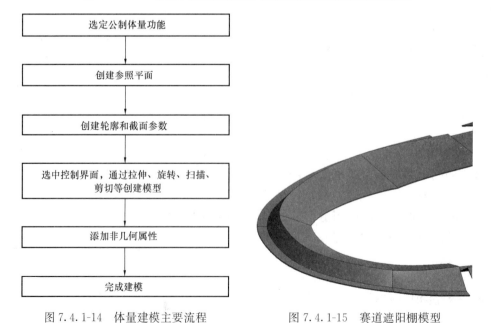

图 7.4.1-14　体量建模主要流程　　　　图 7.4.1-15　赛道遮阳棚模型

型细度的常用划分有 LOD100、LOD200、LOD300、LOD400、LOD500，"LOD"字母之后的数字越大，表示 BIM 模型的精度就越高。其中 LOD100 一般为概念设计级别精度，此级别精度的模型主要包括体积、建筑朝向、每平方米造价等基本概念设计，可以帮助业主与设计单位进行总体分析。LOD200 一般为方案设计级别的精度，此级别精度的模型主要包括建筑的普遍性系统的大致数量、形状、大小、方位等信息，同时可以实现一般性的性能化分析。LOD300 精度级别的 BIM 模型一般形成于施工图设计阶段，信息详细程度相当于施工图设计，此阶段的模型应主要包括构件属性和参数等信息，此级别精度的BIM 模型应该能够满足应用于成本估算和施工协调。LOD400 精度级别的 BIM 模型一般形成于施工实施阶段，该级别精度的模型一般包括但不限于施工模拟、预制加工、质量与安全管理等子模型，可以用于预制加工、进度和成本管理等功能的实现。LOD500 精度级别的 BIM 模型一般形成于竣工验收阶段，该级别精度的模型一般包含在施工过程中产生工程变更以及相关验收的资料和信息，同时要保持与交付的工程项目实体的一致性。在我国颁布的《建筑信息模型施工应用标准》GB/T 51235—2017 中，还规定了 LOD350 的模型精度级别，LOD350 精度级别的 BIM 模型一般形成于深化设计阶段，信息详细程度等同于深化设计，该级别精度的模型宜包括但不限于土建、钢结构、机电等子模型，可以实现专业协调、预制加工、施工模拟、施工交底等应用功能。各细度级别的模型形成阶段、包括信息、实现功能总结如表 7.4.1 所示。

各细度级别模型形成阶段、包括信息、实现功能总结   表 7.4.1

细度级别	形成阶段	包括信息	实现功能
LOD100	概念设计阶段	体积、建筑朝向、每平方米造价等	帮助业主与设计单位进行总体分析
LOD200	方案设计阶段	大致数量、形状、大小、方位等	可以实现一般性的性能化分析
LOD300	施工图设计阶段	构件属性和参数等	成本估算和施工协调
LOD350	深化设计阶段	土建、钢结构、机电等子模型	专业协调、施工模拟、预制加工、施工交底等
LOD400	施工实施阶段	施工模拟、预制加工、质量与安全管理等子模型	预制加工、进度和成本管理等
LOD500	竣工验收阶段	施工过程中产生工程变更以及相关验收的资料和信息	移交至运维管理阶段

从上可以看出整个 BIM 模型精度的提升伴随着整个工程的推进，所以要形成LOD500 精度的 BIM 模型必须要基于整个施工过程进行建模。本工程的建模精度需要达到 LOD500 级别，并将高精度 BIM 模型移交至运维管理阶段，为智能安防系统集成平台的建立提供数据基础。

因此本项目在模型建立的过程中注意与设计和施工单位的沟通，起初的模型是按照设计图纸进行建立的，随着施工过程的推进，逐渐将一些施工信息加入到模型中。添加的形式主要是通过对构件新添加"模型属性"项目进行（如图 7.4.1-16 所示）：信息内容既包括设备、门窗的生产厂家、安装的负责人及联系方式、维保单位、维护人姓名及联系方式等管理信息，又包括设备的使用年限、保修年限、维保频率型号、功率、混凝土的设计和实测强度等技术信息。随着工程的深入，工程验收的资料信息也需要加入其中。通过不断添加信息项目，使得构件的信息更加详细，进而达到提高模型精度级别的目的。

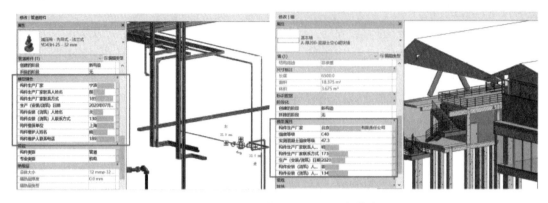

图 7.4.1-16　通过模型属性项目添加信息

7. 融合安防数据的 BIM 模型建立

由于本工程是建立在山地地形上，所以把 BIM 模型与山地 GIS 模型相结合可以更好

地展示出整个体育场馆在山地处的位置和方位，本章通过将 GIS 模型转化成 .dwg 格式的模型后，通过 Revit 将 .dwg 格式的文件导入到 .rvt 格式文件中，使地形模型与 BIM 模型相结合。结合效果如图 7.4.1-17 所示。

BIM 模型建立完成之后，可以将后期安装在场馆内部的安防设备通过建立 BIM 模型的方式，在 BIM 模型的相应位置建立起安防设备的 BIM 模型，使其几何形状保持一致，再将设备的参数以非几何参数的形式附加在安防设备的模型上，使 BIM 模型与实际建筑物在安防设备的配置上形成一致性。为安防智能管理提供几何和非几何信息基础。在建

图 7.4.1-17　BIM 与地形相结合

筑信息模型中添加安防数据采集终端模型的形式示意如图 7.4.1-18 所示。其中，根据室

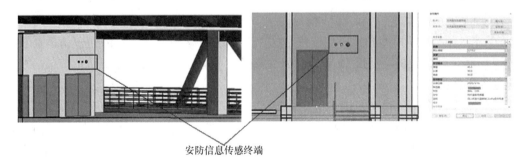

安防信息传感终端

图 7.4.1-18　在建筑信息模型中添加安防数据采集终端模型示意

内的环境和设备特点，确定安防设备的安装位置，安装位置分为屋顶（如烟感传感终端等）和墙壁安装位置（如温湿度传感终端等），其平面布置位置示意如图 7.4.1-19 所示。

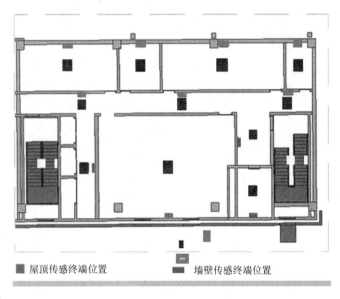

图 7.4.1-19　安防数据采集终端平面布置示意

8. 小结

对北京冬季奥运会雪车雪橇场馆的工程概况和建模重难点进行了分析，并结合项目和各建模软件的特点进行 BIM 建模软件的选择。然后通过对项目进行宏观、中观、微观的划分，将任务分配给每个专业的工程师，并选择了适合的协同工作模式，实现多专业的协同 BIM 模型建立；使用参数设计提高了建模的效率和规范性；通过使用体量建模和族建模的方法实现异形结构模型建立。最后介绍了地形信息和安防设备等运维信息的添加方法，为基于数字孪生的安防管理提供更加丰富的建筑信息内容。

7.4.2　冬奥场馆安防数据集成分析与智能评估系统设计

1. 系统需求分析

在系统设计进行之前，首先要明确系统的需求，为系统的架构设计提供指导。本部分主要从功能需求和非功能需求入手进行分析。为安防数据集成分析与智能评估系统的架构设计提供依据。系统需求分析关系如图 7.4.2-1 所示，系统的非功能性需求为系统的设计提供设计原则，主要包括易用性、安全性和可扩展性。而功能性需求为系统需求指明具体的应用目标，本章主要包括模型与数据输入、安防运维数据监测、人员定位、安防危险数据评估、危险警示、避险引导等多个功能性需求。该系统的用户对象主要包括室内受困人员和安防管理人员。

1）系统功能需求分析

本研究实现的功能主要有安防数据场景化集成管理、安防危险智能分析评估及预警和安全避险引导。这些功能都是综合性功能，由多个系统功能模块来实现，分别包括模型与数据输入、安防运维数据监测、人员定位、安防危险数据评估与危险警示、避险引导等。

该系统的用户对象主要包括室内受困人员和安防管理人员，其中安防管理人员需要关注以上全部功能；而受困人员只需要关注危险警示和避险引导即可。

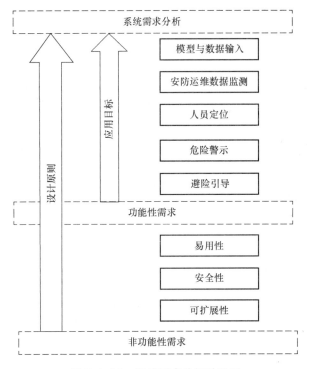

图 7.4.2-1　系统需求分析关系图

（1）模型与数据输入

系统的几何信息基础需要安防管理人员将冬奥场馆的 BIM 模型手动导入到系统中形成。另外，除了需要 BIM 模型等几何信息之外，还有手动录入信息的需求。所以系统需要同时设计能够接受 BIM 和手动输入数据的接口。

（2）安防运维数据监测

安防运维数据监测为安防管理人员的第一个重要需求，其主要通过安装在建筑室内的 LoRa 物联网系统采集室内的安防运维数据，监测的项目包括室内各种气体浓度、门窗的开关情况、室内视频监控等。并把这些数据与 BIM 模型相结合，实现安防管理人员在建筑三维场景下的安防运维数据实时监测。

（3）人员定位

人员定位需求需要通过安装在室内的定位系统获得人员在建筑中的位置信息，本研究只需重点关注人员在建筑物内所处的房间即可。在定位过程中需要将人员所处房间位置通过三维可视化展示出来。可以帮助室内安防管理人员掌握室内人员的位置，也可以帮助受困人员知晓自身位置。不同的是安防管理人员可以查看室内所有人员所处位置信息，而受困人员只能查看自身所处的位置。

（4）安防危险数据评估与警示

通过 SVM 与 SVR 模型对安防数据的继承分析得到安防危险的种类和危险等级之后，需要通过系统展示给安全管理人员和室内受困人员。当危险发生时，需要形成危险警示。

基于数字孪生思想，危险的警示形式既包括文字与三维 BIM 模型的共同展示，也应包含危险报警设备在现实世界的警报。

（5）避险引导

危险发生之后需要引导受困人员进行避险，这一功能需要将基于数字孪生的避险引导算法嵌入到系统当中，根据该算法得到的室内避险引导路径需要结合三维 BIM 模型，通过智能手机等移动智能设备展示给室内受困人员。所以系统需要设计成 B/S 架构才能够实现不同受困人员通过不同终端灵活地查看避险路径引导。

2）系统非功能需求分析

（1）易用性

系统的设计目的是为建筑安防管理提供方便，目标用户既有专业的安防管理人员，又有受困人员。所以需要用户友好的功能界面，以及简单易懂的操作步骤。对于安防管理人员来说可以快速掌握系统的业务逻辑、操作流程等。对于受困人员来说，要有一目了然的操作界面和简单的操作流程，可以帮助其在危险发生时快速准确地使用该系统的功能。

（2）安全性

安全性主要是指信息数据的安全。运维安防数据涉及建筑物运维阶段的使用信息，尤其是对于冬奥场馆等大型公共建筑，其数据中有很多直接关乎重要活动的关键信息，直接关乎活动的成败，如果安全性没有保障会造成不良的社会影响。因此，系统应该设计可靠的安全保障手段，避免恶意入侵。

（3）稳定性

安防是建筑运维管理中的重要环节，需要贯穿整个建筑的运维阶段。而运维阶段是建筑全生命周期中时间跨度最长的阶段，其中会记录视频、文本等各种各样的运维安防数据，数据量巨大。而且安防管理要实现时刻在线，所以需要系统具有足够的稳定性，能够承受大量数据的运行，保证其稳定正常运行。一旦出现问题，还能够很容易地进行维护。

（4）可扩展性

目前该系统的功能可以满足部分安防管理需求，但是还有很多功能尚需研究和开发，所以需要该系统有良好的扩展性。当有新的需求和功能出现时，能够使其增添更多功能，更好地为智能安防实现服务。

2. 系统架构设计

系统架构设计是系统设计的核心内容，合理的系统架构设计既可以为系统开发人员提供开发思路，也能为用户提供梳理系统的应用流程。本章主要依据系统的需求进行系统架构设计，首先明确系统总体的架构逻辑，然后以功能需求为依据设计出系统的各个功能模块。

1）总体架构设计

以系统的需求分析为导向，结合基于数字孪生的建筑运维安全管理框架，给出基于数字孪生的冬奥场馆安防数据集成分析与智能评估系统总体架构设计图，如图 7.4.2-2 所示。系统架构可分为感知层、网络层、数据层、应用层和用户层。

最底层为感知层，主要包括感知各种物理实体的传感终端设备。本研究中具体涉及基于 LoRa 的温度、各种气体浓度、门窗状态等室内环境传感终端以及 UWB 标签和视频监控设备等。其中室内环境传感终端将 LoRa 模块和各种传感器相集成，以实现将传感数据

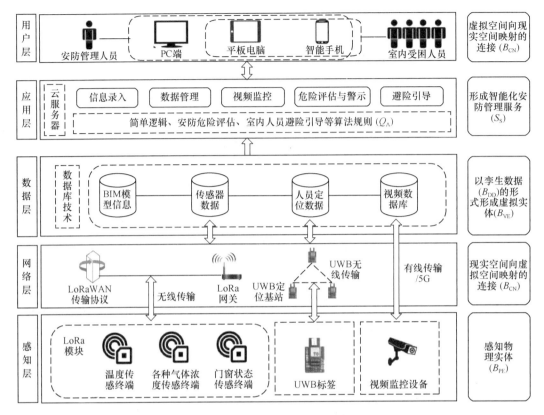

图 7.4.2-2　系统总体架构设计图

以 LoRa 协议的传输。感知层的作用是将现实物理实体（B_{PE}）的各种物理属性和行为状态转化成数据的形式采集上来，形成对物理实体的信息感知。

第二层为网络层，主要包括各种将感知层信息传输到网络层的协议和设备。本研究中主要采用了三种形式的传输方式，分别是 LoRa 协议无线传输，UWB 无线传输和有线传输。室内环境传感终端采集的信息以 LoRaWAN 协议传输 LoRa 网关，再通过 LoRa 网关以 4G 等形式将数据传输到数据层；室内人员携带的 UWB 标签与 UWB 定位基站之间的信息交流实现人员位置的获取。由于视频监控设备采集的是视频信息，信息量巨大，主要通过有线传输形式进行信息传输，在未来 5G 传输也是可以考虑的传输形式。借由网络层的各种通信连接（B_{CN}）方式，实现了现实空间向虚拟空间映射。

第三层为数据层，主要包括 BIM 模型数据以及由网络层传输上来的各种数据。这些数据通过数据库技术储存在数据层中，形成孪生数据（B_{DD}）。数据库将各种信息关联融合在虚拟世界形成虚拟实体（B_{VE}）。

第四层为应用层，主要包括建档逻辑、安防危险评估、室内人员避险引导等算法规则，以及各种智能安防应用功能。应用功能主要包括信息录入、数据管理、视频监控、危险评估与警示、避险引导等。这些功能的实现需要算法提供支持。这些算法和功能都加载在云服务器中，以方便用户通过互联网灵活访问，在云端形成智能化的安防管理服务（B_{SS}）。

第五层为用户层，本研究的用户主要包括安防管理人员和室内受困人员。根据不同用户的需求设置访问权限。用户可以借助平板电脑、PC 端、智能手机等形式访问云服务器，实现系统的功能，形成了虚拟空间向现实空间映射的连接（B_{CN}），进而实现系统对现实物理世界的安防问题解决。

2）系统的功能模块设计

为了能实现系统总体架构的功能，使系统更好地为用户服务，本章基于系统总架构给出了系统的功能模块。系统共设计了六个功能模块，主要包括系统管理、信息录入、数据管理、视频监控、危险评估与警示、避险引导，每个功能模块下又细分不同的功能，系统功能架构图如图 7.4.2-3 所示。

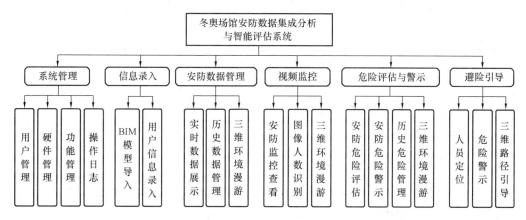

图 7.4.2-3　系统功能架构图

（1）系统管理模块

系统管理模块主要负责对整个系统进行管理，由用户、硬件和功能管理以及操作日志组成。后三种功能只对安防管理人员开放，其他用户无权访问。其中，用户管理主要用于管理维护系统中的用户账号信息，并给予不同用户不同的访问权限。对于安防管理人员来说，需要输入的账号和密码相匹配，才可进入系统。对于受困人员来说，只需选择自己是受困人员，无需输入账号密码即可访问相关功能，节约其进入系统的时间，以保证受困人员快速脱险。硬件管理模块的功能主要负责对硬件信息进行管理，包括 UWB、LoRa 和视频监控设备等。借由该模块可以查看不同硬件的参数信息和运行状态，可以及时发现硬件故障，并能实现安防管理人员定期故障巡检和故障维修。

为了遵循可扩展性原则，系统设置了功能管理功能。系统在使用过程中会出现新的功能需求或者对系统功能进行调整，安防管理人员可以根据功能的调整需求实现对管理功能的添加、修改或者删除。在用户使用系统时，其操作都会留下痕迹，可以记录用户的账号信息、访问 IP 地址、访问时间、故障信息等。借由操作日志可以实现这信息的查看，以帮助安防管理人员实现系统操作的可追溯性，为系统的维护提供数据支撑。

（2）信息录入

信息录入功能主要包括 BIM 模型的导入和人员信息的录入。BIM 模型作为系统建筑几何信息的主要来源，需要手动将其导入到系统中，所以系统应该设计一个能够手动导入 BIM 模型的接口。另外，用户的个人信息需要通过信息录入输入系统中，所以需要设计用户信息录入的接口。

235

（3）安防数据管理

安防数据管理功能主要包括实时数据展示、历史数据管理和三维环境漫游三个方面功能。一方面可以实现对系统采集信息的安防数据实时展示，另一方面可以对历史数据进行管理和查看，并能做简单的趋势分析。每个位置的安防数据可以通过与 BIM 模型的结合实现对三维场景化的数据展示。

（4）视频监控

视频监控功能主要是将安防视频监控画面展示出来，既包括实时的监控画面，又包括历史的监控画面。另外利用图像识别技术实时统计出画面中人员的数量，实现图像人数识别。这些也可以与三维场景相结合，实现三维场景与监控画面的融合展示。

（5）危险评估与警示

危险评估功能主要包括安防危险评估、安防危险警示、安防危险管理三方面的功能。安防危险评估利用系统内置的 SVM 模型对安防数据进行实时分析得到安防危险的种类和等级。当发生危险时，系统还能够产生安防危险的警示，并且可以与三维环境综合进行展示，提高安防警示的效果，帮助安防管理人员快速了解危险发生位置的建筑布局。对于以往的警报可以形成历史，历史的危险管理可以帮助安防管理人员分析容易发生的位置，及时排除危险隐患。

（6）避险引导

避险引导功能主要由人员定位、危险警示和三维路径引导组成。避险引导算法需要获得人员位置，所以人员定位是避险引导的基础功能，受困人员可以通过该功能查看自身的位置，当人员位置靠近危险时会给受困人员提出警示。利用预置在系统中的算法，将危险位置和人员位置等信息进行综合分析，得到动态的避险路径，并结合三维模型展示给受困人员，实现三维路径引导。安防管理人员可以通过该功能查看每一位受困人员的位置和逃生路径等信息。

3. 系统工作流程

1）系统访问流程

系统的用户种类主要包括安防管理人员和受困人员，两个不同种用户群体访问系统的功能权限不同，访问系统的流程也不相同。系统访问流程如图 7.4.2-4 所示。

首先用户先在"安防管理人员"和"危险受困人员"中选择一个用户角色，如果选择用户角色为安防管理人员，则先判断是否有账号，如果有账号则需输入账号密码，并对密码进行判断，如果密码正确则进入系统界面，如果密码错误则需重新输入。如果没有账号需要申请账号，如果账号已被注册需要重新注册，如果没有被注册则需设置密码。密码设置成功之后，转入到有账号的流程即可。安防管理人员角色账户可以访问系统全部的功能。

当用户选择危险受困人员时，则不需要输入用户账号，只需输入携带的定位标签编码即可。然后系统即可判断人员位置，如果用户在建筑物内即可访问系统，如果不在建筑物内即提示用户不在建筑内，不可以访问系统。如果用户在建筑物内则可以访问危险评估与警示和危险引导两个功能，以帮助其快速脱离危险。

2）功能实现流程

整个系统的功能实现流程主要包括三个主要阶段，第一个阶段为正常安防管理阶段，在这个阶段危险并未发生，安防管理人员对建筑内的运维安防情况进行管理和监测；第二

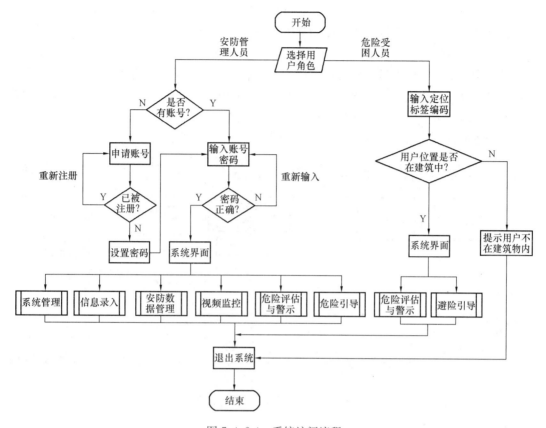

图 7.4.2-4 系统访问流程

个阶段为危险发生阶段，这一阶段的任务主要是在危险发生时，提出危险报警和处置提示等；第三个阶段为危险解除阶段，这一阶段主要是在危险处置完成后解除危险状态，回归正常安防管理阶段。

（1）正常管理阶段

在初次使用该系统时，首先要录入用户信息，再将目标建筑的 BIM 模型导入到系统中，并对系统硬件进行初始化设置。安防管理人员通过用户管理登录系统，在中控室的安防管理人员可以通过 PC 连接大屏等形式，对整体建筑物内的安防数据和视频监控进行正常的检查。在建筑物内某具体部位的安防管理人员可以通过平板电脑、智能手机等对建筑物某部位的运维情况进行检查。此时室内其他人员不需要登录系统。

（2）危险发生阶段

当危险发生时，系统即会对传感器采集的信息进行分析，自动评判出危险的种类、等级和位置。并将这些内容与三维模型结合，展示在系统上，并给安防管理人员以提示，并将提示与三维模型共同展示出来，帮助安防管理人员快速对危险进行判断。同时，系统还可以通过广播、室内警报等方式同时发出警报给室内人员。建筑物内的人员收到警示，可以通过手机扫描建筑物内张贴的二维码等方式进入网页引导系统，无需输入账号密码，输入自己携带的定位标签编号，系统即会根据标签的编号判断人员是否处于建筑物内，如果处于建筑物内则可以进入系统界面，通过三维展示出人员的位置和危险的种类、等级和位

237

置等情况，帮助受困人员了解危险，并通过系统给出经过计算得到的三维和二维结合的疏散引导路径。人员可以根据室内危险的种类和等级情况自行选择避开危险的路线。

（3）危险解除阶段

当危险被安防管理人员处理解除之后，系统会通过信息采集自动评判出危险等级已经达到了安全级别，危险自动解除。另一方面，当危险警报错误或者安防管理人员认为没有必要进行危险提示时，也可以通过手动解除系统风险。

整个系统的功能实现流程如图 7.4.2-5 所示。

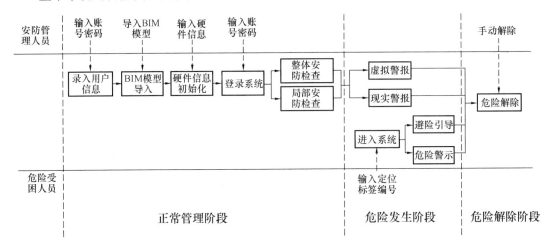

图 7.4.2-5　系统功能实现流程

4. 小结

从系统功能需求、系统架构和系统工作流程三个方面提出了冬奥场馆安防数据集成分析与智能评估系统设计方案，实现了数据管理、危险评估和警示、避险引导等功能，为未来基于数字孪生的安防管理模式系统方案设计提供借鉴。

7.4.3　集成多源数据的冬奥场馆数字孪生模型建立

现实物理实体映射在虚拟空间中的虚拟实体主要是以数据的形式储存在虚拟世界中。数据模型也是基于数字孪生模型进行安防管理的基础，数据模型中信息的详细、准确和及时程度直接影响到安防问题的解决能力。所以建立面向安防的数字孪生模型是最重要且基础的工作，是实现基于数字孪生智能安防管理的最基本问题。本节将从智能安防管理的需求出发，具体介绍通过多源数据进行集成，综合利用 BIM 和物联网建立数字孪生模型的方法。

1. 数字孪生模型信息构成建立流程

在现实物理世界中物理实体 B_{PE} 存在很多的信息需要进行刻画，主要需要从几何、物理、行为、规则等四个方面进行构建与物理实体 B_{PE} 对应的数字孪生虚拟实体 B_{VE}，分别形成几何模型（B_{VG}）、物理模型（B_{VP}）、行为模型（B_{VB}）、规则模型（B_{VR}），如式（7-8）所示。同时，现实世界中的物理实体存在很多方面的信息，但是在进行数字孪生建模时不必要对每种信息都进行刻画，只需要以功能需求为导向，对解决问题所需要的信息进行刻画即可。下面结合式（7-8）说明本研究需要建立的模型内容。

$$B_{VE} = (B_{VG}, B_{VP}, B_{VB}, B_{VR}) \tag{7-8}$$

式中：B_{VG} 为几何模型，主要用于描述物理实体（B_{PE}）的几何参数（如尺寸、形状等）。本研究涉及的物理实体主要有建筑、室内安防环境和人员物理实体。其中，重点关注建筑物的几何参数，主要来自 BIM 模型，但是建筑信息中包含的内容复杂，应用到安防管理中并不需要 BIM 模型中的全部信息，需要对 BIM 模型进行一定形式的处理，并将其加载在 Web 端，便于灵活地查看和其他数据的添加。

B_{VP} 为物理模型，主要用于描述物理实体（B_{PE}）的物理属性，需要在几何模型（B_{VG}）基础上进行添加。本研究重点关注室内安防环境的物理属性，主要包括室内温度与各种气体浓度，需要通过物联网进行采集。

B_{VB} 为行为模型，主要用于描述物理实体（B_{PE}）随时间的运行和行为变化。本研究重点关注建筑和人员的行为，主要包括门窗开关状态及人员位置、数量信息，需要通过物联网进行采集。

B_{VR} 为规则模型，主要包括基于历史数据的规律、知识经验总结、相关领域的准则和标准等。这些规则可以是对数据存储形式的规定，也可以是对人员、门窗等的行为进行规定。

通过对以上的分析，结合本章的功能需求，本节提出了从四个方面进行基于多源数据集成的数字孪生模型建模流程，如图 7.4.3-1 所示。

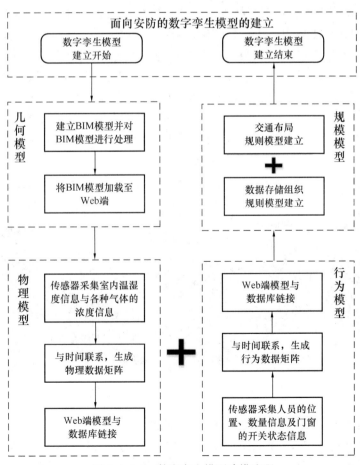

图 7.4.3-1　数字孪生模型建模流程

239

1）几何模型的建立。

首先人工建立目标建筑的 BIM 模型，并对其进行信息处理，摒弃多余信息，保留关键信息。然后再将 BIM 模型加载至 Web 端，便于几何模型的查看和与其他信息的结合。

2）物理和行为模型的建立。

首先通过传感器、人员定位系统、视频监控等物联网手段对物理和行为信息进行采集。然后使其与时间进行联系，生成带有时间标签的数据矩阵。最后通过将这些信息与 Web 端模型进行链接，实现对物理和行为模型的建立。由于信息是传感器采集的，所以它可以达到实时动态刻画物理和行为信息的目的。

3）规则模型的建立。

规则模型的建立需要结合目标功能和数据特点进行。本章主要实现的功能为安防危险分析与避险引导两个功能，所以首先要建立复杂数据存储规则，方便有组织地进行数据存储和算法处理。人员的移动需要遵循建筑内部的交通布局，所以要对建筑布局进行模型建立，为室内的避险引导提供基础。下面就不同步骤进行详细介绍模型的建立方法。

2. 几何模型（B_{VG}）的建立

BIM 模型是建筑信息的主要来源之一，所以建立与实际建筑一致性较高的 BIM 模型是几何模型建立过程中十分重要的工作内容。本研究的 BIM 模型建立过程已经在上一节中详细介绍。本研究以冬奥场馆高精度 BIM 模型为基础继续进行几何模型的建立。建筑物的 BIM 模型中含有建筑物的建筑、结构、暖通等多种专业的信息，信息量巨大。本研究使用 BIM 模型的主要目的是获得建筑布局信息，并不需要其结构、暖通等专业信息，所以本研究摒弃了这些信息，只保留了 BIM 模型中的建筑几何信息。摒弃信息之后的 BIM 模型，可再通过 WebGL 技术加载在网页端，通过 BIM 模型转化成 IFC 格式文件，再在 JavaScript 环境中解析读取的形式，实现 BIM 模型在网页端的加载和较快速地运行。在网页端实现对建筑布局的三维可视，为可视化安防监测和危险定位提供三维可视空间基础，以达到如图 7.4.3-2 所示的三维可视效果。

图 7.4.3-2 建筑布局三维可视效果图

3. 物理模型（B_{VP}）和行为模型（B_{VB}）的建立

物理模型主要包括建筑物的物理和行为模型信息，主要通过物联网进行采集，其中物理模型需要建筑室内的温度、各种气体浓度、烟雾浓度等信息，行为信息主要包括门窗开关、人员位置和数量等信息。其中室内的温度、各种气体的浓度、烟雾浓度以及门窗的开关信息都属于室内的环境信息，都可以通过在室内设立传感器设备进行信息的采集。人员的位置可以通过室内定位系统采集，人员数量信息可以通过视频监测的图像识别进行采集。

1）室内环境信息的采集

为了实现对温度信息和各种气体浓度以及门窗开关状态的信息采集，本研究提出了一套基于低功耗广域物联网的物联网系统，包括感知识别层、网络构建层、管理服务层和综合应用层（如图 7.4.3-3 所示）。低功耗广域物联网简称 LPWA（low power wide area network），是一种比传统物联网功耗更低、传输范围更广的物联网形式。本研究采用的是 LPWAN 中的 LoRa（Long Range Radio）技术（即 B_{SCN2}），它本质上是一种扩频调制技术。扩频调制技术已经在军事和航空领域有很成熟的应用了，而 LoRa 技术是为生产制造等民用领域提供低成本的无线通信方案。在中国，LoRa 在 470/510MHz 工作 ISM 频段工作，可以实现远距离的覆盖，比特率从 0.37 到 46.9kbps 不等[386]。

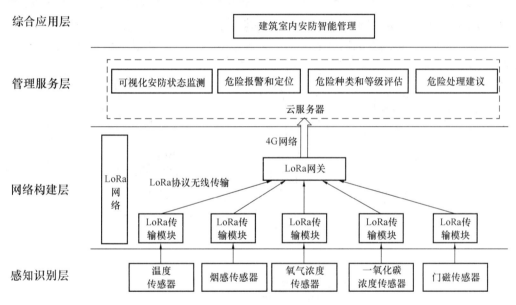

图 7.4.3-3　基于 LoRa 的室内安防智能管理系统的物联网四层结构图

传感识别层包括传感器，作用是感知安防运维数据；网络层采用低功耗广域网络中的 LoRa 无线通信技术构建，作用是实现传感器的数据传输；应用层需要组建数据库，并利用 SVM 算法实现对数据的分析处理，实现安防状态监测、危险报警和定位、危险种类和等级评估等功能，最终为安防的智能管理助力。

（1）传感识别层

在传感识别层层面上，本研究提出了基于 LoRa 传输协议的室内环境信息采集终端，传感器终端由 LoRa 通信模块、各种传感器模块、MCU（Microcontroller Unit）控制模块和电源模块集成，其结构如图 7.4.3-4 所示。根据室内采集信息的种类需求，本研究利用该模式开发了

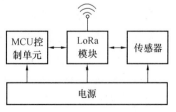

图 7.4.3-4　传感终端内部结构

用于感知烟雾、温度、门窗开关的传感终端，并得到了较好的采集效果。该传感终端可以实现对建筑物室内运维信息的实时感知，并把运维信息无线传输给 LoRa 网关。开发的室内传感终端如图 7.4.3-5 所示。同时，为了实现传感终端在 BIM 模型中对应位置的可视化和信息储存，还建立了不同传感终端的族库，实现在 BIM 模型中的传感器可视化。

图 7.4.3-5　传感终端

（2）网络构建层

基于 LoRa 通信技术组建无线传输网络，感知终端把传感器采集的室内运维信息，借助 LoRa 模块传输给 LoRa 网关，LoRa 网关再把信息借助 4G 网络把数据上传到云端服务器，本地服务器通过访问互联网云服务器的形式以获取室内安防运维信息（如图 7.4.3-6 所示）。

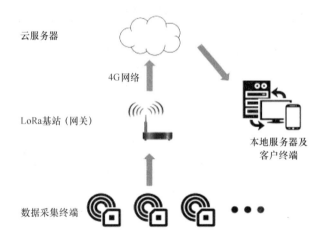

图 7.4.3-6　基于 LoRa 技术的网络部署示意图

（3）管理服务层

应用层主要指借助采集的信息而产生的功能效果，本章的应用层主要形成以下功能：①可视化安防状态监测；②危险种类和等级评估；③危险报警和定位；④提出危险处理建议。下面就每个功能模块进行阐述。

① 可视化安防状态监测。本模块把环境终端采集的数据上传到网页端，并与传感器进行关联。一方面模型与摄像头关联，可以通过摄像头查看建筑物内相应位置的实际状况。虽然摄像头安装的位置是固定的，但是通过在网页端进行 BIM 模型的漫游功能，可以实现从不同方位对建筑物的布局进行查看。当漫游到不同房间时，可以通过安装在本房间的摄像头对该房间进行环境视频监控。这样可以实现虚拟与现实，固定视角和移动视角的结合互补。另一方面，在模型与环境参数传感器关联，不仅可以实现传感器位置的可

视，也可对其采集数据进行查看。数据可以随着数据终端采集的信息不断更新，以实现对建筑物的环境数据监测。

② 危险种类和等级评估。目前对于安防危险程度和危险种类的评判主要依靠安防管人员的评判，对人的依赖性大且效率低下。本研究提出一种利用 SVM 对采集的建筑运维数据进行分析的方法，实现自动的危险等级评估。评估包括危险种类的划分和危险等级的划分。本研究主要研究了非法入侵、人员过度密集和火灾三种危险种类，并把危险种类划分成安全、潜在危险、危险三个级别。

③ 危险报警和定位。当某个房间存在危险时，本功能模块负责在网页端发出报警信号，并将信号传输到存在于相应房间的警报装置上，使其做出警报，以达到对危险受害人员的提示和对危险制造人员的警示作用。在对应真实位置的传感器 BIM 模型被建立时，为其定义单独的编码。当有房间发生危险时，可以根据房间内的传感器编号，自动搜寻到其所在房间的空间三维布局和对应的视频监控画面，实现危险的捕捉定位。

④ 危险应对模块。本模块根据不同的危险种类和级别，提出针对性的危险应对建议，具体建议如表 7.4.3 不同危险种类和级别的处理建议所示。根据表中的危险处理建议，系统会通过网页传递发给安防管理人员，指导安防管理人员采取正确措施处理危险。

不同危险种类和级别的处理建议　　　　　　　　　　　　　　　　表 7.4.3

危险种类 建议 危险级别	非法入侵	人员过度密集	火灾
安全	无	无	无
潜在危险	某房间存在非法入侵的风险，请注意观察房间情况，及时消除隐患	某房间人数已达到 x 人，存在人员过度密集风险，请注意关注人员的聚集情况	某房间存在火灾的风险，请注意观察房间的情况，及时消除隐患
危险	某房间有人入侵，某门窗异常开启，请及时进行处理	某房间人数已达到 x 人，人员过度密集，请调查人员密集情况，加以引导和疏散	某房间已经发生火灾，请立刻进行营救

2）人员信息采集

（1）人员位置信息的采集

当前常用的定位技术是 GPS、北斗等全球导航卫星系统（GNSS），但是由于受到建筑遮蔽的和多径效应，无法实现精确的室内定位，所以借助 GNSS 实现对建筑物内人员的实时定位无法满足室内定位的精度要求。本章采用 UWB 技术（即 B_{SCN3}）对室内人员进行定位。

UWB 是使用 1GHz 以上带宽的无载波通信技术。它利用亚纳秒级甚至更快的脉冲进行时钟与距离分析，最终实现高精度实时定位的目的。众多研究证实其定位精度可以达到厘米级[340]，本研究也进行了相关的实验尝试，得到了一致的结果，完全可以满足避险引导的精度需求。此外，它还具有抗干扰能力强、结构简单、功耗低等优点。

UWB 定位系统主要由标签和基站两部分组成，UWB 标签可以发送高频重复的数据信号，UWB 基站可以接收 UWB 标签发出数据信号，并通过无线或有线传输的形式，把接收到的信号传递到后台服务器。服务器对数据进行分析，得到标签的实时位置信息。UWB 定位系统组成结构如图 7.4.3-7UWB 定位系统组成所示。

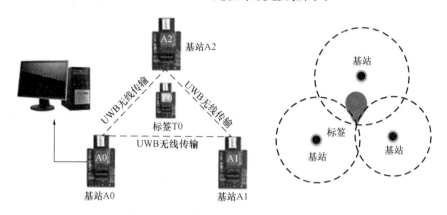

图 7.4.3-7　UWB 定位系统组成

以冬奥雪车雪橇场馆某出发区建筑为例，在空间较大的房间，为满足平面的定位需求（如图 7.4.3-8 冬奥雪车雪橇场馆某出发区第二层部分基站平面布置图中基站 6、7、8），需布设 3 个基站；在单一狭长的楼道中可在两端考虑各布设一个基站，实现对人员在楼道里的直线定位（如图 7.4.3-8 中基站 4、5）；在狭小的房间中可考虑布设一个基站，以确定人员是否在房间内（如图 7.4.3-8 中基站 1、2、3）。按上述规则布设基站，该建筑的第二层大约需要基站 40 个，整栋建筑大约需要基站 100 个。

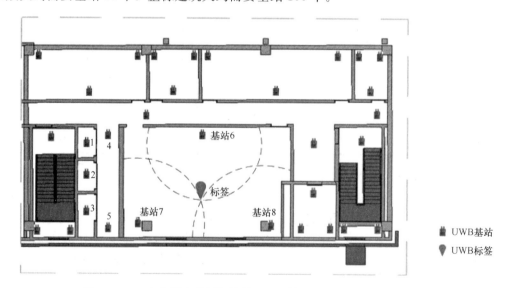

图 7.4.3-8　冬奥雪车雪橇场馆某出发区第二层部分基站平面布置图

（2）人员数量信息的采集

目前图像识别已经被广泛应用到安防监控中，室内人员的人员数量可以通过图像识别技术对安防监控进行实时处理，自动获取图像中的人员数量，可以达到采集人员数量的目的。通过对视频监控（即 B_{SCN3}）使用图像识别技术自动获取图像中的人数是获得室内人员数量的可靠手段（如图7.4.3-9所示）。

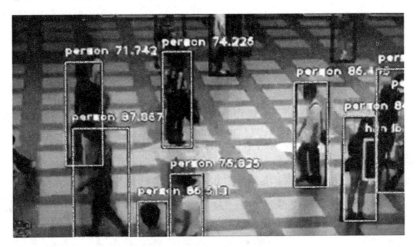

图7.4.3-9　图像识别技术自动获取图像中的人数

4. 规则模型（B_{VR}）的建立

规则模型的获得方式很多，除了可以集成现有知识获得之外，还可以利用机器学习算法挖掘数据产生新的规则，也可以是行业内的各种标准准则。规则模型的建立主要用于为各种数据的规范提供基础，对虚拟行为模型的建立提供约束，使虚拟世界中的数据和行为等符合现实规律。现实世界中存在很多规则，规则模型并不需要建立这些全部的规则，而应该以服务功能为对象，建立与服务功能相关的规则模型。本章中要实现的服务功能主要包括安防数据场景化集成管理、室内安防危险数据分析评估和动态避险引导，所包含的数据有室内的温度、不同气体浓度、门窗的开关状态等运维安防信息、室内人员信息和建筑信息等。

1）数据储存组织规则模型

为了能够更好地组织和调用建筑中的各种信息，需要对数据的存储组织形式进行规定，即建立安防数据的存储组织规则模型。首先把在相同时间点采集的室内物理和行为模型信息进行排列，然后再把以上的信息与时间相联系，生成有时间标签的物理数据矩阵D。此种矩阵化的数据表现形式可以为算法处理数据提供方便。矩阵D形式如式7-9所示。

$$D = \{t, r, a, T, N, p_1, p_2, \cdots p_n, M_1, M_2, \cdots M_n, C_1, C_2, \cdots, C_n\} \tag{7-9}$$

其中，$t = (t_1, t_2, t_3 \cdots t_n)^T$，
$r = (r_1, r_2, r_3 \cdots r_n)^T$，
$a = (a_1, a_2, a_3 \cdots a_n)^T$，
$T = (T_1, T_2, T_3 \cdots T_n)^T$，
$N = (N_1, N_2, N_3 \cdots N_n)^T$，
$p_n = (p_{n1}, p_{n2}, p_{n3} \cdots p_{nm})^T$，
$M_n = (M_{n1}, M_{n2}, M_{n3} \cdots M_{nm})^T$，
$C_n = (C_{n1}, C_{n2}, C_{n3} \cdots C_{nm})^T$。

式中，

t_1，t_2，$t_3 \cdots t_n$ 表示时间，r_1，r_2，$r_3 \cdots r_n$ 表示房间号，a_1，a_2，$a_3 \cdots a_n$ 表示房间面积，T_1，T_2，$T_3 \cdots T_n$ 表示对应时间的温度，N_1，N_2，$N_3 \cdots N_n$ 表示对应时间的人员数量，p_{n1}，p_{n2}，$p_{n3} \cdots p_{nn}$ 表示对应时间的不同种类气体的浓度，M_{n1}，M_{n2}，$M_{n3} \cdots M_{nn}$ 表示对应时间第编号为 n 的门的开关状态（1 为开，0 为关闭），C_{n1}，C_{n2}，$C_{n3} \cdots C_{nn}$ 表示对应时间第编号为 n 的窗户的开关状态（1 为开，0 为关闭）。

2）交通布局规则模型

在本研究中，数字孪生模型中的几何信息的主要来源是 BIM 模型，BIM 模型集成了建筑工程项目中的全部相关数据。本章中已经介绍了冬奥场馆（即 B_{SPE}）建设过程中人工建立（即 B_{SCN1}）精细化 BIM 模型（即 B_{SVE}）的关键技术。BIM 模型中的几何空间信息只包含了建筑的构件尺寸等，并不能展示出建筑各房间之间的交通关系。人员在建筑内进行运动时，是按照建筑的空间交通布局进行的，它是实现人员避险引导的基础，所以在进行人员避险引导规划前，需要首先建立建筑信息的交通布局规则模型。

为了抽象出建筑房间之间的交通关系，本研究参考并改进了 Peng 等[387] 提出的将 BIM 模型简化成交通拓扑结构的方法。首先把每个房间简化成空间中的点，利用线段连接两点表示房间之间的连通关系。进一步地，本研究还将单一细长的交通空间进一步细化成了多个结点（如图 7.4.3-10 中点 2C5～2C9），使整个建筑的交通关系形成拓扑空间结构的形式，主要体现了各个房间的交通和位置关系。具体简化方法如下：

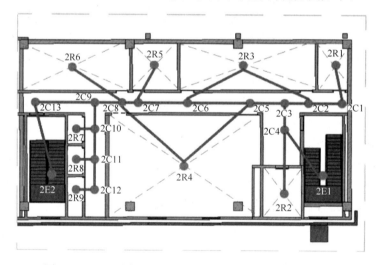

图 7.4.3-10　雪车雪橇场馆某建筑的二层部分平面拓扑图

首先将房间简化成点，把关键的交通点也简化成结点；这里的关键交通结点主要包括通道的"十"字形岔口（如图 7.4.3-10 中点 2C8）、"T"字形岔口（如图 7.4.3-10 中点 2C9）和"L"字形拐点（如图 7.4.3-10 中点 2C13）。每个结点都会被统一编成独有的编号，编号采用"NXn"的形式表示。其中"N"表示结点所处的对应楼层号；"X"表示空间的对应种类，走廊、房间、楼梯分别使用 C、R、E 表示；"n"表示结点的序号。两个相连通的结点之间用直线连接，结点的距离代表两点间路径的距离，并非直线距离。该拓扑简化结构一般只需根据 BIM 模型简化一次，完成后可一直应用于避险引导的路径规划，当建筑布局变化时才需要进行对应变更。

5. 多源安防信息集成与场景化数据管理

以上述及的所有信息都属于数字孪生模型中的重要信息，但是涉及的数据种类众多，需要对建筑信息进行集成，以方便数据的储存和查找，形成多源数据集成的数字孪生模型。本章提出了一种基于 Web 端 BIM 的多源信息集成方式。

建筑信息通过工程师建模的方式被记录在 BIM 模型当中，其中包含有建筑的几何、材料、设备等信息。根据 BIM 模型中的墙图元边界自动得到房间的划分（如图 7.4.3-11 所示），每个划分的房间都有独特的编码。室内的温度、不同气体浓度、门窗的开关状态等运维安防信息被传感终端采集，室内视频数据被视频监控设备采集；视频监控设备和传感终端的模型被建立在 BIM 模型的房间当中，BIM 模型中的传感器和视频监控设备所在房间与现实世界一致。每个传感终端和视频监控设备都有一个单独的编码，每个编码与其所在的房间联系。既可以根据房间直接查找到对应房间的传感终端和监控设备，又可以根据传感终端和监控设备查找到其所在的房间。人员定位系统可以自动识别定位标签在建筑物内的所在房间。这样安防数据、视频监控数据、BIM 数据、人员数据就形成了以房间为核心的联系（如图 7.4.3-12 所示）。运维数据库、视频数据库、BIM 数据库和人员数据库最后都搭载在网页数据库中，在 Web 网页端运行，实现了多源信息的关联集成，从而实现安防数据场景化集成管理的功能。某一房间的多源数据集成场景化数据管理界面效果图如图 7.4.3-13 所示。

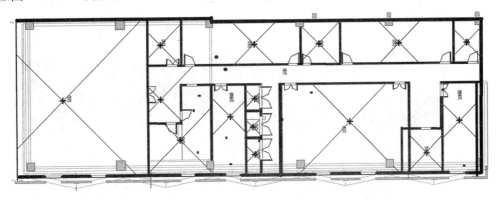

图 7.4.3-11　根据 BIM 模型墙图元边界进行房间自动划分

6. 小结

分析了面向安防的数字孪生模型的信息构成，并将需要刻画的信息按照几何、物理、行为、规则四个方面进行分类，并提出了从四个方面进行面向安防管理的数字孪生建模的流程，指导面向数字孪生模型的建立。然后分别提出几何、物理、行为、规则模型的建立方法。针对几何模型，提出了 BIM 模型的建立和处理方法；针对物理和行为模型，提出了利用 LoRa 技术采集室内环境信息的方法和利用 UWB 系统和监控视频采集人员位置信息的方式方法；针对规则模型，提出了数据存储组织规则模型以及交通布局规则模型的建立方法。还提出了多源信息集成的方式，将处理完毕的 BIM 模型和采集的动态安防信息进行集成，实现多源信息集成的数字孪生模型建立，同时实现了多源数据集成的场景化数据管理功能。

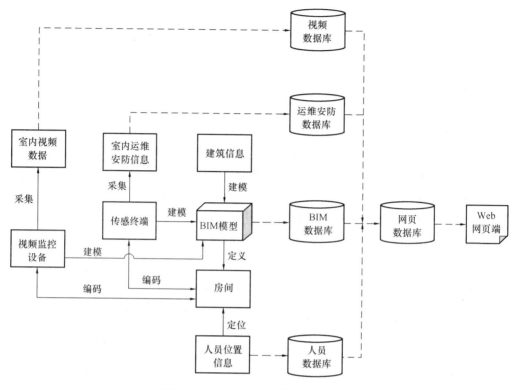

图 7.4.3-12 多源数据集成联系关系

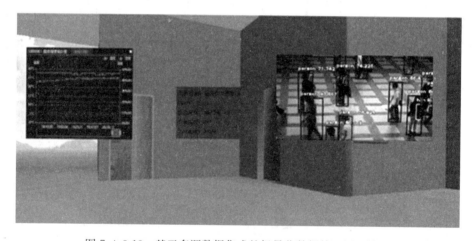

图 7.4.3-13 基于多源数据集成的场景化数据管理界面效果

7.5 智能建造发展展望

随着计算机技术的发展、智能建造理念的提出和推广，BIM、GIS、人工智能、物联网等新一代信息技术已大量应用于土木工程施工过程中。这些新一代信息技术极大地提升了土木工程施工的信息化水平，在一定程度上改变了施工管理的方式，使土木工程施工趋向数字化、智能化管理。信息技术的应用还扩展了施工管理人员的能力，实现了一些原本人工难以完成的工作，同时提高了施工和管理的效率。信息技术带来的另一个改变是在一定程度上消除了信息孤岛，使施工过程中产生的信息在工程参与各方之间快速流转，使得施工各参与方能够更快地对工程中出现的各种情况进行反应。智能建造技术可实现对工程建设的"智能感知、真实分析、实时控制"，实现了施工过程的智能化闭环管理。

然而智能建造尚处于发展的初级阶段，智能建造技术仍不能满足建筑业信息化、智能化转型的要求。具体表现可总结如下。

（1）智能建造技术仍以单点应用为主，其应用点较为零散，集成度不高。目前智能建造技术在施工中的应用多聚焦于某一施工过程或施工管理的某一方面，也有部分项目采用了具有一定集成度的智能化管理平台，将部分施工管理流程信息化。但是目前仍少见集成度较高的智能化施工管理系统。

（2）现有施工管理流程与方法存在不适应智能建造技术的方面。在推行智能建造技术的同时，也带来了新的管理流程和管理方法，但目前建筑业仍采用传统的管理方式对工程项目进行管理，智能建造技术有时会与现行管理规定等发生冲突，导致管理人员在采用智能建造技术的同时保留传统的管理模式，造成了浪费和冗余，智能建造技术带来的优势在一定程度上被抵消。

（3）智能建造技术对于施工过程的感知和分析已有较多应用，但智能化装备和建筑机器人的应用仅限于部分施工工作，大部分施工工作仍由人工进行。同时由于不同施工工作使用的工艺不同，需对每一种工艺研发专用机器人，使得建筑机器人的应用较为缓慢。

展望智能建造技术及其工程应用的发展，可在以下几个方面取得新的进展。

（1）智能建造技术应用的高度集成化。随着智能建造技术的发展，智能建造技术的局部应用将不断增多。可在大量局部应用的基础上开发集成化的智能建造管理平台，将施工管理全过程纳入平台中，不仅为施工管理人员提供统一入口，同时有利于进一步消除信息孤岛，使信息更加流畅地在工程各参与方之间流转，提高施工管理的效率。

（2）管理模式和管理制度的变革。智能建造技术的应用将带来管理模式等的变化，未来可通过创新管理模式，建立与智能建造技术相适应的管理流程和管理制度，使技术发展与管理变革形成合力，鼓励更多的建筑企业采用新的技术和管理模式。同时，随着智能建造技术进一步消除信息孤岛，参建各方在工程建设中产生的数据将进一步透明化，将为工程建设管理模式带来更加彻底的变革。

（3）推动建筑机器人的研发和应用。可通过已经较为成熟的数据采集技术采集施工过程中产生的各种数据，分析施工工艺背后的规律和原理。可进一步研发适合机器人自动化施工的施工工艺，对传统工艺进行改变，从而将更多的施工工作自动化。

（4）加强多学科联合。智能建造技术的发展不仅涉及传统的土木工程，还涉及机械、电子、计算机、信息技术、管理等多个学科。智能建造技术的发展需要由多个学科进行合作，充分利用不同学科的优势，促进智能建造新技术的研发。

智能建造是土木工程行业转型升级和高质量发展的重要手段。智能建造技术将随着信息技术的进步而获得更大的发展。智能建造技术将整合建设工程各个阶段和各个参与方，减少和消除信息壁垒，实现建筑物全生命期的高质量管理。

展望未来，智能建造不仅仅是一项通用使能技术，也将成为信息化社会中人类建造和改造世界的方法论之一。智能建造还将成为支撑社会建设智能化和产业自动化转型的发展范式，智能化设计、智能化施工、智能化运维等智能化建筑技术将进一步推动社会建设的智能化转型，自动化工业、自动化农业等产业自动化、智能化技术将推动产业的自动化转型。同时，"模型＋机理"是智能建造落地的关键所在，构建分领域、分行业的包含机理模型、信息驱动模型、物理实体、逻辑对象的智能建造模型全景图谱将助力智能建造技术的落地应用，真正发挥智能建造的价值。

参考文献

[1] 张明辉. 浅析建筑可持续发展之路[J]. 中小企业管理与科技(中旬刊)，2014(03)：146-147.

[2] 王彦. 基于BIM的施工过程质量控制研究[D]. 赣州：江西理工大学，2015.

[3] 吴文宪，李启明，李先光，等. 建筑业劳动生产率国际比较研究[J]. 重庆建筑大学学报，2007(06)：136-140.

[4] 2016-2020年建筑业信息化发展纲要[J]. 中国勘察设计，2016(10)：22-25.

[5] 国务院印发《新一代人工智能发展规划》[J]. 广播电视信息，2017(08)：17.

[6] 探索中国建造高质量发展之路——中国工程院重点咨询研究项目《中国建造2035战略研究》[EB/OL]. 中国工程建设标准化网：中国工程建设标准化协会，2020[2023-02-16]. http://www.cecs.org.cn/zhxw/10240.html.

[7] 国家主席习近平发表二〇一九年新年贺词[EB/OL]. 中华人民共和国国家互联网信息办公室：网络传播杂志，2019[2023-02-16]. http://www.cac.gov.cn/2019-05/09/c_1124473079.htm.

[8] 推动智能建造和建筑工业化协同发展促进建筑业加快高质量转型升级步伐[N]. 中国建设报，2020-11-20(006).

[9] 王海山. "十三五"建筑业发展回顾及数字化转型的思考[J]. 中国勘察设计，2020(12)：46-49.

[10] 加快建筑业转型 推动高质量发展——住房和城乡建设部建筑市场监管司副司长廖玉平解读《指导意见》[J]. 工程建设标准化，2020(08)：12-14.

[11] 任志成. 习近平关于产业新旧动能转换科学论述的战略性与实践路径[J]. 南京社会科学，2020(05)：7-14＋58.

[12] 丁烈云. 智能建造推动建筑产业变革[N]. 中国建设报，2019-06-07(008).

[13] 肖绪文. 智能建造务求实效[N]. 中国建设报，2021-04-05(004).

[14] 钱七虎. 工程建设领域要向智慧建造迈进[J]. 建筑，2020(18)：17-18.

[15] 毛志兵. 智慧建造决定建筑业的未来[J]. 建筑，2019(16)：22-24.

[16] 李久林. 智慧建造关键技术与工程应用[M]. 北京：中国建筑工业出版社，2017.

[17] 王要武，吴宇迪. 智慧建设及其支持体系研究[J]. 土木工程学报，2012，45(S2)：241-244.

[18] 马智亮. 走向高度智慧建造[J]. 施工技术，2019，48(12)：1-3.

[19] 樊启祥，林鹏，魏鹏程，等. 智能建造闭环控制理论[J]. 清华大学学报(自然科学版)，2021，61(07)：660-670.

[20] 郭红领. 智能建造之思考[N]. 中国建设报，2020-10-13(008).

[21] 刘占省，孙佳佳，杜修力，等. 智慧建造内涵与发展趋势及关键应用研究[J]. 施工技术，2019，48(24)：1-7＋15.

[22] 刘占省，刘诗楠，赵玉红，等. 智能建造技术发展现状与未来趋势[J]. 建筑技术，2019，50(07)：772-779.

[23] 吴绍艳，周珊，邓娇娇. 中国建筑业信息化发展：政策文本分析的视角[J]. 工程管理学报，2018，32(03)：7-12.

[24] 陶飞，刘蔚然，张萌，等. 数字孪生五维模型及十大领域应用[J]. 计算机集成制造系统，2019，25(01)：1-18.

［25］ Liuaqbb. 数字孪生白皮书［EB/OL］. 360 个人图书馆：Liuaqbb，2019［2023-02-16］. http：//www. 360doc. com/content/19/1219/21/54396214 _ 880861990. shtml.

［26］ Rosen R，Von Wichert G，Lo G，et al. About the importance of autonomy and digital twins for the future of manufacturing［J］. Ifac-Papersonline，2015，48(3)：567-572.

［27］ Grieves M. Digital twin：manufacturing excellence through virtual factory replication［J］. White paper，2014，1(2014)：1-7.

［28］ CRIEVES M. Product lifecycle management：the new paradigm for enterprises［J］. International Journal of Product Development，2005，2(1/2)：71-84.

［29］ Grieves M. Product Lifecycle Management：Driving the Next Generation of Lean Thinking The McGraw-Hill Co［J］. 2005.

［30］ Grieves M. Virtually perfect：driving innovative and lean products through product lifecycle management［M］. Cocoa Beach：Space Coast Press，2011.

［31］ Negri E，Fumagalli L，Macchi M. A review of the roles of digital twin in CPS-based production systems［J］. Procedia manufacturing，2017，11：939-948.

［32］ Tuegel E J，Ingraffea A R，Eason T G，et al. Reengineering aircraft structural life prediction using a digital twin［J］. International Journal of Aerospace Engineering，2011，2011.

［33］ Schroeder G N，Steinmetz C，Pereira C E，et al. Digital twin data modeling with automationml and a communication methodology for data exchange［J］. IFAC-PapersOnLine，2016，49(30)：12-17.

［34］ Rios J，Hernandez J C，Oliva M，et al. Product avatar as digital counterpart of a physical individual product：Literature review and implications in an aircraft［J］. Transdisciplinary Lifecycle Analysis of Systems，2015：657-666.

［35］ 庄存波，刘检华，熊辉，等. 产品数字孪生体的内涵、体系结构及其发展趋势［J］. 计算机集成制造系统，2017，23(04)：753-768.

［36］ Wen J R，Mu-Qing W U，Jing-Fang S U. Cyber-physical System［J］. Acta Automatica Sinica，2012，38(4)：507-517.

［37］ 于勇，胡德雨，戴晟，等. 数字孪生在工艺设计中的应用探讨［J］. 航空制造术，2018，61(18)：26-33.

［38］ Fourgeau E，Gomez E，Adli H，et al. System engineering workbench for multi-views systems methodology with 3DEXPERIENCE Platform. the aircraft radar use case［C］//Complex Systems Design & Management Asia：Smart Nations - Sustaining and Designing：Proceedings of the Second Asia-Pacific Conference on Complex Systems Design & Management，CSD&-M Asia 2016. Springer International Publishing，2016：269-270.

［39］ 陶飞，张萌，程江峰，等. 数字孪生车间——一种未来车间运行新模式［J］. 计算机集成制造系统，2017，23(01)：1-9.

［40］ 陶飞，程颖，程江峰，等. 数字孪生车间信息物理融合理论与技术［J］. 计算机集成制造系统，2017，23(08)：1603-1611.

［41］ 百度百科. 数据通信［EB/OL］. 百度百科：李嘉骞，2021［2023-02-16］. https：//baike. baidu. com/item/％E6％95％B0％E6％8D％AE％E9％80％9A％E4％BF％A1/897073？fr＝Aladdin.

［42］ 周石恩. 基于数字孪生的复杂产品装配建模与精度分析方法［D］. 杭州：浙江大学，2019.

［43］ 苏新瑞，徐晓飞，卫诗嘉，等. 数字孪生技术关键应用及方法研究［J］. 中国仪器仪表，2019(07)：47-53.

［44］ Witzany J，Cejka T，Zigler R. A dismantleable prefabricated reinforced concrete building system with controlled joint properties for multi-storey buildings［J］. New Developments in Structural Engineering and Construction，Singapore，Research Publishing Services，2013：1025-1029.

［45］ Tam V W Y，Tam C M，Zeng S X，et al. Towards adoption of prefabrication in construction［J］. Building and Environment，2007，42(10)：3642-3654.

［46］ Korkmaz K A，Karahan A E. Investigation of Seismic Behavior and Infill Wall Effects for Prefabricated Industrial Buildings in Turkey［J］. Journal of Performance of Constructed Facilities，2011，25 (3)：158-171.

［47］ Gönül H，Demirel F. A case study on prefabricated industrial buildings：Diyarbakır first organized industrial area［J］. Journal of the Faculty of Engineering and Architecture of Gazi University，2013，18(1)：169-184.

［48］ Zhiliang M，Zhitian Y. Application of information technology in precast production：A literature review and future directions［C］//The Second International Conference on Civil and Building Engineering Informatics (ICCBEI 2015)，Tokyo，Japan. 2015.

［49］ 魏江洋. 浅析预制装配式混凝土(PC)技术在民用建筑中的应用与发展［D］. 南京：南京大学，2016.

［50］ Li X，Shen G Q，Wu P，et al. RBL-PHP：Simulation of lean construction and information technologies for prefabrication housing production［J］. Journal of Management in Engineering，2018，34(2)：04017053.

［51］ Arashpour M，Wakefield R，Blismas N，et al. Optimization of process integration and multi-skilled resource utilization in off-site construction［J］. Automation in Construction，2015，50：72-80.

［52］ Strassner M，Fleisch E. The Promise of Auto-ID in the Automotive Industry［J］. Vestnik Otorinolaringologii，2003，30(1)：565.

［53］ 井彦娜. 基于物联网的建筑安全监测管理系统研究［D］. 杭州：浙江大学，2017.

［54］ Mazzara M，Mustafin R，Safina L，et al. Towards microservices and beyond：An incoming paradigm shift in distributed computing［J］. arXiv preprint arXiv：1610. 01778，2016.

［55］ Liu Y，Zhou G. Technologies and Applications of Internet of Things［C］//Proceedings of 2012 Fifth International Conference on Intelligent Computation Technology and Automation (ICICTA). 2012：197-200.

［56］ Xu X，Chen T，Minami M. Intelligent fault prediction system based on internet of things［J］. computers & Mathematics with Applications，2012，64(5)：833-839.

［57］ Ala A，Mohsen G，Mehdi M，et al. Internet of Things：A Survey on Enabling Technologies，Protocols，and Applications ［J］. IEEE Communications Surveys & Tutorials，2015，17 (4)：2347-2376.

［58］ Chen Y. Industrial information integration—A literature review 2006 – 2015［J］. Journal of Industrial Information Integration，2016，2：30-64.

［59］ Cheng Y，Chen K，Sun H，et al. Data and knowledge mining with big data towards smart production［J］. Journal of Industrial Information Integration，2018，9：1-13.

［60］ 王全良. 中国制造2025与建筑物联网［J］. 城市开发，2016(2)：34-35.

［61］ Cheng Zhou，Hanbin Luo，Weili Fang，et al. Cyber-physical-system-based safety monitoring for blind hoisting with the internet of things：A case study［J］. Automation in Construction，2018，97 (2019)：138-150.

［62］ Lee G，Kim H H，Lee C J，et al. A laser-technology-based lifting-path tracking system for a robotic tower crane［J］. Automation in Construction，2009，18(7)：865-874.

［63］ 范卿，曾杨，徐柏科，等. 基于视觉的起重机吊装规划系统解决方案［J］. 建设机械技术与管理，

2020，33(01)：71-77.

［64］ 肖思琪. 基于 LoRa 的智能电表集抄系统设计［D］. 长沙：湖南大学，2018.

［65］ 王灿，王中华，王冬雪，等. 基于 LoRa 的智能灌溉系统设计［J］. 计算机测量与控制，2018，26(08)：217-221.

［66］ 钱立志，韩东，田磊. 基于 LoRa 技术的大体积混凝土测温物联网系统设计［J］. 中国建材科技，2018，27(02)：18-19.

［67］ 刘占省，刘诗楠，王文思，等. 基于低功耗广域物联网的装配式建筑施工过程信息化解决方案［J］. 施工技术，2018，47(16)：117-122.

［68］ Linlin Zhao，Zhansheng Liu，Jasper Mbachu. Development of Intelligent Prefabs Using IoT Technology to Improve the Performance of Prefabricated Construction Projects［J］，sensors，2019，19(4131)：1-30.

［69］ Wang F，He F. Study of hoist perception system based on IOT technology［C］//2010 International Conference on Web Information Systems and Mining. IEEE，2010，1：357-360.

［70］ 刘诗楠，刘占省，赵玉红，等. NB-IoT 技术在装配式建筑施工管理中的应用方案［J］. 土木工程与管理学报，2019，36(04)：178-184.

［71］ 刘诗楠. 基于 LoRa 技术的装配式建筑施工智慧管理系统框架研究［D］. 北京：北京工业大学，2019.

［72］ 赵静，苏光添. LoRa 无线网络技术分析［J］. 移动通信，2016，40(21)：50-57.

［73］ Lavric A，Popa V. LoRa TM wide-area networks from an Internet of Things perspective［C］//2017 9th International Conference on Electronics，Computers and Artificial Intelligence (ECAI). IEEE，2017：1-4.

［74］ Daud S，Yang T S，Romli M A，et al. Performance Evaluation of Low Cost LoRa Modules in IoT Applications［C］//IOP Conference Series：Materials Science and Engineering. IOP Publishing，2018，318(1)：012053.

［75］ Aloÿs A，Jiazi Y，Thomas C，et al. A Study of LoRa：Long Range & Low Power Networks for the Internet of Things［J］. Sensors，2016，16(9)：1466.

［76］ Knoll M，Breitegger P，Bergmann A. Low-Power Wide-Area technologies as building block for smart sensors in air quality measurements［J］. e & i Elektrotechnik und Information-stechnik，2018，135(6)：416-422.

［77］ Rahim H，Ghazel C，Saidane L A. An Alternative Data Gathering of the Air Pollutants In the Urban Environment using LoRa and LoRaWAN［C］//2018 14th International Wireless Communications & Mobile Computing Conference (IWCMC). IEEE，2018：1237-1242.

［78］ Drenoyanis A，Raad R，Wady I，et al. Implementation of an IoT based radar sensor network for wastewater management［J］. sensors，2019，19(2)：254.

［79］ Gianni P，Chiara B，Luca F，et al. Smart City Pilot Projects Using LoRa and IEEE802. 15. 4 Technologies［J］. Sensors，2018，18(4)：1118.

［80］ Muthanna M S A，Muthanna M M A，Khakimov A，et al. Development of intelligent street lighting services model based on LoRa technology［C］//2018 IEEE Conference of Russian Young Researchers in Electrical and Electronic Engineering (EIConRus). IEEE，2018：90-93.

［81］ Kharel J，Reda H T，Shin S Y. Fog computing-based smart health monitoring system deploying lora wireless communication［J］. IETE Technical Review，2019，36(1)：69-82.

［82］ Catherwood P A，Steele D，Little M，et al. A community-based IoT personalized wireless healthcare solution trial［J］. IEEE journal of translational engineering in health and medicine，2018，6：1-13.

［83］ Polonelli T，Brunelli D，Guermandi M，et al．An accurate low-cost Crackmeter with LoRaWAN communication and energy harvesting capability［C］//2018 IEEE 23rd International Conference on Emerging Technologies and Factory Automation（ETFA）．IEEE，2018，1：671-676．

［84］ Addabbo T，Fort A，Mugnaini M，et al．A city-scale IoT architecture for monumental structures monitoring［J］．Measurement，2019，131：349-357．

［85］ 陈钇安．基于 LORA 全无线智能水表抄表应用的研究［D］．长沙：湖南大学，2018．

［86］ 马路遥，徐鹏．基于 LoRa 扩频技术在燃气无线抄表系统的应用［J］．城市燃气，2016，No. 497（07）：7-9．

［87］ 夏褚宇．基于 LoRa 无线通信技术的颗粒物浓度监测系统［D］．北京：北京工业大学，2017．

［88］ 刘强强，马苗立，翟宝蓉．基于 LoRa 的大气环境监测系统［J］．计量与测试技术，2018，45（05）：6-9＋12．

［89］ 崔建强，张建民，邱明杰，等．基于 LoRa 的城市环境数据监测可视化系统设计［J］．天津职业技术师范大学学报，2018，28（04）：37-41．

［90］ 林虹秀，王飞，包桦楠．基于 LoRa 的环境监测系统［J］．电子技术与软件工程，2017，No. 111（13）：192．

［91］ 郭恋恋．基于 LoRa 技术的农业温室监测系统设计与实现［D］．合肥：安徽大学，2018．

［92］ 陈国宏，周胜军，黄敏．LoRa 无线传感器技术在土壤水分温度检测中的应用研究［C］//Singapore Management and Sports Science Institute，Singapore，Information Engineering Research Institute，USA．Proceedings of 2017 7th International Symposium on Knowledge Acquisition and Modeling（KAM 2017）．Singapore Management and Sports Science Institute，2017：6．

［93］ 王灿，王中华，王冬雪，等．基于 LoRa 的智能灌溉系统设计［J］．计算机测量与控制，2018，26（08）：217-221．

［94］ 廖勤武．基于 LoRa 通信技术的建筑能耗监测系统设计［J］．福建电脑，2017，33（05）：130＋145．

［95］ 钱立志，韩东，田磊．基于 LoRa 技术的大体积混凝土测温物联网系统设计［J］．中国建材科技，2018，27（02）：18-19．

［96］ Wixted A J，Kinnaird P，Larijani H，et al．Evaluation of LoRa and LoRaWAN for wireless sensor networks［C］//2016 IEEE SENSORS．IEEE，2016：1-3．

［97］ 龚天平．LORA 技术实现远距离、低功耗无线数据传输［J］．电子世界，2016，No. 496（10）：115＋117．

［98］ 龙维珍，覃琳，孙卫宁．LoRa 传输技术特性分析［J］．企业科技与发展，2017，No. 427（05）：108-110．

［99］ 郑浩．LoRa 技术在低功耗广域网络中的实现和应用［J］．信息通信技术，2017，11（01）：19-26．

［100］ Semtech．WSG＿44-Introduction-LoRa-Technology［EB/OL］．［2023-02-16］．https：//www.semtech.com．

［101］ 刘琛，邵震，夏莹莹．低功耗广域 LoRa 技术分析与应用建议［J］．电信技术，2016，No. 506（05）：43-46＋50．

［102］ Chen Y，Han D．Water quality monitoring in smart city：A pilot project［J］．Automation in Construction，2018，89：307-316．

［103］ Wang Y P E，Lin X，Adhikary A，et al．A Primer on 3GPP Narrowband Internet of Things［J］．IEEE Communications Magazine，2017，55（3）：117-123．

［104］ 徐灿辉．低功率广域网络主流技术应用前景分析［J］．广东通信技术，2018，38（02）：12-15．

［105］ 李重严．窄带物联网（NB-IOT）新技术及其应用［J］．通讯世界，2017，No. 330（23）：61-62．

[106] Gebre-Egziabher D，Hayward R C，Powell J D. A low-cost GPS/inertial attitude heading reference system（AHRS）for general aviation applications[C]//IEEE 1998 Position Location and Navigation Symposium（Cat. No. 98CH36153）. IEEE，1996：518-525.

[107] Hosseinyalamdary S. Deep Kalman filter：Simultaneous multi-sensor integration and modelling：A GNSS/IMU case study[J]. Sensors，2018，18(5)：1316.

[108] Chen L，Hu H. IMU/GPS based pedestrian localization[C]//2012 4th Computer Science and Electronic Engineering Conference（CEEC）. IEEE，2012：23-28.

[109] Narasimhappa M，Mahindrakar A D，Guizilini V C，et al. MEMS-based IMU drift minimization：Sage Husa adaptive robust Kalman filtering[J]. IEEE Sensors Journal，2019，20(1)：250-260.

[110] Jiménez A R，Seco F，Prieto J C，et al. Indoor pedestrian navigation using an INS/EKF framework for yaw drift reduction and a foot-mounted IMU[C]//2010 7th workshop on positioning，navigation and communication. IEEE，2010：135-143.

[111] Sun C K，Xu H Y，Zhang B S，et al. Hybrid pose measurement based on fusion of IMU and monocular vision[J]. J. Tianjin Univ.（Sci. Technol.），2017，50：313-320.

[112] He X，Chen Y，Liu J. Development of a low-cost integrated GPS/IMU system[J]. IEEE aerospace and electronic systems magazine，1998，13(12)：7-10.

[113] Guo D，Wu L，Wang J，et al. Use the GPS/IMU new technology for photogrammetric application [C]//2006 IEEE International Symposium on Geoscience and Remote Sensing. IEEE，2006：1107-1110.

[114] 樊建彪，孙剑，樊欢欢，等. 基于磁力计、IMU 和单目视觉的自主定位方法[J]. 宇航总体技术，2019，3(06)：39-45.

[115] 孙长库，徐怀远，张宝尚，等. 基于 IMU 与单目视觉融合的姿态测量方法[J]. 天津大学学报（自然科学与工程技术版），2017，50(03)：313-320.

[116] S Sun C K，Xu H Y，Zhang B S，et al. Hybrid pose measurement based on fusion of IMU and monocular vision[J]. J. Tianjin Univ.（Sci. Technol.），2017，50：313-320.

[117] Chen L，Hu H. IMU/GPS based pedestrian localization[C]//2012 4th Computer Science and Electronic Engineering Conference（CEEC）. IEEE，2012：23-28.

[118] William H. Baird. An introduction to inertial navigation[J]，American Journal of Physics. 2009，77(9)：844-847.

[119] Antonio Ramón Jiménez，Fernando Seco，J. C. Prieto，et al. Indoor pedestrian navigation using an ins/ekf framework for yaw drift reduction and a foot-mounted imu[C]// Consejo Superior de Investigaciones Cientificas Ctra. Proceedings of the 2010 7th Workshop on Positioning. Madrid，Spain：IEEE，2010：135-143.

[120] 住房和城乡建设部，发展改革委，科技部，工业和信息化部，人力资源社会保障部，生态环境部，交通运输部，水利部，税务总局，市场监管总局，银保监会，铁路局，民航局. 住房和城乡建设部等部门关于推动智能建造与建筑工业化协同发展的指导意见. [EB/OL]. （2020-07-03）[2023-02-16]. http://www. gov. cn/zhengce/zhengceku/2020-07/28/content _ 5530762. htm.

[121] 北京市人民政府办公厅. 北京市人民政府办公厅关于加快发展装配式建筑的实施意见. [EB/OL]. （2017-02-22）[2023-02-16]. http://www. beijing. gov. cn/zhengce/zhengcefagui/201905/t20190522_60082. html.

[122] 国务院办公厅. 关于促进建筑业持续健康发展的意见. [EB/OL]. （2017-02-21）[2023-02-16]. http://www. gov. cn/zhengce/content/2017/02/24/content _ 5170625. htm.

[123] 国务院办公厅. 打赢蓝天保卫战三年行动计划. [EB/OL]. （2018-06-27）[2023-02-16]. http://

www. gov. cn/zhengce/content/2018-07/03/content _ 5303158. htm.

[124] 住房和城乡建设部. 建筑市场监管司 2019 年工作要点. [EB/OL]. (2019-03-11)[2023-02-16]. http://www. gov. cn/zhengce/zhengceku/2019-09/29/content _ 5434604. htm.

[125] 住房和城乡建设部. 关于完善质量保障体系提升建筑工程品质的指导意见. [EB/OL]. (2019-9-15)[2023-02-16]. http://www. gov. cn/zhengce/zhengceku/2019-09/24/content _ 5432686. htm.

[126] 住房和城乡建设部. 装配式混凝土建筑技术体系发展指南(居住建筑). [EB/OL]. (2019-07-04)[2023-02-16]. http://www. gov. cn/zhengce/zhengceku/2019-07/04/content _ 5454290. htm.

[127] 北京市住房和城乡建设委员会. 关于在本市装配式建筑工程中实行工程总承包招投标的若干规定. [EB/OL]. (2017-12-26)[2023-02-16]. http://www. beijing. gov. cn/zhengce/zhengcefagui/201905/t20190522 _ 60625. html.

[128] 北京市住房和城乡建设委员会. 2021 年建筑施工安全生产和绿色施工管理工作要点. [EB/OL]. (2018-01-22)[2023-02-16]. http://zjw. beijing. gov. cn/bjjs/gcjs/zlhaqgl/zcwj/aqschlssg/507286/index. shtml.

[129] 北京市住房和城乡建设委员会. 关于加强装配式混凝土建筑工程设计施工质量全过程管控的通知. [EB/OL]. (2018-03-23)[2023-02-16]. http://www. beijing. gov. cn/zhengce/zhengcefagui/201905/t20190522 _ 60953. html.

[130] 北京市住房和城乡建设委员会. 关于明确装配式混凝土结构建筑工程施工现场质量监督工作要点[EB/OL]. (2018-08-1)[2023-02-16]. http://www. beijing. gov. cn/zhengce/zhengcefagui/201905/t20190522 _ 61395. html.

[131] 北京市住房和城乡建设委员会. 关于激励本市房屋建筑和市政基础设施工程科技创新和创建智慧工地的通知[EB/OL]. (2021-01-21)[2023-02-16]. http://www. beijing. gov. cn/zhengce/zhengcefagui/202102/t20210207 _ 2278413. html.

[132] 国务院. "十三五"国家战略性新兴产业发展规划[EB/OL]. (2016-12-19)[2023-02-16]. http://www. gov. cn/zhengce/content/2016/12/19/content _ 5150090. htm.

[133] 郑艺杰, 张晋, 尹万云, 等. 装配整体式剪力墙结构构件吊装分析[J]. 施工技术, 2015, 44(S1): 572-576.

[134] Roman Wróblewski, Gierczak J, Smardz P, et al. Fire and collapse modelling of a precast concrete hall[J]. Structure & Infrastructure Engineering, 2016, 12(6): 714-729.

[135] 常春光, 常仕琦. 装配式建筑预制构件的运输与吊装过程安全管理研究[J]. 沈阳建筑大学学报(社会科学版), 2019, 21(02): 141-147.

[136] 刘占省, 韩泽斌, 张禹, 等. 基于 BIM 技术的预制装配式风电塔架数值模拟[J]. 建筑技术, 2017, 48(11): 1131-1134.

[137] 刘名强, 李英攀, 王芳, 等. 基于 RVM 的装配式建筑吊装作业安全预警模型[J]. 中国安全科学学报, 2018, 28(04): 109-114.

[138] 张文佳, 李慧民, 赵地. 基于可信性测度理论的装配式建筑施工过程风险性评估[J]. 工业安全与环保, 2017, 43(08): 13-17+86.

[139] 王志强, 张樵民, 王国强, 等. 基于 FTA-SPA-灰色聚类的装配式建筑施工安全测评[J]. 安全与环境工程, 2018, 25(02): 166-173.

[140] 陈伟, 乔治, 熊付刚, 等. 装配式建筑施工安全事故预防 SD-MOP 模型[J]. 中国安全科学学报, 2019, 29(01): 19-24.

[141] Zhong R Y, Peng Y, Xue F, et al. Prefabricated construction enabled by the Internet-of-Things[J]. Automation in Construction, 2017, 76: 59-70.

[142] Zhao L, Liu Z, Mbachu J. Development of Intelligent Prefabs Using IoT Technology to Improve

the Performance of Prefabricated Construction Projects[J]. Sensors，2019，19(19)：4131.

[143] 薛亚东，董宏鑫，李彦杰. 山岭公路隧道施工安全风险评估理论体系[J]. 天津大学学报（自然科学与工程技术版），2019，52(1)：84-91.

[144] 卢颖，郭良杰，侯云玥，等. 多灾种耦合综合风险评估方法在城市用地规划中的应用[J]. 浙江大学学报(工学版)，2015，49(03)：538-546.

[145] 王述红，张泽，侯文帅，等. 综合管廊多灾种耦合致灾风险评价方法[J]. 东北大学学报（自然科学版），2018，39(06)：902-906.

[146] 李宗坤，李巍，葛巍，等. 基于集对分析-可变模糊集耦合方法的溃坝环境影响评价[J]. 天津大学学报(自然科学与工程技术版)，2019，52(03)：269-276.

[147] 侯学良，尹传根，李倩. 考虑交互耦合效应的工程项目风险因素排序方法[J]. 土木工程与管理学报，2019，36(02)：42-47.

[148] Perez P，Tan H. Accident Precursor Probabilistic Method（APPM）for modeling and assessing risk of offshore drilling blowouts - A theoretical micro-scale application[J]. Safety Science，2018，105：238-254.

[149] Luo X，Li H，Huang T，et al. Quantifying Hazard Exposure Using Real-Time Location Data of Construction Workforce and Equipment[J]. Journal of Construction Engineering and Management，2016，142(8)：04016031.

[150] Zhou C，Ding L Y. Safety barrier warning system for underground construction sites using Internet-of-Things technologies[J]. Automation in Construction，2017，83：372-389.

[151] Dong C，Li H，Luo X，et al. Proactive struck-by risk detection with movement patterns and randomness[J]. Automation in Construction，2018，91：246-255.

[152] 许树生，王雪青，徐志超. 城市地下工程核心安全风险治理：多方协同策略的形成与演化[J]. 土木工程学报，2017，50(09)：90-103.

[153] 包小华，付艳斌，黄宏伟. 深基坑开挖过程中的风险评估及案例分析[J]. 岩土工程学报，2014，36(S1)：192-197.

[154] 刘杰，杨吉新，董峰辉. 大跨度连续梁桥悬臂施工整体抗倾覆稳定安全系数评估[J]. 中国公路学报，2018，31(3)：89-95.

[155] 周红波，黄誉. 超高层建筑在极端台风气候下结构及施工安全风险分析及控制研究[J]. 土木工程学报，2014，47(07)：126-135.

[156] 吴贤国，吴克宝，沈梅芳，等. 基于N-K模型的地铁施工安全风险耦合研究[J]. 中国安全科学学报，2016，26(04)：96-101.

[157] Liu W，Zhao T，Zhou W，et al. Safety risk factors of metro tunnel construction in China：An integrated study with EFA and SEM[J]. Safety Science，2018，105：98-113.

[158] Love P E D，Teo P. Statistical Analysis of Injury and Nonconformance Frequencies in Construction：Negative Binomial Regression Model［J］. Journal of Construction Engineering and Management，2017，143(8)：05017011.

[159] Zhou Y，Su W，Ding L，et al. Predicting Safety Risks in Deep Foundation Pits in Subway Infrastructure Projects：Support Vector Machine Approach［J］. Journal of Computing in Civil Engineering，2017，31(5)：04017052.

[160] 王龚，刘保国，亓轶. 管线渗漏破坏下地铁隧道施工坍塌风险预测[J]. 岩石力学与工程学报，2018，37(S1)：3432-3440.

[161] 张冰，李欣，万欣欣. 从数字孪生到数字工程建模仿真迈入新时代[J]. 系统仿真学报，2019，31(03)：369-376.

[162] Lu Q，Parlikad A K，Woodall P，et al. Developing a digital twin at building and city levels：Case study of West Cambridge campus［J］. Journal of Management in Engineering，2020，36 (3)：05020004

[163] Shirowzhan S，Tan W，Sepasgozar S M E. Digital Twin and CyberGIS for Improving Connectivity and Measuring the Impact of Infrastructure Construction Planning in Smart Cities［J］. ISPRS International Journal of Geo-Information，2020，9(4)：240.

[164] 王成山，董博，于浩，等. 智慧城市综合能源系统数字孪生技术及应用［J］. 中国电机工程学报，2021，41(05)：1597-1608.

[165] 顾建祥，杨必胜，董震，等. 面向数字孪生城市的智能化全息测绘［J］. 测绘通报，2020(06)：134-140.

[166] Lu Q，Chen L，Li S，et al. Semi-automatic geometric digital twinning for existing buildings based on images and CAD drawings［J］. Automation in Construction，2020，115：103183.

[167] Lu R，Brilakis I. Digital twinning of existing reinforced concrete bridges from labelled point clusters ［J］. Automation in Construction，2019，105：102837.

[168] 谢琳琳，陈雅娇. 基于BIM＋数字孪生技术的装配式建筑项目调度智能化管理平台研究［J］. 建筑经济，2020，41(09)：44-48.

[169] Hou L，Wu S，Zhang G，et al. Literature Review of Digital Twins Applications in Construction Workforce Safety［J］. Applied Sciences，2020，11(1)：339.

[170] 刘占省，张安山，邢泽众，等. 基于数字孪生的智能建造五维模型及关键方法研究［C］//. 中国土木工程学会2020年学术年会论文集，2020：119-131.

[171] 刘占省，张安山，王文思，等. 数字孪生驱动的冬奥场馆消防安全动态疏散方法［J］. 同济大学学报(自然科学版)，2020，48(07)：962-971.

[172] Krizhevsky A，Sutskever I，Hinton G E. Imagenet classification with deep convolutional neural networks［J］. Communications of the ACM，2017，60(6)：84-90.

[173] Graves A，Mohamed A，Hinton G E. Speech recognition with deep recurrent neural networks ［C］//2013 IEEE international conference on acoustics，speech and signal processing. IEEE，2013：6645-6649.

[174] Sutskever I，Vinyals O，Le Q V. Sequence to sequence learning with neural networks［J］. Advances in neural information processing systems，2014，27.

[175] Ding L，Fsng W，Luo H，et al. A deep hybrid learning model to detect unsafe behavior：Integrating convolution neural networks and long short-term memory［J］. Automation in Construction，2018，86：118-124.

[176] Wang N，Zhao X，Zhao P，et al. Automatic damage detection of historic masonry buildings based on mobile deep learning［J］. Automation in Construction，2019，103：53-66.

[177] Ni F T，Zhang J，Chen Z Q. Zernike-moment measurement of thin-crack width in images enabled by dual-scale deep learning［J］. Computer-Aided Civil and Infrastructure Engineering，2019，34 (5)：367-384.

[178] Huynh T C，Park J H，Jung H J，et al. Quasi-autonomous bolt-loosening detection method using vision-based deep learning and image processing ［J］. Automation in Construction，2019，105：102844.

[179] 佟瑞鹏，陈策，崔鹏程，等. 基于深度学习的施工安全泛场景数据获取方法［J］. 中国安全科学学报，2017，27(05)：1-6.

[180] 韩晓健，赵志成. 基于计算机视觉技术的结构表面裂缝检测方法研究［J］. 建筑结构学报，

2018，39(S1)：418-427.

[181] 张明媛，曹志颖，赵雪峰，等. 基于深度学习的建筑工人安全帽佩戴识别研究[J]. 安全与环境学报，2019，19(02)：535-541.

[182] 马宏伟. 利用少量传感器信息与人工智能的桥梁结构安全监测新方法[J]. 建筑科学与工程学报，2018，35(5)：9-23.

[183] 鲍跃全，李惠. 人工智能时代的土木工程[J]. 土木工程学报，2019，52(05)：1-11.

[184] 丁凯，张旭东，周光辉，等. 基于数字孪生的多维多尺度智能制造空间及其建模方法[J]. 计算机集成制造系统，2019，25(06)：1491-1504.

[185] 王珊珊，王伟. AP1000重要模块运输吊装安全措施研究[J]. 中国安全生产科学技术，2016，12(S1)：97-102.

[186] 肖森. 基于BIM与物联网技术的大型盾构吊装安全管理平台研究[D]. 武汉：华中科技大学，2017.

[187] Zhou C，Luo H，Fang W，et al. Cyber-physical-system-based safety monitoring for blind hoisting with the internet of things：A case study[J]. Automation in Construction[J]. 2019，97，138-150.

[188] 张津嘉，许开立，王延瞳，等. 瓦斯爆炸事故风险耦合分析[J]. 东北大学学报(自然科学版)，2017，38(03)：414-417＋447.

[189] 薛晔，刘耀龙，张涛涛. 耦合灾害风险的形成机理研究[J]. 自然灾害学报，2013，22(02)：44-50.

[190] 周红波，杨奇，杨振国，等. 基于复杂网络和N-K模型的塔吊安全风险因素分析与控制[J]. 安全与环境学报，2020，20(03)：816-823.

[191] Thai H T，Ngo T，Uy B. A review on modular construction for high-rise buildings[C]// Structures. Elseevier，2020，28：1265-1290.

[192] 申玲，唐晔文，牟月. 基于Cloud-BN的装配式住宅构件吊装安全评价[J]. 中国安全科学学报，2019，29(10)：147-153.

[193] Zhou Y，Li C，Ding L，et al. Combining Association Rules Mining with Complex Networks to Monitor Coupled Risks. Reliability[J]. Engineering and System Safety，2019，186：194-208.

[194] Lu W W S，Li H. Building information modeling and changing construction practices. [J]. Automation in Construction，2011，2(20)：99-100.

[195] 汪辉. 超高层建筑施工数值模拟与监测研究[D]. 长沙：湖南大学，2015.

[196] 周康. 超高层外框—核心筒混合结构健康监测与施工全过程模拟研究[D]. 长沙：湖南大学，2016.

[197] 张爱林，刘廷勇，张艳霞，等. 基于智能建造的快速全装配大跨度预应力空间钢结构体系创新研究展望[J]. 北京工业大学学报，2020，46(06)：591-603.

[198] 王永泉，郭正兴，罗斌，等. 空间预应力钢结构拉索等效预张力确定方法研究[J]. 土木工程学报，2013，46(06)：53-61.

[199] 张其林，李晗，杨晖柱，等. 钢结构健康监测技术的发展和研究[J]. 施工技术，2012，41(14)：13-19.

[200] 陈志华，马青，闫翔宇，等. 复合式索穹顶施工误差影响及控制技术研究[J]. 湖南大学学报(自然科学版)，2018，45(09)：47-56.

[201] 郭彦林，张旭乔. 温度作用和索长误差对采用定长索设计的张拉结构影响研究[J]. 土木工程学报，2017，50(06)：11-22，61.

[202] ZHU M，DONG S，YUAN X. Failure analysis of a cable dome due to cable slack or rupture[J]. Advances in Structural Engineering，2013，16(2)：259-271.

[203] 张中昊，支旭东，李奇训，等. 新型索撑式单层球面网壳选型与预应力张拉模拟研究[J]. 工程力学，2018，35(10)：193-202+211.

[204] 薛素铎，王成林，孙国军，等. Levy 型劲性支撑穹顶静力性能试验研究[J]. 建筑结构学报，2020(03)：150-155.

[205] Thai H T，Kim S E. Nonlinear static and dynamic analysis of cable structures[J]. Finite Elements in Analysis & Design，2011，47(3)：237-246.

[206] Basta A，Serror M H，Marzouk M. A BIM-based framework for quantitative assessment of steel structure deconstructability [J]. Automation in Construction，2020，111：103064.

[207] Ashwear N，Tamadapu G，Eriksson A. Optimization of modular tensegrity structures for high stiffness and frequency separation requirements[J]. International Journal of Solids and Structures，2016，80：297-309.

[208] Sadaoui A，lattari K，Khennane A. Effects of temperature changes on the behaviour of a cable truss system [J]. Journal of Constructional Steel Research，2017，129：111-118.

[209] 张爱林，孙超，姜子钦. 联方型双撑杆索穹顶考虑自重的预应力计算方法[J]. 工程力学，2017，34(03)：211-218.

[210] 葛家琪，张爱林，刘鑫刚，等. 索穹顶结构张拉找形与承载全过程仿真分析[J]. 建筑结构学报，2012，33(04)：1-11.

[211] Basta A，Serror M H，Marzouk M. A BIM-based framework for quantitative assessment of steel structure deconstructability[J]. Automation in Construction，2020，111：103064.

[212] Goh M，Goh Y M. Lean production theory-based simulation of modular construction processes[J]. Automation in Construction，2019，101：227-244.

[213] 周成，孙恺庭，李江，等. 基于数字孪生的车间三维可视化监控系统[J]. 计算机集成制造系统，2022，28(03)：758-768.

[214] Qinag S，Zhoju X，Gu M. Research on reliability of steel roof structures subjected to snow loads at representative sites in China[J]. Cold Regions Science and Technology，2018，15：62-69.

[215] Li G Q，Li J J. A semi-analytical simulation method for reliability assessments of structural systems[J]. Reliability Engineering & System Safety，2002，78(3)：275-281.

[216] Jiang J，Chiew S P，Lee C K，et al. A numerical study on residual stress of high strength steel box column[J]. Journal of Constructional Steel Research，2017，128：440-450.

[217] Deng L，Zhong M，Liao L，et al. Research on safety management application of dangerous sources in engineering construction based on BIM technology[J]. Advances in Civil Engineering，2019，2019：1-10.

[218] 周红波，汪再军. BIM 技术在既有桥梁运维管理中的应用[J]. 建筑经济，2016，37(12)：45-48.

[219] 李重辉，樊潇，李存荣. 高速铁路站台雨棚运维管理系统可视化监测 E-BIM 应用研究[J]. 铁道运输与经济，2020，42(01)：44-49.

[220] 周浩，杜咏，李国强，等. 预应力钢绞线温度膨胀及高温蠕变性能试验研究[J]. 工程力学，2018，35(06)：123-131.

[221] 陈志华，王霄翔，刘红波，等. 张弦结构体系全寿命预应力损失模型分析[J]. 工业建筑，2015，45(08)：25-29+138.

[222] 聂珲，陈海峰. 基于 NB-IoT 环境监测的多传感器数据融合技术[J]. 传感技术学报，2020，33(01)：144-152.

[223] 周一一，舒展，周昌风，等. 基于智能建造的负泊松比耗能钢板的形式设计及优化[J]. 工业建

筑，2020，50(02)：137-142＋157.

［224］ LIU Z S，SHI G L，ZHANG A S，et al. Intelligent Tensioning Method for Prestressed Cables Based on Digital Twins and Artificial Intelligence[J]. Sensors，2020，20(24)：7006.

［225］ 严仁章，万里源，等. 索拱桁架-单层网壳复合空间结构的结构设计与稳定性分析[J]. 工业建筑，2020，50(04)：103-110.

［226］ 熊超华，骆汉宾. 施工现场作业环境监测数据融合预警方法研究[J]. 施工技术，2018，47(23)：125-129.

［227］ LI Y，JIA H L，QI J T，et al. An Acquisition Method of Agricultural Equipment Roll Angle Based on Multi-Source Information Fusion[J]. Sensors，2020，20(7)：2082.

［228］ Tian W，Li H W，Yan Q，et al. Safety risk assessment of highway special maintenance project based on BP neural network[C]//Advanced Materials Research. Trans Tech Publications Ltd，2012，368：3175-3179.

［229］ MacDonald G. Risk perception and construction safety[C]//Proceedings of Civil Engineers-Civil Engineering. Thomas Telford Ltd，2006，159(6)：51-56.

［230］ Lee H S，Kim H，Park M，et al. Construction risk assessment using site influence factors[J]. Journal of Computing in Civil Engineering，2012，26(3)：319-330.

［231］ Tao F，Liu W，Zhang M，et al. Five-dimension digital twin model and its ten applications[J]. Computer integrated manufacturing systems，2019，25(1)：1-18.

［232］ Zhangsheng L，Zhang A，Wensi W. Dynamic fire evacuation guidance method for winter olympic venues based on digital twin-driven model[J]. Journal of Tongji University(Natural Science)，2020，48(7)：962-971.

［233］ Yang Q，Jiang Y，Xu A，et al. A model divides the mobile security level based on SVM[C]//2017 IEEE Conference on Communications and Network Security (CNS). IEEE，2017：370-371.

［234］ Wang H，Hu D. Comparison of SVM and LS-SVM for regression[C]//International conference on neual networks ang brain. IEEE，2005，1：279-283.

［235］ Chang C C. " LIBSVM：a library for support vector machines," ACM Transactions on Intelligent Systems and Technology，2：27：1--27，27，2011[J]. http：//www. csie. ntu. edu. tw/～cjlin/libsvm，2011，2.

［236］ Soleimani S，Bozorg-Haddad O，Saadatpour M，et al. Optimal selective withdrawal rules using a coupled data mining model and genetic algorithm[J]. Journal of Water Resources Planning and Management，2016，142(12)：04016064.

［237］ Huang C L，Wang C J. A GA-based feature selection and parameters optimization for support vector machines[J]. Expert Systems with Applications，2006，31(2)：231-240.

［238］ 汪再军. BIM 技术在建筑运维管理中的应用[J]. 建筑经济，2013(09)：95-98.

［239］ 刘力. 建筑智能化设备管理与维护[M]. 中国建筑工业出版社，2014.

［240］ Ye Y，Yang Q，Yang F，et al. Digital twin for the structural health management of reusable spacecraft：A case study[J]. Engineering Fracture Mechanics，2020，234：107076.

［241］ Leser P E，Warner J E，Leser W P，et al. A digital twin feasibility study (part II)：non-deterministic predictions of fatigue life using in-situ diagnostics and prognostics[J]. Engineering Fracture Mechanics，2020，229：106903.

［242］ MONDORO A，GRISSO B. On the integration of SHM and digital twin for the fatigue assessment of naval surface ships[J]. Structural Health Monitoring 2019，2019.

［243］ 李晨光，王泽强，张开臣. 预应力工程施工技术发展与展望[J]. 施工技术，2018，47(06)：

33-40.

[244] 刘鹏飞，刘占省，王泽强，等. 设计参数对施工过程中环形索桁结构的力学性能影响分析[J]. 建筑技术，2017，48(11)：1139-1142.

[245] 罗钢，邢泽众，李欣宇，等. 基于 BIM 的京杭运河枢纽港扩容提升工程绿色智能运维管理平台开发[J]. 建筑技术，2020，51(01)：69-73.

[246] 张玄黎，修春娣，王延昭，等. 基于 CSI-XGBoost 的高精度 WiFi 室内定位算法[J]. 北京航空航天大学学报，2018，44(12)：2536-2544.

[247] Liu X，Chen W F，Bowman M D. Construction load analysis for concrete structures[J]. Journal of Structural Engineering，1985，111(5)：1019-1036.

[248] Liu X L，Chen W F，Bowman M D. Shore-slab interaction in concrete buildings[J]. Journal of construction engineering and management，1986，112(2)：227-244.

[249] 叶琳远. 超高层建筑结构健康监测系统技术应用[D]. 广州：华南理工大学，2018.

[250] 李文奇. 基于建筑信息模型的结构安全监测方法[D]. 哈尔滨：哈尔滨工业大学，2018.

[251] 黄亚鹏. 基于 BIM 技术的建筑方案阶段被动式节能设计研究[D]. 重庆：重庆大学，2014.

[252] Pan L B，Liu P C，Bakoss S L. Long-term shortening of concrete columns in tall buildings[J]. Journal of Structural Engineering，1993，119(7)：2258-2262.

[253] 王宇. 超高层建筑结构健康监测系统研究与设计[D]. 哈尔滨：哈尔滨工业大学，2013.

[254] 徐安. 超高层建筑结构风效应的现场实测与风洞试验研究[D]. 广州：华南理工大学，2016.

[255] Stewart M G. Effect of construction and service loads on reliability of existing RC buildings[J]. Journal of Structural Engineering，2001，127(10)：1232-1235.

[256] Epaarachchi D C，Stewart M G，Rosowsky D V. Structural reliability of multistory buildings during construction[J]. Journal of Structural Engineering，2002，128(2)：205-213.

[257] 王光远. 论时变结构力学[J]. 土木工程学报，2000(06)：105-108.

[258] 尧国皇，于清. 高层钢管混凝土框架-混凝土核心筒混合结构的竖向变形差分析[J]. 建筑钢结构进展，2014，16(01)：58-64.

[259] 韩旭亮. 基于结构健康监测的超高层建筑风致响应研究[D]. 长沙：湖南大学，2017.

[260] 佘逊克，徐一超. 基于有限元修正的斜拉桥健康监测传感器优化布置研究[J]. 现代交通技术，2017，14(02)：39-42.

[261] 李东升，张莹，任亮，等. 结构健康监测中的传感器布置方法及评价准则[J]. 力学进展，2011，41(01)：39-50.

[262] Zhang X Y，Bai Z M，Xu T，et al. Joint tomographic inversion of first - arrival and reflection traveltimes for recovering 2 - D seismic velocity structure with an irregular free surface[J]. Earth and Planetary Physics，2018，2(3)：220-230.

[263] 罗尧治，钟舟能. 国家体育场健康监测信息可视化设计[J]. 钢结构，2012，27(04)：16-21＋52.

[264] 王超. 基于 BIM 的监测信息 IFC 表达与集成方法研究[D]. 哈尔滨：哈尔滨工业大学，2015.

[265] 郭海超，王仁华. 基于 BIM 的健康监测信息研究及其可视化实现[J]. 施工技术，2017，46(S1)：510-513.

[266] Chin S，Yun H S. Smart space with a built-in ubiquitous sensor network (USN)-based online monitoring system at Sungkyunkwan University in Korea[C]//Proceedings of the 28th International Conference of CIB W. 2011，78.

[267] Lee D，Cha G，Park S. A study on data visualization of embedded sensors for building energy monitoring using BIM[J]. International journal of precision engineering and manufacturing，2016，17：

807-814.

[268] 田佩龙，李哲，胡振中，等. BIM 与建筑机电设备监测信息集成的研究[J]. 土木建筑工程信息技术，2015，7(01)：8-13.

[269] Chen J, Bulbul T, Taylor J E, et al. A case study of embedding real-time infrastructure sensor data to BIM[C]//Construction research congress 2014：construction in a global network. 2014：269-278.

[270] 李锦华. 基于 IFC 标准的 BIM 技术对桥梁健康监测信息的表达[J]. 公路交通科技(应用技术版)，2017，13(08)：190-193.

[271] 姜韶华，李丽娜，戴利人. 基于 BIM 的项目文本信息集成方法研究[J]. 工程管理学报，2015，29(04)：101-106.

[272] 王文发，许淳. 基于 BIM 的住宅施工质量可视化动态监测仿真[J]. 计算机仿真，2016，33(04)：403-406+437.

[273] 陈武争，陈天词，蔡相芸. 基于 BIM 的港口危险品集装箱堆场危害可视化系统构想[J]. 港口科技，2018(05)：46-49.

[274] 贾宁霄，包腾飞，吴阳. 基于 BIM 的大坝运维期监测信息管理平台开发研究[J]. 三峡大学学报(自然科学版)，2019，41(01)：28-32.

[275] 陈静，杨凯，马瑞鑫，等. BIM 技术在高桩码头监测中的应用研究[J]. 舰船电子工程，2018，38(11)：8-11+62.

[276] Sternal M, Dragos M. BIM-Based modeling of structural health monitoring systems using the IFC standard[C]//Proceedings of the 28th Forum Bauinformatik, Hanover, Germany. 2016，20.

[277] Lee G, Cho J, Ham S, et al. A BIM-and sensor-based tower crane navigation system for blind lifts[J]. Automation in construction，2012，26：1-10.

[278] 马飞. 基于 BIM 的水利工程安全监测管理系统研究[D]. 邯郸. 河北工程大学，2017.

[279] Chin S, Yun H S. Smart space with a built-in ubiquitous sensor network (USN)-based online monitoring system at Sungkyunkwan University in Korea[C]//Proceedings of the 28th International Conference of CIB W. 2011，78.

[280] Bai L. RFID sensor-driven structural condition monitoring in integrated building information modeling environment[D]. Maryland：University of Maryland, College Park，2013.

[281] Riaz Z, Arslan M, Kiani A K, et al. CoSMoS：A BIM and wireless sensor based integrated solution for worker safety in confined spaces[J]. Automation in construction，2014，45：96-106.

[282] Faraj I, Alshawi M, Aouad G, et al. An industry foundation classes Web-based collaborative construction computer environment：WISPER[J]. Automation in construction，2000，10(1)：79-99.

[283] Vanlande R, Nicolle C, Cruz C. IFC and building lifecycle management[J]. Automation in construction，2008，18(1)：70-78.

[284] 王若林. 桥梁实时在线检测与健康监测若干问题研究[D]. 武汉：武汉大学，2005.

[285] 汤庆荣. 高层混凝土框架—核心筒结构施工期安全性研究[D]. 重庆：重庆大学，2015.

[286] 于洋. 基于 BIM 的水运工程结构健康监测及其可视化[D]. 大连：大连理工大学，2019.

[287] 肖鹏. 可视化远程结构健康监测预警系统开发[D]. 武汉：华中科技大学，2013.

[288] 王斌. 超高层建筑体系环带转换桁架施工力学性能研究[D]. 兰州：兰州理工大学，2016.

[289] 王宇波，刘占省. 考虑台风及温差的超高层施工过程仿真及结构几何监测研究[C]//. 第十九届全国现代结构工程学术研讨会论文集. [出版者不详]，2019：80-87.

[290] 杨锦峰，刘占省，王宇波，等. BIM 在京杭运河扩容提升工程绿色施工中的应用[C]//. 第十八届全国现代结构工程学术研讨会论文集 五：其他结构及现代土木技术. [出版者不详]，2018：

12-17.

[291] 王竞超，刘占省，巴盼锋，等. 某超高层施工过程监测方案设计[C]//. 第十七届全国现代结构工程学术研讨会论文集. [出版者不详]，2017：1619-1624.

[292] 石韵，韩鹏举，刘军生，等. 基于 BIM 技术的结构健康监测管理系统设计与应用[J]. 建筑钢结构进展，2019，21(02)：107-114. DOI：10.13969/j. cnki. cn31-1893.2019.02.012.

[293] 齐聪，苏鸿根. 关于 Revit 平台工程量计算软件的若干问题的探讨[J]. 计算机工程与设计，2008(14)：3760-3762. DOI：10.16208/j. issn1000-7024.2008.14.043.

[294] 柳娟花. 基于 BIM 的虚拟施工技术应用研究[D]. 西安：西安建筑科技大学，2012.

[295] Yun S，Jun K，Son C，et al. Preliminary study for performance analysis of BIM-based building construction simulation system[J]. KSCE Journal of Civil Engineering，2014，18：531-540.

[296] Augenti N，Parisi F. Buckling analysis of a long-span roof structure collapsed during construction [J]. Journal of performance of constructed facilities，2013，27(1)：77-88.

[297] El-Kholy A M，Morsy U A，Mourad S A. Imperfection modeling using finite element approach with particular discretization[J]. Journal of Structural Engineering，2014，140(7)：04014034.

[298] 任翠蕾. 基于多源信息融合的传感器故障诊断技术的研究[D]. 北京：华北电力大学，2012.

[299] 刘占省，孙佳佳，李久林，等. 基于"科技冬奥"的智慧场馆需求分析与系统功能设计[J]. 图学学报，2019，40(06)：1093-1098.

[300] Xiaoyi Z，Dongling W，Yuming Z，et al. IoT driven framework based efficient green energy management in smart cities using multi-objective distributed dispatching algorithm[J]. Environmental Impact Assessment Review，2021，88：106567.

[301] Jia M，Komeily A，Wang Y，et al. Adopting Internet of Things for the development of smart buildings：A review of enabling technologies and applications[J]. Automation in Construction，2019，101：111-126.

[302] Sung W T，Hsiao S J. The application of thermal comfort control based on Smart House System of IoT[J]. Measurement，2020，149：106997.

[303] Michalec A O，Hayes E，Longhurst J. Building smart cities, the just way. A critical review of "smart" and "just" initiatives in Bristol, UK [J]. Sustainable Cities and Society，2019，47：101510.

[304] Laufs J，Borrion H，Bradford B. Security and the smart city：A systematic review[J]. Sustainable cities and society，2020，55：102023.

[305] Al Dakheel J，Del Pero C，Aste N，et al. Smart buildings features and key performance indicators：A review[J]. Sustainable Cities and Society，2020，61：102328.

[306] Gram-Hanssen K，Darby S J. "Home is where the smart is"? Evaluating smart home research and approaches against the concept of home[J]. Energy Research & Social Science，2018，37：94-101.

[307] 刘朝斌，孙雪，刘剑，等. 基于物联网的高校校园智能安防建设探索[J]. 深圳大学学报(理工版)，2020，37(S1)：128-133.

[308] 李晓理，张博，王康，等. 人工智能的发展及应用[J]. 北京工业大学学报，2020，46(06)：583-590.

[309] 陶永，袁家虎，何国田，等. 面向中国未来智能社会的智慧安防系统发展策略[J]. 科技导报，2017，35(05)：82-88.

[310] 丁烈云. 智能建造创新型工程科技人才培养的思考[J]. 高等工程教育研究，2019(05)：1-4＋29.

[311] 刘占省，张安山，邢泽众，等. 基于数字孪生的智能建造五维模型及关键方法研究[C]//. 中国

土木工程学会 2020 年学术年会论文集.，2020：119-131. DOI：10. 26914/c. cnkihy. 2020. 034006.

[312] 刘宝礼，张文东，庄威，等. 基于物联网技术的智能安防系统[J]. 探测与控制学报，2013，35 (04)：79-83.

[313] Wang W，Liu G，Chen X，et al. Dijkstra algorithm based building evacuation recognition computing and iot system design and implementation[C]//2019 IEEE 13th International Conference on Anti-counterfeiting，Security，and Identification (ASID). IEEE，2019：229-233.

[314] Li W，Sui L. Design and Application of Large Passenger Flow Warning System for Urban Rail Transit[C]//2018 IEEE 3rd Advanced Information Technology，Electronic and Automation Control Conference (IAEAC). IEEE，2018：192-195.

[315] Du C，Zhu S. Research on urban public safety emergency management early warning system based on technologies for the internet of things[J]. Procedia Engineering，2012，45：748-754.

[316] Martins P，Albuquerque D，Wanzeller C，et al. Cityaction a smart-city platform architecture[C]// Advances in Information and Communication：Proceedings of the 2019 Future of Information and Communication Conference (FICC)，Volume 1. Springer International Publishing，2020：217-236.

[317] Hsu H T，Jong G J，Chen J H，et al. Improve IoT security system of smart-home by using support vector machine[C]//2019 IEEE 4th International Conference on Computer and Communication Systems (ICCCS). IEEE，2019：674-677.

[318] Wang S H，Wang W C，Wang K C，et al. Applying building information modeling to support fire safety management[J]. Automation in construction，2015，59：158-167.

[319] 王宇佳，王佳. 基于 BIM 的数字化消防疏散预案应用探讨[J]. 消防科学与技术，2018，37 (04)：538-541.

[320] 赵晓华，任贵超，王冰冰，等. 基于 BIM+VR 技术的客运枢纽标识系统综合评估方法[J]. 北京工业大学学报，2020，46(01)：51-57.

[321] 周鹏，王慧琴，卢英. 基于 BIM 的建筑消防疏散路径规划研究[J]. 消防科学与技术，2019，38 (04)：489-492.

[322] 高雪，王佳，衣俊艳. 基于 BIM 技术的建筑内疏散路径引导研究[J]. 建筑科学，2016，32 (02)：143-146. DOI：10. 13614/j. cnki. 11-1962/tu. 2016. 02. 24.

[323] 沈劲松，陈令康，鞠晓臣，等. 基于 BIM 技术的高速铁路系杆拱桥运营监测系统研究[J]. 铁道建筑，2019，59(09)：23-26.

[324] 赵文凯. BIM 在医疗建筑建设与运行管理中的应用[J]. 建筑经济，2018，39(02)：40-44. DOI：10. 14181/j. cnki. 1002-851x. 201802040.

[325] 宋洋，凌竹，张俊鹏. 基于 BIM 的民用机场航站楼防火疏散安全管理[J]. 消防科学与技术，2017，36(12)：1735-1737.

[326] 吕希奎，白娇娇，陈瑶. 基于建筑信息模型与 Pyrosim 软件的地铁车站火灾模拟仿真方法[J]. 城市轨道交通研究，2019，22(06)：147-151. DOI：10. 16037/j. 1007-869x. 2019. 06. 033.

[327] 王培成，包腾飞，朱茜. 基于 BIM 的大坝安全监测信息管理系统开发研究[J]. 水电能源科学，2019，37(04)：72-75.

[328] 李芒原，张传浩，杨二东，等. 基于 BIM+3D 激光扫描技术的复杂深基坑监测技术研究及应用[J]. 建筑结构，2019，49(S1)：751-755. DOI：10. 19701/j. jzjg. 2019. S1. 158.

[329] Tang S，Shelden D R，Eastman C M，et al. A review of building information modeling (BIM) and the internet of things (IoT) devices integration：Present status and future trends[J]. Automation in Construction，2019，101：127-139.

[330] Zhang J，Guo J，Xiong H，et al. A framework for an intelligent and personalized fire evacuation

management system[J]. Sensors, 2019, 19(14): 3128.

[331] Chen X S, Liu C C, Wu I C. A BIM-based visualization and warning system for fire rescue[J]. Advanced Engineering Informatics, 2018, 37: 42-53.

[332] Wu I C, Liu C C. A visual and persuasive energy conservation system based on BIM and IoT technology[J]. Sensors, 2019, 20(1): 139.

[333] Cheng J C P, Chen W, Chen K, et al. Data-driven predictive maintenance planning framework for MEP components based on BIM and IoT using machine learning algorithms[J]. Automation in Construction, 2020, 112: 103087.

[334] Li N, Becerik-Gerber B, Krishnamachari B, et al. A BIM centered indoor localization algorithm to support building fire emergency response operations[J]. Automation in Construction, 2014, 42: 78-89.

[335] Cheng M Y, Chiu K C, Hsieh Y M, et al. BIM integrated smart monitoring technique for building fire prevention and disaster relief[J]. Automation in Construction, 2017, 84: 14-30.

[336] Cheung W F, Lin T H, Lin Y C. A real-time construction safety monitoring system for hazardous gas integrating wireless sensor network and building information modeling technologies[J]. Sensors, 2018, 18(2): 436.

[337] Liu S, Bao J, Lu Y, et al. Digital twin modeling method based on biomimicry for machining aerospace components[J]. Journal of manufacturing systems, 2021, 58: 180-195.

[338] 葛世荣, 张帆, 王世博, 等. 数字孪生智采工作面技术架构研究[J]. 煤炭学报, 2020, 45(06): 1925-1936. DOI: 10.13225/j.cnki.jccs.ZN20.0327.

[339] Li W, Rentemeister M, Badeda J, et al. Digital twin for battery systems: Cloud battery management system with online state-of-charge and state-of-health estimation[J]. Journal of energy storage, 2020, 30: 101557.

[340] Kaewunruen S, Lian Q. Digital twin aided sustainability-based lifecycle management for railway turnout systems[J]. Journal of Cleaner Production, 2019, 228: 1537-1551.

[341] Coraddu A, Oneto L, Baldi F, et al. Data-driven ship digital twin for estimating the speed loss caused by the marine fouling[J]. Ocean Engineering, 2019, 186: 106063.

[342] Liu C, Jiang P, Jiang W. Web-based digital twin modeling and remote control of cyber-physical production systems[J]. Robotics and computer-integrated manufacturing, 2020, 64: 101956.

[343] Qi Q, Tao F, Hu T, et al. Enabling technologies and tools for digital twin[J]. Journal of Manufacturing Systems, 2021, 58: 3-21.

[344] Boje C, Guerriero A, Kubicki S, et al. Towards a semantic Construction Digital Twin: Directions for future research[J]. Automation in construction, 2020, 114: 103179.

[345] Shim C S, Dang N S, Lon S, et al. Development of a bridge maintenance system for prestressed concrete bridges using 3D digital twin model[J]. Structure and Infrastructure Engineering, 2019, 15(10): 1319-1332.

[346] Ye C, Butler L, Calka B, et al. A digital twin of bridges for structural health monitoring[J]. 2019.

[347] Fan C, Zhang C, Yahja A, et al. Disaster City Digital Twin: A vision for integrating artificial and human intelligence for disaster management[J]. International Journal of Information Management, 2021, 56: 102049.

[348] Grieves M. Digital twin: manufacturing excellence through virtual factory replication[J]. White paper, 2014, 1(2014): 1-7.

[349] 陶飞，刘蔚然，刘检华，等. 数字孪生及其应用探索[J]. 计算机集成制造系统，2018，24(01)：1-18. DOI：10.13196/j. cims. 2018. 01. 001.

[350] 陶飞，张贺，戚庆林，等. 数字孪生模型构建理论及应用[J]. 计算机集成制造系统，2021，27(01)：1-15. DOI：10.13196/j. cims. 2021. 01. 001.

[351] 丁华，杨亮亮，杨兆建，等. 数字孪生与深度学习融合驱动的采煤机健康状态预测[J]. 中国机械工程，2020，31(07)：815-823.

[352] 李福兴，李璐燨，彭友. 基于数字孪生的船舶预测性维护[J]. 船舶工程，2020，42(S1)：117-120＋396. DOI：10.13788/j. cnki. cbgc. 2020. S1. 029.

[353] 张连超，刘蔚然，程江峰，等. 卫星总装数字孪生车间物料准时配送方法[J]. 计算机集成制造系统，2020，26(11)：2897-2914.

[354] Vapnik V N. An overview of statistical learning theory[J]. IEEE transactions on neural networks，1999，10(5)：988-999.

[355] 苏婉君，周迎，周诚. 地铁深基坑施工风险时空演化及控制[J]. 土木工程与管理学报，2017，34(06)：133-140. DOI：10.13579/j. cnki. 2095-0985. 2017. 06. 022.

[356] 曹秀峰，申建红，杜怡萱. SVM 在高层建筑施工安全风险分类中的应用[J]. 青岛理工大学学报，2013，34(03)：22-26.

[357] Gui G，Pan H，Lin Z，et al. Data-driven support vector machine with optimization techniques for structural health monitoring and damage detection[J]. KSCE Journal of Civil Engineering，2017，21：523-534.

[358] 苟博，黄贤武. 支持向量机多类分类方法[J]. 数据采集与处理，2006(03)：334-339.

[359] 罗启釜，龙静，陈焕新，等. 基于数据挖掘算法的地铁站能耗时序预测方法[J]. 城市轨道交通研究，2020，23(06)：23-27. DOI：10.16037/j. 1007-869x. 2020. 06. 006.

[360] 曹斐，周彧，王春晓，等. 一种改进的支持向量回归的混凝土强度预测方法[J]. 硅酸盐通报，2021，40(01)：90-97. DOI：10.16552/j. cnki. issn1001-1625. 20201116. 001.

[361] Ahmad M S，Adnan S M，Zaidi S，et al. A novel support vector regression (SVR) model for the prediction of splice strength of the unconfined beam specimens[J]. Construction and building materials，2020，248：118475.

[362] 林荣安，孙钰丰，戴振华，等. 基于 RS-SVR 的上软下硬地层盾构施工地表沉降预测[J]. 中国公路学报，2018，31(11)：130-137.

[363] Qian Y，Liang Y，Li M，et al. A resampling ensemble algorithm for classification of imbalance problems[J]. Neurocomputing，2014，143：57-67.

[364] Huang C L，Wang C J. A GA-based feature selection and parameters optimizationfor support vector machines[J]. Expert Systems with applications，2006，31(2)：231-240.

[365] Cherkassky V，Ma Y. Practical selection of SVM parameters and noise estimation for SVM regression[J]. Neural networks，2004，17(1)：113-126.

[366] Goursaud C，Gorce J M. Dedicated networks for IoT：PHY/MAC state of the art and challenges[J]. EAI endorsed transactions on Internet of Things，2015.

[367] Peng Y，Li S W，Hu Z Z. A self-learning dynamic path planning method for evacuation in large public buildings based on neural networks[J]. Neurocomputing，2019，365：71-85.

[368] 刘占省，王竞超，韩泽斌，等. 车辐式索桁架长度误差敏感性试验及可靠性评估[J]. 天津大学学报(自然科学与工程技术版)，2019，52(S2)：23-30.

[369] 王树西，吴政学. 改进的 Dijkstra 最短路径算法及其应用研究[J]. 计算机科学，2012，39(05)：223-228.

［370］　解辉. BIM 在中国古建筑维护中的应用研究[D]. 北京：清华大学，2017.

［371］　Light R，Gossard D. Modification of geometric models through variational geometry[J]. Computer-Aided Design，1982，14(4)：209-214.